Deskriptive Statistik

Ein Leitfaden
für Wirtschaftswissenschaftler

Von

Professor Dr. Willi R. Bihn

Lehrstuhl für Statistik und Ökonometrie
Universität zu Köln

und

Dr. Eckard Gröhn

Akad. Oberrat im Seminar für Wirtschafts-
und Sozialstatistik, Universität zu Köln

1993
Verlag C.J. Witsch Nachf. Köln

Alle Rechte vorbehalten
 © 1993 Universitätsbuchhandlung und Verlag
   Dr. J.C. Witsch Nachf.
   Universitätsstraße 18, 50937 Köln
Nachdruck 1994
ISBN 3-9800753-8-9
Herstellung: Hundt Druck GmbH, 50937 Köln

Vorwort

Der vorliegende Band ist als Begleittext zu den Vorlesungen und Übungen über Deskriptive Statistik an der Wirtschafts- und Sozialwissenschaftlichen Fakultät der Universität zu Köln konzipiert. Zugleich stellt er ein in sich abgeschlossenes Lehrbuch dar, das den Standardlehrstoff auf diesem Gebiet für das Grundstudium wiedergibt.

Aus der ursprünglichen Absicht, eine frühere Veröffentlichung von W.R. Bihn zu diesem Thema (Kiel, 1969) zu überarbeiten, ist ein vollständig neuer Text entstanden. Er wurde bis Kapitel 8 von W.R. Bihn verfaßt, die drei folgenden Kapitel stammen von E. Gröhn. Den gesamten Text haben die Autoren untereinander abgestimmt.

Um dem Leser den Zugang zu den statistischen Methoden zu erleichtern, haben wir Wert auf einen klaren Aufbau gelegt:
- Die Statistik weist spezifische Denk- und Arbeitsweisen auf, deren Verständnis den Umgang mit den Verfahrenstechniken wesentlich erleichtert. Daher sind den einzelnen Kapiteln Überblicke vorangestellt, die die statistischen Fragestellungen verdeutlichen.
- Die fachlichen Grundlagen und die wesentlichen Elemente des methodischen Aufbaus werden in Form von Definitionen, Sätzen und erklärenden Texten herausgestellt. Zusätzlich finden sich Detailerläuterungen, mathematische Ableitungen und Ergänzungen in den meist stichwortartigen Anmerkungen.
- Mit vielen Diagrammen und Beispielen werden Begriffe erläutert und Methoden veranschaulicht. So kann jedes Rechenverfahren anhand einer Beispielaufgabe vollständig nachvollzogen werden.

Der Leitfaden wird ergänzt durch die Formelsammlung und die Aufgabensammlung mit Lösungen von Bihn / Schäffer. Zur Vorbereitung auf die Statistik-Klausuren eignet sich außerdem die Sammlung 'Statistik-Training für Wirtschaftswissenschaftler' mit 90 früheren Klausuraufgaben.

Für ihre Unterstützung beim Zustandekommen des Buches danken wir den Mitarbeitern des Lehrstuhls für Statistik und Ökonometrie sehr herzlich. Besonderer Dank gilt den Mitarbeiterinnen J. Boye und C. Klütsch sowie den Herren U. Casser, M. Gerleit, J. E. Leiding und L. Linnemann für ihr großes Engagement bei diesem Projekt.

Köln, im September 1993

W.R. Bihn   E. Gröhn

Hinweise

In den Beispielrechnungen sind teilweise gerundete Zwischenergebnisse ausgewiesen. Die Endergebnisse beruhen aber - wenn nichts anderes vermerkt ist - auf den im Rechner gespeicherten nicht-gerundeten Zahlen. Der Leser sollte dies ggf. berücksichtigen, wenn er seine eigenen Resultate mit den gerundeten Endergebnissen vergleicht.

Die Hinweise auf Übungsaufgaben zu den einzelnen Kapiteln beziehen sich auf die Aufgabensammlung von Bihn / Schäffer, in der die Aufgaben Nummer 1 bis 53 der deskriptiven Statistik zuzurechnen sind.

Inhaltsverzeichnis

Einführung   1

1 Grundbegriffe: Statistische Massen und Merkmale   4
1.1 Statistische Einheiten und Massen 4
1.2 Statistische Merkmale und Merkmalswerte 6
1.3 Messung von Merkmalen 7

2 Eindimensionale Häufigkeitsverteilungen   13
2.1 Überblick 13
2.2 Verteilung eines qualitativen oder komparativen Merkmals 14
2.3 Verteilung eines quantitativen Merkmals 17
2.4 Kumulierte Häufigkeitsverteilung bei Vorliegen einzelner Meßwerte 25

3 Statistische Lagemaße   27
3.1 Überblick 27
3.2 Begriff des Lagemaßes 29
3.3 Modus 30
3.4 Median 31
3.5 Quantil der Ordnung p (p-Quantil) 35
3.6 Arithmetisches Mittel 37

4 Streuungsmaße   43
4.1 Überblick 43
4.2 Spannweite 45
4.3 Quartilabstand 45
4.4 Mittlere absolute Abweichung oder durchschnittliche absolute Abweichung   48
4.5 Standardabweichung 49
4.6 Varianz 52
4.7 Nachtrag zur Messung von Lage und Streuung eines Merkmals 54

5 Disparitäts- und Konzentrationsmaße   56
5.1 Überblick 56
5.2 Lorenzkurve und Disparitätskoeffizient von Gini 58
5.3 Konzentrationskurve und Konzentrationskoeffizient von Rosenbluth 64
5.4 Zusammenhang zwischen Disparitäts- und Konzentrationsmessung 68

6 Häufigkeitsverteilungen zweidimensionaler Merkmale   70
6.1 Überblick 70

6.2	Gemeinsame Häufigkeitsverteilung von (X,Y)	71
6.3	Randverteilungen und bedingte Verteilungen von (X,Y)	76
6.4	Unabhängigkeit der Komponenten von (X,Y)	83

7 Korrelationsmaße 86

7.1	Überblick	86
7.2	Kovarianz und Korrelationskoeffizient von Bravais-Pearson	87
7.3	Rangkorrelationskoeffizient von Spearman	95
7.4	Kontingenzkoeffizient von Pearson	97

8 Elementare Regressionsanalyse 100

8.1	Überblick	100
8.2	Wahl der Regressionsfunktion im einfachen Ansatz	101
8.3	Bestimmung der Regressionsfunktion in einem einfachen linearen Ansatz	103
8.4	Messung der Anpassungsgüte eines einfachen Regressionsansatzes	111

9 Verhältniszahlen 117

9.1	Überblick	117
9.2	Gliederungszahlen	118
9.3	Beziehungszahlen	119
9.4	Meßzahlen	123

10 Indexzahlen 133

10.1	Überblick	133
10.2	Konstruktion von Indizes	133
10.3	Preis- und Mengenindizes nach Laspeyres und nach Paasche	136
10.4	Indizes nach Lowe und nach Fisher	142
10.5	Wertindex	144
10.6	Praktische Probleme der Indexrechnung	147

11 Elementare Zeitreihenanalyse 153

11.1	Überblick	153
11.2	Komponentenmodelle	154
11.3	Bestimmung der glatten Komponente nach der Regressionsmethode	157
11.4	Bestimmung der glatten Komponente nach der Filtermethode	162
11.5	Bestimmung der Saisonkomponente	166

Literaturhinweise 172

Stichwortverzeichnis 173

Einführung:
Der Begriff Statistik und das Studienfach Statistik

Statistik ist ein Informationsbegriff, der in zweifacher Bedeutung verwendet wird:
- im Sinne von **materieller Statistik** als geordnete Zusammenstellung von zahlenmäßigen Informationen über bestimmte Massenerscheinungen der realen Umwelt, zumeist in tabellarischen oder graphischen Darstellungen, wie sie z.b. zahlreich in statistischen Jahrbüchern ausgewiesen werden;
- im Sinne einer **wissenschaftlichen Disziplin**, die sich auf die Konzipierung und Anwendung von quantitativen Methoden zur systematischen Untersuchung von Massenerscheinungen der realen Umwelt als Erfahrungsbereich erstreckt.

Die Kriterien für das Vorliegen **statistischer Information** werden beispielsweise nicht erfüllt von:

einer Unternehmensbilanz (kein Kollektivsachverhalt);
einem Fremdsprachenwörterbuch (keine zahlenmäßige Information);
dem Satz des Pythagoras (keine empirische, sondern eine mathematisch-deduktive Aussage).

Materielle Statistik und Statistische Methodenlehre stehen in enger wechselseitiger Beziehung: konkretes statistisches Datenmaterial ist in der Regel das Ergebnis der Anwendung statistischer Methoden; andererseits führt das Verlangen nach zuverlässigeren, detaillierteren oder umfassenderen Ergebnissen oft zu statistisch-methodologischen Fortschritten.

Eine **statistische Untersuchung** ist im großen und ganzen als ein komplexer, zweiphasiger Prozeß zu verstehen.

1. Die **Informationsgewinnung** schließt die Planung und Durchführung einer Erhebung (ggf. auch eines Experiments) ein und reicht etwa bis zur Auflistung der erhobenen bzw. gemessenen Daten.
2. Die **Informationsverarbeitung** stützt sich auf ein reiches Instrumentarium statistischer Verfahren, die neben- und nacheinander zum Einsatz gelangen können. Ihr Ziel ist es, Eigenschaften und Verhalten von Datensätzen darzustellen, zu analysieren und zu interpretieren, unter gewissen Voraussetzungen auch ihren Informationsgehalt im Hinblick auf Entscheidungssituationen unter Unsicherheit zu beurteilen.

Die **Lehrinhalte des Faches Statistik** im Rahmen einer akademischen Ausbildung setzen sich fast ausschließlich aus Teilbereichen der statistischen Methodenlehre zusammen.

Für ein wirtschaftswissenschaftliches Studium hat sich das nachstehende Gliederungsschema bewährt:

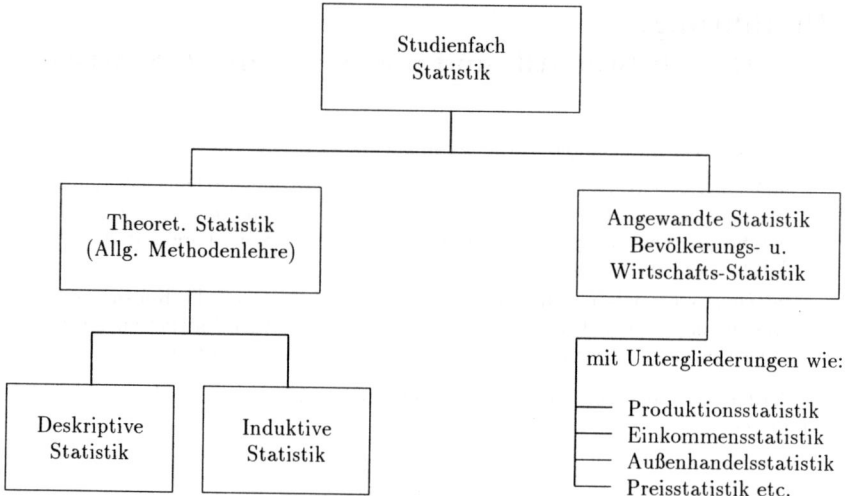

Die **theoretische Statistik** umfaßt das methodische Instrumentarium, das grundsätzlich für einschlägige Untersuchungen in den verschiedenen Anwendungsgebieten bereitsteht. Hierzu gehören praktisch alle Gebiete, die Gegenstand der Erfahrungswissenschaften sind, darunter die Wirtschafts- und Sozialwissenschaften. Die Gemeinsamkeit der Methoden erstreckt sich im wesentlichen auf die Informationsverarbeitung; dagegen ist die Informationsgewinnung in starkem Maße von dem jeweiligen Untersuchungsobjekt abhängig und fällt somit - abgesehen von einigen Grundbegriffen - in den Aufgabenbereich der angewandten Statistik. Konsequenterweise setzt die allgemeine Methodenlehre das auszuwertende Datenmaterial als gegeben voraus.

Dem abstrakten, auf möglichst objektive (im Sinne von intersubjektiv nachprüfbare) generelle Aussagen gerichteten Charakter der theoretischen Statistik entspricht ihre formalisierte Sprache, gestützt auf exakte Definitionen und eine eigene Symbolik.

Ein Zweig der allgemeinen Methodenlehre ist die **deskriptive Statistik**. Ihre Verfahrensweisen beschränken sich darauf, Strukturen, Assoziationen, zeitliche Veränderungen oder sonstige Charakteristika in einer vorliegenden Datenmenge bzw. -folge herauszuarbeiten und durch Kennzahlen zu belegen.

Demgegenüber befaßt sich die **induktive Statistik** mit Verfahren, die es ermöglichen sollen, von den Auswertungsergebnissen einer Stichprobe auf Eigenschaften der übergeordneten Masse, aus der die Stichprobe gezogen wurde, Schlüsse zu ziehen, und zwar so, daß das hierbei unvermeidliche Fehlerrisiko eine kalkulierbare Größe darstellt. Notwendiges Hilfsmittel für die statistische Induktion ist die Wahrscheinlichkeitsrechnung.

Eine **angewandte Statistik** wie die Wirtschaftsstatistik hat ihre methodologischen Grundlagen sowohl in den Wirtschaftswissenschaften als auch in der statistischen Methodenlehre. Die Beiträge der Wirtschaftstheorie bestehen u.a. in sprachregelnden Begriffssystemen, Systemanalysen (z.B. in Form von Kreislaufmodellen) und - nicht zuletzt - in der Selektion der ökonomisch relevanten Fragestellungen. Von statistischer Seite steht das allgemeine Instrumentarium (z.B. die Indexrechnung) zur Verfügung. Daneben sind in der Regel noch spezielle Verfahren für die Datengewinnung und Datenanalyse zu konzipieren, die den spezifischen Anforderungen und Rahmenbedingungen des Untersuchungskomplexes gerecht werden. Die Tätigkeit der amtlichen Statistik (z.B. des Statistischen Bundesamts) repräsentiert angewandte Statistik. Ebenso sind die Forschungsarbeiten zahlreicher wirtschaftswissenschaflicher Institute, soweit sie quantitativ-empirisch orientiert sind, hier einzuordnen.

Der vorliegende Leitfaden erstreckt sich nur auf die Grundzüge der deskriptiven Statistik.

1 Grundbegriffe: Statistische Massen und Merkmale

1.1 Statistische Einheiten und Massen

Wie in der Einführung dargelegt, befaßt sich die Statistik (unter gewissen Einschränkungen) mit der Untersuchung von Massenerscheinungen.

Massenerscheinung ist ein weit gefaßter Begriff, der Kollektive sehr unterschiedlicher Art einschließt.

Beispiel 1.1:
Mengen von Personen, Haushalten, Gütern, Preisen, Einkommen, Betrieben, Arbeitsunfällen, Konkursen.

○

Formal gesehen handelt es sich jeweils um eine Mengenbeziehung, in der Einzelobjekte zu einer Gesamtheit zusammengefaßt werden, die als Gegenstand der statistischen Untersuchung fungiert.

Parallel hierzu werden die für die Untersuchung interessierenden Informationen, die sich von den Einzelobjekten herleiten, in Aussagen über Eigenschaften des Kollektivs transformiert.

Beispiel 1.2:
Untersuchungsziel sei der Altersaufbau einer Bevölkerung.

Die Bevölkerung bildet das Kollektiv, das sich aus Einwohnern als Einzelobjekten zusammensetzt. Das Alter der Einwohner ist die interessierende Information. Aus der Menge der individuellen Altersangaben wird der Altersaufbau des Kollektivs hergeleitet und in Form einer Tabelle oder Alterspyramide dargestellt.

○

Definition 1.1: Statistische Gesamtheit, Statistische Einheit

Eine **statistische Gesamtheit** (Kollektiv) ist die Menge der Einzelobjekte, die in bestimmten, vom Untersuchungsziel vorgegebenen Identifikationskriterien übereinstimmen. Diese Einzelobjekte werden **statistische Einheiten** (Untersuchungseinheiten) genannt.

□

Die Identifikationskriterien bestehen üblicherweise in sachlichen, räumlichen und zeitlichen Abgrenzungen, die eindeutig und erschöpfend festlegen, welche Elemente zur Gesamtheit zählen und welche nicht.

Eine statistische Gesamtheit beruht grundsätzlich auf einer fachlich sinnvollen Konzeption; wahllos zusammengestellte Objekte erzeugen keine statistische Gesamtheit.

Beispiel 1.3:
Die Erwerbsbevölkerung ist die Gesamtheit der Erwerbspersonen eines Landes zu einem bestimmten Zeitpunkt.

1.1 Statistische Einheiten und Massen

Identifikationskriterien

i) zur sachlichen Abgrenzung:
Personen, die eine unmittelbar oder mittelbar auf Erwerb gerichtete Tätigkeit ausüben oder suchen, unabhängig von der Bedeutung des Ertrages dieser Tätigkeit für ihren Lebensunterhalt und ohne Rücksicht auf die von ihnen tatsächlich geleistete oder vertragsmäßig zu leistende Arbeit (Statistisches Bundesamt).

ii) zur räumlichen Abgrenzung:
Personen mit Wohnsitz in der Bundesrepublik Deutschland (Anwendung des sog. Inländerkonzepts).

iii) zur zeitlichen Abgrenzung:
z.B. nach dem Stand vom 25. 5. 1987 (Tag der letzten Volks- und Berufszählung).

○

Definition 1.2: Stichprobe
Wird statt der Gesamtheit nur eine Teilmenge der statistischen Einheiten erhoben oder ausgewertet, so nennt man diese Teilgesamtheit eine **Stichprobe**.

□

Gründe für die Beschränkung der Erhebung oder Auswertung auf eine Stichprobe sind u.a.: Kosten- oder Zeitersparnis, Vorteile bei der organisatorischen und technischen Durchführung, Rücksichtnahme auf eventuelle Emotionen der Bevölkerung, Unmöglichkeit der Totalerhebung bei unendlichen Gesamtheiten.

Stichprobenverfahren spielen eine entscheidende Rolle in der induktiven Statistik.

Definition 1.3: Statistische Masse
Der Terminus 'statistische Masse' steht im folgenden sowohl für eine (endliche) statistische Gesamtheit als auch für eine Stichprobe aus einer Gesamtheit.

□

Für die Anwendung **deskriptiver** Auswertungsverfahren macht es de facto keinen Unterschied, ob die zu analysierenden Informationen Ergebnis einer Vollerhebung oder Teilerhebung (Stichprobe) sind.

Der Begriff 'statistische Masse' läßt es somit offen, um welchen der beiden Fälle es sich bei der betreffenden Untersuchung handelt.

∥ Ergebnisse deskriptiver Auswertungen von Stichprobendaten dürfen aber grundsätzlich nicht auf die Ausgangsgesamtheit übertragen werden.

Definition 1.4: Bestandsmasse
Eine statistische Masse hat den Charakter einer **Bestandsmasse**, wenn ihre Einheiten in sinnvoller Weise **zeitpunktbezogen** statistisch erfaßbar sind.

□

Zeitpunktbezogene Erfaßbarkeit setzt voraus, daß die statistischen Einheiten in einer gewissen Umgebung des Bezugspunktes zeitliche Beständigkeit aufweisen.

Bestandsgrößen müssen keineswegs dinglicher Natur sein.

Beispiel 1.4:
Einwohner einer Stadt, Devisenbestand einer Bank, Preise eines Warenkorbes.

Definition 1.5: Bewegungsmasse, Ereignismasse
Eine statistische Masse heißt **Bewegungs- oder Ereignismasse**, wenn ihre Einheiten in sinnvoller Weise **zeitraumbezogen** statistisch erfaßbar sind.

Es handelt sich um statistische Einheiten, die als punktuelle Ereignisse oder (quasi-) kontinuierliche Vorgänge im Zeitablauf in Erscheinung treten.

Beim statistischen Ausweis von Bewegungsmassen ist stets der Bezugszeitraum mit anzugeben.

Bestandsveränderungen durch Zu- und Abgänge stellen Bewegungsmassen dar.

Beispiel 1.5:
Lebendgeborene im Jahr 1990, Zu- bzw. Abnahme der Beschäftigung im Mai 1993, Ersparnis der privaten Haushalte im Jahr 1992.

1.2 Statistische Merkmale und Merkmalswerte

In der Regel besitzen statistische Einheiten eine Vielzahl von Eigenschaften, von denen aber nur eine Teilmenge für die anstehende Untersuchung von Interesse ist. Die relevanten Eigenschaften mit ihren Modalitäten (möglichen Ausprägungen) sind die Informationsquelle, die Aussagen über die statistischen Einheiten und die Struktur der statistischen Masse ermöglicht.

Definition 1.6: Merkmal, Merkmalswerte, Wertebereich
Eine untersuchungsrelevante Eigenschaft der statistischen Einheiten heißt (statistisches) **Merkmal**.
Die Modalitäten, in denen das Merkmal sich ausprägen kann, sind seine **Merkmalswerte**.
Die Menge der möglichen Merkmalswerte heißt **Wertebereich** des Merkmals.

1.3 Messung von Merkmalen

Beispiel 1.6: Merkmale eines Privathaushaltes und Merkmalswerte

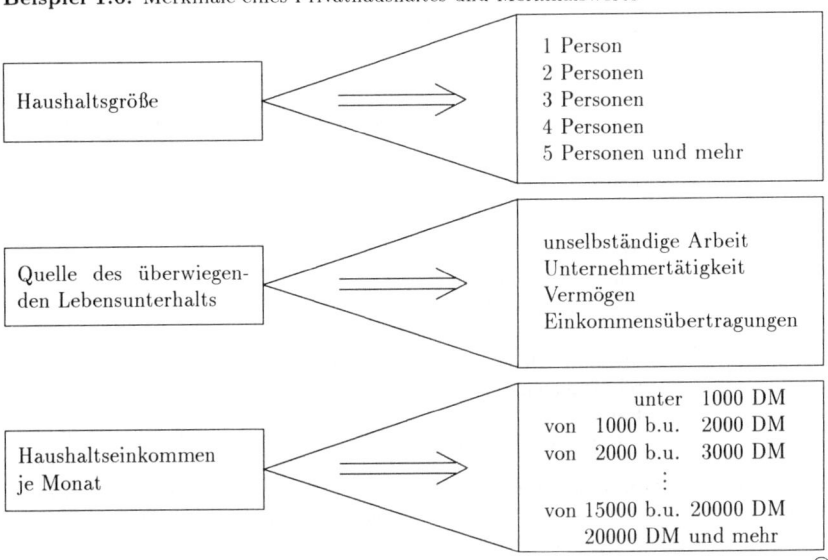

Anmerkungen:

a) Die statistischen Einheiten nennt man in diesem Zusammenhang häufig **Merkmalsträger**.

b) Merkmale und Identifikationskriterien haben gemeinsam, Eigenschaften von statistischen Einheiten zu sein. Sie sind aber deutlich zu unterscheiden:

Identifikationskriterien dienen der Abgrenzung des gesamten Untersuchungsobjekts von anderen statistischen Massen. Merkmale und ihre Ausprägungen dienen der Unterscheidung und Gruppierung der Einzelobjekte innerhalb einer statistischen Masse.

c) Abweichend vom üblichen Sprachgebrauch erstreckt sich der Begriff Merkmalswert auf alle Arten von Merkmalsausprägungen, die auf Nominal-, Ordinal- und metrischen Skalen meßbar sind (vgl. 1.3).

d) Der Wertebereich eines Merkmals kann endlich oder abzählbar/überabzählbar unendlich sein. Eine Mindestzahl von 2 Merkmalswerten wird vorausgesetzt. In diesem Fall spricht man von einem **Alternativmerkmal**.

1.3 Messung von Merkmalen

Die statistische Erfassung eines Merkmals bei den Einheiten der zu untersuchenden Masse wird allgemein als **Messen** bezeichnet. Jede Messung beruht auf einer Meßvorschrift, einer sog. **Skala**. Die Skala soll dem zu messenden Sachverhalt adäquat sein, d.h. eine Abbildung der empirisch-relationalen Eigenschaften der Meßobjekte in ein isomorphes numerisch-relationales System gewährleisten.[1] Für die Messung statistischer Merkmale kommen verschiedene Skalentypen in Betracht.

Abb. 1.1 a:

Skalentyp	Meßeigenschaften des Skalentyps	Zulässige Transformation
Nominalskala	Messung erfolgt nur hinsichtlich Gleichheit oder Ungleichheit der Meßobjekte: $x = y$ oder $x \neq y$	ein-eindeutig
Ordinalskala	Messung erfolgt hinsichtlich Gleichheit oder Ungleichheit sowie der natürlichen Rangfolge der Meßobjekte: $x = y$ oder $x < y$ oder $x > y$	streng monoton
Metrische Skala oder Kardinalskala	Messung erfolgt nach den Ordnungsrelationen eines (1-dim.) kartesischen Raumes: d.h. u.a.: $x, y \in \mathbb{R}; d(x,y) = |x - y|$	linear $T(x) = ax + b$, $a \in \mathbb{R}^{>0}, b \in \mathbb{R}$.

Bei der metrischen Skala lassen sich in Abhängigkeit davon, welche zusätzlichen Restriktionen für die Koeffizienten der Transformation $T(x)$ eingeführt werden, verschiedene Spezialfälle unterscheiden. Hiervon sind zwei für die Messung statistischer Merkmale und deren Merkmalswerte von besonderer Bedeutung.

Abb. 1.1 b:

Skalentyp	Meßeigenschaften des Skalentyps	Zulässige Transformation
Verhältnisskala	Metrische Skala mit natürlichem Nullpunkt, ohne natürliche Einheit.	ähnlich $T(x) = ax, a \in \mathbb{R}^{>0}$
Absolutskala	Metrische Skala mit natürlichem Nullpunkt, mit natürlicher Einheit.	identisch $T(x) = x$

Anmerkungen:

a) Die Transformation einer Skala ist zulässig, wenn dadurch der Typ der Skala nicht verändert wird.
   Beispiel 1.7 :
   Die Codierung der Prüfungsergebnisse 'bestanden' und 'nicht bestanden' durch die Kennzahlen (Nominalzahlen) '1' und '0' ist eine zulässige Transformation einer Nominalskala.
   ○
   Beispiel 1.8 :
   Die Umrechnung der Werte einer Einfuhrstatistik von $ in DM ist eine zulässige Transformation einer Verhältnisskala.
   ○

---

[1]'Relational' spricht die zwischen konkreten Eigenschaften der Meßobjekte beobachtbaren Relationen (z.B. Äquivalenzrelation, Ordnungsrelation etc.) an.

1.3 Messung von Merkmalen

b) Natürlicher Nullpunkt und natürliche Einheit richten sich nach den sachlichen Gegebenheiten.

Beispiel 1.9:
Die Messung der Länge oder des Gewichts eines Gegenstandes hat als natürlichen Skalenanfangspunkt die Null, die Maßeinheit kann verschieden gewählt werden: z.B. m, cm, ft, in bzw. kg, g, lb. ○

c) Nominalskala, Ordinalskala, Verhältnisskala und Absolutskala bilden eine Folge mit aufsteigendem Skalenniveau im Sinne von zunehmend ausgeprägteren Meßeigenschaften, dem Meßergebnisse mit reicherem Informationsgehalt entsprechen (s. Bsp. 1.10 [S. 10]).

Definition 1.7: Merkmalstypen nach dem Skalenniveau

Merkmalstyp	Maßgebendes Skalenniveau		Charakterisierung des Merkmalstyps
Qualitatives Merkmal oder Nominal meßbares Merkmal	Nominalskala		Merkmal mit artmäßig unterschiedenen Ausprägungen Beispiel: Geschlecht, Familienstand, Beruf, Wirtschaftszweig
Komparatives Merkmal oder Ordinal meßbares Merkmal	Ordinalskala		Merkmal mit intensitätsmäßig abgestuften Ausprägungen Beispiel: Leistungsnoten, Handels- und Güteklassen, Präferenzindizes
Quantitatives Merkmal oder Metrisches Merkmal oder Kardinal meßbares Merkmal	Metrische Skalen	Verhältnisskala	Merkmal mit analog meßbaren Ausprägungen Beispiel: Größe, Alter, Entfernung, Gewicht, Geschwindigkeit
		Absolutskala	Merkmal mit digital meßbaren (abzählbaren) Ausprägungen Beispiel: Kinderzahl in Familie, Beschäftigte im Betrieb, defekte Stücke in einer Lieferung

□

Der Hierarchie der Skalenniveaus entspricht eine Hierarchie der Merkmalstypen: bspw. wird ein komparatives Merkmal adäquat (unter Ausschöpfung seines Informationspotentials) auf einer Ordinalskala gemessen. Es kann aber der Interessenlage entsprechen und ist zulässig, ein komparatives Merkmal *unter* Niveau auf einer Nominalskala zu messen. Nicht zulässig ist die Verwendung einer metrischen Skala.

Beispiel 1.10:

Eine Ladung Kaffeesäcke wird gewogen. Gewicht ist im Prinzip ein quantitatives Merkmal, meßbar auf einer Verhältnisskala.

Angenommen, man begnügt sich damit festzustellen, ob die Säcke zu leicht, normgerecht oder zu schwer sind, so reduziert sich der Vorgang auf die Messung eines quasi komparativen Merkmals.

Beschränkt man sich auf die Unterscheidung: normgerecht oder nicht, so wird nur noch nominal gemessen, das Merkmal ist quasi qualitativer Natur.

○

Die Ausprägungen qualitativer und komparativer Merkmale sind üblicherweise zunächst verbal umschrieben. Aus Datenverarbeitungs- und anderen Gründen werden die Ausprägungen häufig durch Kennzahlen 'quantifiziert'.

Beispiel 1.11:

Dezimalklassifikationen in der Bevölkerungs- und Wirtschaftsstatistik, etwa Berufssystematik, Systematik der Wirtschaftszweige, System der Postleitzahlen und Bankleitzahlen.

○

Diese Quantifizierung nominal oder ordinal skalierter Merkmalsausprägungen wird im folgenden auch aus theoretischen Gründen zum Prinzip erhoben. Dadurch bekommt der Begriff 'Merkmalswert' als **Zahlenwert** unmittelbare Bedeutung für alle Merkmalstypen.

> Diese formale Vereinheitlichung darf aber nicht die bestehenden Skalenunterschiede verwischen: für Nominal- und Ordinalzahlen sind - im Gegensatz zu Kardinalzahlen - *keine* arithmetischen Operationen zulässig.

Definition 1.8: Diskretes Merkmal, Stetiges Merkmal

Ein quantitavites Merkmal heißt
- **diskret**, wenn sein Wertebereich (Def. 1.6 [S. 6]) aus einer abzählbaren Folge[1] von Merkmalswerten besteht,
- **stetig**, wenn sein Wertebereich aus einer kontinuierlichen (überabzählbaren) Menge von Merkmalswerten besteht.

□

Der kontinuierliche Wertebereich eines stetigen Merkmals ist für statistische Untersuchungen weder operabel noch sinnvoll. Deswegen zerlegt man den Wertebereich des Merkmals vollständig in eine endliche Anzahl disjunkter Intervalle, so daß jeder erhobene Meßwert eindeutig einem Intervall zugeordnet werden kann.

Definition 1.9: Merkmalsklasse

Eine Teilmenge von Merkmalswerten, die durch disjunkte Zerlegung des Wertebereichs eines stetigen Merkmals gebildet wurde, heißt **Merkmalsklasse**.

□

---

[1] Praktisch sind hier nur endliche Folgen in Betracht zu ziehen.

1.3 Messung von Merkmalen

Anmerkungen:

a) Bei diskreten Merkmalen mit umfangreichem Wertebereich kann es zweckmäßig sein, in analoger Weise Merkmalsklassen zu bilden. Man spricht in diesem Fall von **quasistetigen Merkmalen**. Dies trifft u.a. auf Merkmale zu, die die Dimension 'Währungseinheiten' haben.

b) Häufig werden an sich stetige Merkmale von vornherein in (z.B. auf ganze Meßeinheiten) gerundeter Form erhoben. Sie verhalten sich dann quasi diskret, wobei aber jeder Merkmalswert für eine Merkmalsklasse steht.

Beispiel 1.12:

Stetige Merkmale:	Größe, Gewicht, Alter von Personen; Lebensdauer von Glühlampen; Geschwindigkeit von Fahrzeugen.
Diskrete Merkmale:	Privathaushalte nach Zahl der Personen; planmäßige Straßenbahnzüge nach dem zeitlichen Abstand (in Minuten) der Zugfolgen.
Diskretes, evtl. quasistetiges Merkmal:	Anzahl der Beschäftigten pro Betrieb.
Quasistetige Merkmale:	Haushaltseinkommen und -ausgaben; Einwohnerzahl von Ländern.
Quasi diskretes Merkmal:	Alter der Einwohner einer Stadt, erfaßt in vollendeten Lebensjahren: hier steht das Alter x für eine Altersklasse $[x, x+1[$, $x = 0, 1, 2, \ldots$

○

Definition 1.10: Häufbares Merkmal

Ein qualitatives Merkmal wird **häufbar** genannt, wenn eine statistische Einheit zwei oder mehr Ausprägungen dieses Merkmals annehmen kann.

□

Anmerkung:

Häufbare Merkmale lassen sich u.U. vermeiden, wenn man entsprechende Kombinationen als eigenständige Modalität oder ein geeignetes Schwerpunktprinzip einführt.

Beispiel 1.13:

Ausgeübter Beruf: Metzger und Gastwirt. Überwiegend ausgeübter Beruf: Metzger.

○

Definition 1.11: Meßwerte, Beobachtungswerte

Die bei den Einheiten einer statistischen Masse gemessenen Ausprägungen eines Untersuchungsmerkmals werden **Meßwerte** oder **Beobachtungswerte** genannt.

□

Anmerkungen:

a) Messungen können in Form von Befragungen von Personen oder Institutionen, von Beobachtungen (z.b. der Fahrzeugdichte auf einer Durchgangsstraße) oder durch Zähl- bzw. Meßgeräte erfolgen.

b) In der Fach- und Umgangssprache werden die Ergebnisse von statistischen Meß- und Auswertungsverfahren häufig *pauschalisierend* als *Daten* oder *Datenmaterial* bezeichnet.

Definition 1.12: Datensatz, geordneter Datensatz, Rangwert

Die Menge der Meßwerte, die bei den Einheiten einer Masse in bezug auf ein interessierendes Merkmal erhoben wird, bildet einen **Datensatz**.

Ein **geordneter Datensatz** liegt vor, wenn die Meßwerte (ein wenigstens ordinal meßbares Merkmal vorausgesetzt) der Größe nach - in aufsteigender oder absteigender Richtung - geordnet sind. Die Meßwerte in einem geordneten Datensatz heißen **Rangwerte**.

□

Anmerkung:

Wenn ein nichthäufbares Merkmal in einer statistischen Masse erhoben wird, ist der Umfang des (geordneten) Datensatzes gleich dem Umfang der Masse.

2 Eindimensionale Häufigkeitsverteilungen

2.1 Überblick

Die Untersuchung einer statistischen Masse beziehe sich auf ein Merkmal X, die erhobenen Meßwerte seien in einem Datensatz zusammengefaßt.

Unter der **Häufigkeitsverteilung** von X versteht man allgemein eine funktionale Beziehung zwischen den Merkmalswerten bzw. -klassen des Wertebereichs von X und den Häufigkeiten, mit denen die statistischen Einheiten ihren Meßwerten nach auf die einzelnen Kategorien entfallen.

Damit die Konzeption der Häufigkeitsverteilung nicht ihren Sinn verliert, ist eine statistische Masse erforderlich, die erheblich umfangreicher ist als die Anzahl der Merkmalswerte bzw. -klassen von X.

Eine Variante der Häufigkeitsverteilung ist die **kumulierte Häufigkeitsverteilung**, die allerdings nur für mindestens ordinal meßbare Merkmale existiert.

Sie beruht auf einer funktionalen Beziehung, durch die im Prinzip den verschiedenen Merkmalswerten von X die Anzahl der statistischen Einheiten zugeordnet wird, deren Meßwert höchstens gleich dem entsprechenden Merkmalswert ist.

Die Existenz der kumulierten Häufigkeitsverteilung vorausgesetzt, sind beide Verteilungsvarianten informationsäquivalent, und es hängt von den jeweiligen Gegebenheiten und Zielen der Untersuchung ab, welche Variante den Vorzug verdient.

Die kumulierte Häufigkeitverteilung ist z.B. auch dann darstellbar, wenn der Umfang der statistischen Masse nicht hinreichend groß ist, um einer Häufigkeitsverteilung eigenen Aussagegehalt zu geben.

Der Merkmalstyp von X hat wesentlichen Einfluß auf die Gestaltungs- und Auswertungsmodalitäten von einfachen und kumulierten Häufigkeitsverteilungen; besonders die Unterscheidung zwischen nichtmetrischen (qualitativen oder komparativen) und metrischen Merkmalen ist streng zu beachten.

Die Dimension einer Verteilung bestimmt sich nach der Anzahl der Merkmale, die für die betreffende Untersuchung relevant sind. Man unterscheidet ein-, zwei- oder mehrdimensionale Merkmale und Verteilungen oder - wie es in der modernen Statistik üblich geworden ist - univariate, bivariate oder multivariate Merkmale und Verteilungen.

In diesem und den drei folgenden Kapiteln werden nur Verteilungen univariater Merkmale behandelt. Eine Erweiterung auf die simultane Verteilung von zwei Merkmalen ist Inhalt von Kapitel 6.

2.2 Verteilung eines qualitativen oder komparativen Merkmals

Voraussetzung für *beide* Merkmalstypen:

$M_n = \{e_i | i = 1, ..., n\}$ Statistische Masse, bestehend aus den Einheiten $e_1, e_2, ..., e_n$.

X Nichthäufbares[1] qualitatives oder komparatives Merkmal.

$W_X = \{x_j | j = 1, ..., J\}$ (endlicher) Wertebereich von X mit den Merkmalswerten $x_1, ..., x_J$.

$D_n = \{x_i | i = 1, ..., n\}$ Datensatz aus der Messung von X in M_n, d.h. $x_i = X(e_i)$ für $i = 1, ..., n$.

Zusätzliche Voraussetzung für ein **komparatives** Merkmal:

$x_1 < x_2 < ... < x_J$ Rangordnung der Merkmalswerte.

Die Auswertung eines Datensatzes D_n beginnt mit der Auszählung der statistischen Einheiten $e_i \in M_n$, deren Meßwert $X(e_i)$ gleich einem Merkmalswert $x_j \in W_X$ ist. Wir erhalten als Ergebnis die **absolute Häufigkeit**[2] $n(x_j)$ des Merkmalswertes x_j.

Wird diese Häufigkeit auf die Gesamtzahl n der Einheiten bezogen, ergibt sich die **relative Häufigkeit**[3] $f(x_j)$ des Merkmalswertes x_j:

$$f(x_j) = \frac{n(x_j)}{n} \quad \text{für} \quad x_j \in W_X.$$

Definition 2.1: Häufigkeitsfunktion, Häufigkeitsverteilung

Die Folgen der absoluten Häufigkeiten bzw. relativen Häufigkeiten:

$$\left. \begin{aligned} n_j &= n(x_j) \\ f_j &= f(x_j) = \frac{n(x_j)}{n} \end{aligned} \right\} \text{für } j = 1, ..., J$$

werden **Häufigkeitsfunktionen** (absolut bzw. relativ) des qualitativen oder komparativen Merkmals X genannt.

Unter absoluter bzw. relativer **Häufigkeitsverteilung** von X versteht man die entsprechende Häufigkeitsfunktion selbst oder deren Darstellung als Häufigkeitstabelle oder als Diagramm.

□

Anmerkungen:

a) Für die absoluten und relativen Häufigkeiten gilt:

$$0 \leq n(x_j) \leq n, \qquad 0 \leq f(x_j) \leq 1,$$

$$\sum_{j=1}^{J} n(x_j) = n, \qquad \sum_{j=1}^{J} f(x_j) = 1.$$

---

[1] Nur für ein qualitatives Merkmal relevant.
[2] $n(x_j)$ steht für: Anzahl$\{e_i \in M_n | X(e_i) = x_j\}$
[3] $f(x_j)$ steht für: Anteil$\{e_i \in M_n | X(e_i) = x_j\}$

2.2 Verteilung eines qualitativen oder komparativen Merkmals

b) Relative Häufigkeiten fallen (von den Grenzfällen abgesehen) in Form von Dezimalbrüchen an. Für Darstellungszwecke schreibt man sie meistens als Prozentzahlen:

$$f(x_j) = 100 \cdot f(x_j) \ \%.$$

c) Prozentuale Häufigkeiten bilden wegen ihrer einheitlichen Normierung auf $n=100$ anschauliche Vergleichsmöglichkeiten.

Abb. 2.1: Schema einer Häufigkeitstabelle

Merkmalswert x_j	absolute Häufigkeit $n(x_j)$	relative Häufigkeit $f(x_j)$
x_1	n_1	f_1
x_2	n_2	f_2
$\vdots$	$\vdots$	$\vdots$
x_J	n_J	f_J
	$\sum_j n_j = n$	$\sum_j f_j = 1$

Beispiel 2.1:
Erwerbstätige in den Wirtschaftsabteilungen 0 bis 3 der Systematik der Wirtschaftszweige, früheres Bundesgebiet, April 1990 (gerundete Zahlen)

Nr. der Systematik	Wirtschaftsabteilung	Erwerbstätige in 1000	in %
0	Land- u. Forstwirtschaft, Fischerei	1070	8,2
1	Energie- u. Wasserversorgung, Bergbau	480	3,7
2	Verarbeitendes Gewerbe	9450	72,9
3	Baugewerbe	1836	15,2
	insgesamt	12836	100

Quelle: Statistisches Jahrbuch 1992 für die Bundesrepublik Deutschland, S.114

Abb. 2.2: Kreisdiagramm

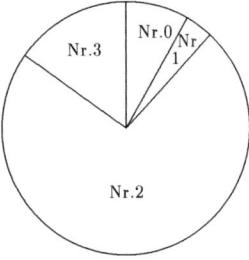

Das Merkmal 'Wirtschaftsabteilung' gehört zum qualitativen Typ: eine Rangordnung der Abteilungen mag zwar üblich sein, ist aber nicht sachlogisch begründet, sie kann jederzeit geändert werden. Die Nummern der Systematik sind Nominalzahlen.

Ein Kreisdiagramm ist so anzulegen, daß sich der Flächeninhalt der Kreissektoren proportional zur Häufigkeit der Merkmalswerte verhält (Prinzip der Flächentreue).

○

Bei Vorliegen eines **komparativen Merkmals**, für das ex definitione eine natürliche Rangordnung der Merkmalswerte existiert, ist es zulässig, die Auswertung des Datensatzes D_n auf kumulierte Häufigkeiten, sog. **Summenhäufigkeiten** auszudehnen. Wir erhalten die absolute Summenhäufigkeit des Merkmalswertes $x_j \in W_X$, geschrieben $S(x_j)$, aus der Auszählung aller statistischen Einheiten $e_i \in M_n$, deren Meßwerte $X(e_i)$ kleiner oder gleich dem Merkmalswert x_j sind:

$$S(x_j) = n(x_1) + n(x_2) + ... + n(x_j) = \sum_{x_r \leq x_j} n(x_r).$$

Entprechend gilt für die relative Summenhäufigkeit:

$$F(x_j) = \sum_{x_r \leq x_j} f(x_r) = \frac{1}{n} S(x_j), \qquad x_j \in W_X.$$

Definition 2.2: Summenhäufigkeitsfunktion, kumulierte Häufigkeitsverteilung
Die Folgen der absoluten bzw. relativen Summenhäufigkeiten

$$\left. \begin{array}{l} S(x_j) = \sum_{x_r \leq x_j} n(x_r) \\ F(x_j) = \sum_{x_r \leq x_j} f(x_r) \end{array} \right\} \text{ für } j = 1, ..., J,$$

werden **Summenhäufigkeitsfunktion** (absolut bzw. relativ) des komparativen Merkmals genannt.

Unter absoluter bzw. relativer kumulierter Häufigkeitsverteilung oder Summenhäufigkeitsverteilung von X versteht man die entsprechende Summenhäufigkeitsfunktion selbst oder deren Darstellung in einer Tabelle. □

Anmerkungen:

a) Es gilt: $\qquad 0 \leq S(x_j) \leq n, \qquad 0 \leq F(x_j) \leq 1.$

b) Die relativen Summenhäufigkeiten sind prozentual interpretierbar:

$$F(x_j) = 100 \cdot F(x_j) \ \%.$$

c) Die Anzahl oder der Anteil der statistischen Einheiten in M_n, deren Meßwerte den Merkmalswert x_j übersteigen (sog. Resthäufigkeit), ergibt sich als Differenzgröße $n - S(x_j)$ bzw. $1 - F(x_j)$.

d) Ein Synonym für relative Summenhäufigkeitsfunktion ist **empirische Verteilungsfunktion**. Dieser Begriff wird jedoch hauptsächlich in Verbindung mit quantitativen Merkmalen verwendet.

e) Graphische Darstellungen der kumulierten Häufigkeitsverteilung eines komparativen Merkmals kommen praktisch kaum vor.

2.3 Verteilung eines quantitativen Merkmals

Beispiel 2.2: Notenverteilung von 200 Klausurarbeiten

Note x_j	Häufigkeit der Arbeiten $n(x_j)$	$f(x_j)$	Kumulierte Häufigkeit $S(x_j)$	$F(x_j)$
1: sehr gut	10	0,05	10	0,05
2: gut	36	0,18	46	0,23
3: befriedigend	56	0,28	102	0,51
4: ausreichend	64	0,32	166	0,83
5: nicht ausreichend	34	0,17	200	1,00

Abb. 2.3: Säulendiagramm

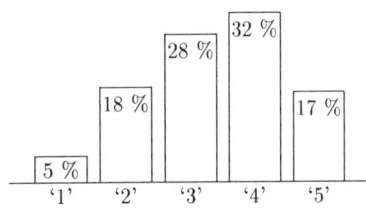

Das Merkmal 'Note' ist ordinal meßbar.

Das Säulendiagramm ist nach dem Prinzip der Flächentreue so anzulegen, daß sich der Flächeninhalt der Säulen proportional zur Häufigkeit der Merkmalswerte verhält.

Für $x_2 = 2$ gilt: $S(2) = 46$, d.h. 46 Arbeiten sind gut oder besser,
für $x_3 = 3$ gilt: $F(3) = 0,51$, d.h. 51 % der Arbeiten sind befriedigend oder besser.

○

2.3 Verteilung eines quantitativen Merkmals

Quantitative Merkmale kommen als diskrete und stetige (auch quasistetige) Merkmale vor. Der Unterschied liegt im Wertebereich (s. Def. 1.8 [S. 10]), was sich auf die Gestaltung der Häufigkeitsverteilung und der kumulierten Häufigkeitsverteilung auswirkt.

Voraussetzung (analog zu 2.2):

$M_n = \{e_i | i = 1, ..., n\}$ Statistische Masse vom Umfang n.

X Diskretes oder stetiges Merkmal (kardinal meßbar).

$W_X = \{x_j | j = 1, ..., J\}$ Wertebereich, wenn X diskret, mit $x_1 < x_2 < ... < x_J$.

$W_X = \bigcup_{j=1}^{J} K_j$ Klassierter Wertebereich, wenn X stetig oder quasistetig.

mit $K_j =]x_{j-1}^*; x_j^*]$ Merkmalsklasse (s. Def. 1.9 [S. 10]), rechtsseitig abgeschlossen,[1)2)] mit $x_0^* < x_1^* < ... < x_J^*$.

$D_n = \{x_i | i = 1, ..., n\}$ Datensatz vom Umfang n mit $x_i = X(e_i), e_i \in M_n$.

[1)] $]x_{j-1}^*, x_j^*] := \{x | x_{j-1}^* < x \leq x_j^*\};$ x^* : Klassengrenze
[2)] In der Bevölkerungs- und Wirtschaftsstatistik werden traditionell linksseitig abgeschlossene Klassen verwendet, z.B. monatl. Einkommen von ...DM bis unter ...DM.
Die rechtsseitig abgeschlossenen Intervalle sind in der mathematischen Statistik gebräuchlich.

2.3.1 Diskretes Merkmal

Die Definitionen 2.1 [S. 14] und 2.2 [S. 16] können fast unverändert übernommen werden. Man beachte aber, daß die Merkmalswerte von X jetzt reelle Zahlen sind und in $\mathbb{R}$ dargestellt werden.

Definition 2.3: Häufigkeitsfunktion, Häufigkeitsverteilung
Die Folgen der absoluten bzw. relativen Häufigkeiten

$$\left. \begin{array}{l} n_j = n(x_j) \\ f_j = f(x_j) = \dfrac{n(x_j)}{n} \end{array} \right\} \text{für } j = 1, \ldots, J$$

werden **Häufigkeitsfunktionen** (absolut bzw. relativ) des diskreten Merkmals X genannt.

Unter absoluter bzw. relativer **Häufigkeitsverteilung** von X versteht man die entsprechende Häufigkeitsfunktion selbst oder deren Darstellung in Tabellen- oder Diagrammform.

□

Definition 2.4: Empirische Verteilungsfunktion, kumulierte Häufigkeitsverteilung
Die über $\mathbb{R}$ definierten Treppenfunktionen

$$S(x) = \sum_{x_j \leq x} n(x_j) = \begin{cases} 0 & \text{für } x < x_1 \\ \sum_{r=1}^{j} n(x_r) & \text{für } x_j \leq x < x_{j+1}, \quad j = 1, \ldots, J-1 \\ n & \text{für } x \geq x_J \end{cases}$$

$$F(x) = \frac{1}{n} S(x) = \sum_{x_j \leq x} f(x_j) = \begin{cases} 0 & \text{für } x < x_1 \\ \sum_{r=1}^{j} f(x_r) & \text{für } x_j \leq x < x_{j+1}, \quad j = 1, \ldots, J-1 \\ 1 & \text{für } x \geq x_J \end{cases}$$

werden **Summenhäufigkeitsfunktion** (absolut) bzw. **empirische Verteilungsfunktion** des diskreten Merkmals X genannt.

Unter absoluter/relativer **kumulierter Häufigkeitsverteilung** von X versteht man die entsprechende Funktion $S(x)/F(x)$ selbst oder deren Darstellung als Tabelle oder Diagramm.

□

2.3 Verteilung eines quantitativen Merkmals

Abb. 2.4: Schema einer Häufigkeitstabelle mit kumulierten Häufigkeitsverteilungen

Merkmalswert x_j	abs. Häufigkeit $n(x_j)$	rel. Häufigkeit $f(x_j)$	$S(x)$ für $x = x_j$	$F(x)$ für $x = x_j$
x_1	n_1	f_1	n_1	f_1
x_2	n_2	f_2	$n_1 + n_2$	$f_1 + f_2$
x_3	n_3	f_3	$n_1 + n_2 + n_3$	$f_1 + f_2 + f_3$
$\vdots$	$\vdots$	$\vdots$	$\vdots$	$\vdots$
x_j	n_j	f_j	$\sum_{r=1}^{j} n_r$	$\sum_{r=1}^{j} f_r$
$\vdots$	$\vdots$	$\vdots$	$\vdots$	$\vdots$
x_J	n_J	f_J	$\sum_{j=1}^{J} n_j = n$	$\sum_{j=1}^{J} f_j = 1$
Summe	n	1		

Abb. 2.5: Häufigkeitsfunktion Abb. 2.6: Empirische Verteilungsfunktion

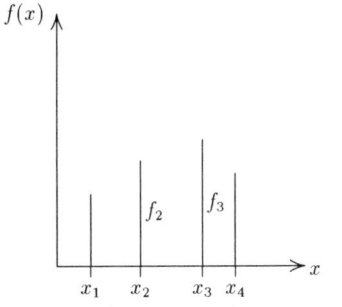
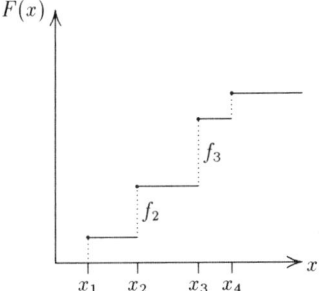

Anmerkungen:

a) Zur Formulierung der kumulierten Häufigkeitsverteilung eines quantitativen Merkmals wird überwiegend die empirische Verteilungsfunktion F, die auf relativen Häufigkeiten aufbaut, verwendet. Die (absolute) Summenhäufigkeitsfunktion findet deswegen im folgenden weniger Beachtung.

b) Die empirische Verteilungsfunktion (Abb. 2.6) ist unstetig. Ihre Sprungstellen werden durch die Merkmalswerte x_j, $j = 1, \ldots, J$, markiert, die relativen Häufigkeiten f_j bestimmen die Sprunghöhen. An den Sprungstellen gilt jeweils der obere, durch einen Punkt gekennzeichnete Wert.

c) $F(x)$ entsteht durch sukzessive Kumulation der relativen Häufigkeiten $f(x_j)$. Umgekehrt kann die Häufigkeitsfunktion $f(x_j)$ durch Differenzenbildung aus $F(x)$ hergeleitet werden. Beide Funktionen beschreiben vollständig die Verteilung des diskreten Merkmals X.

Beispiel 2.3: Absatz von Pralinenpackungen nach dem Nettogewicht des Inhalts

Nettogewicht (g) x_j	Anzahl $n(x_j)$	S(x) für $x = x_j$	Anteil in % $100 \cdot f(x_j)$	F(x) in % für $x = x_j$
100	184	184	11,5	11,5
250	432	616	27,0	38,5
500	656	1272	41,0	79,5
1000	328	1600	20,5	100

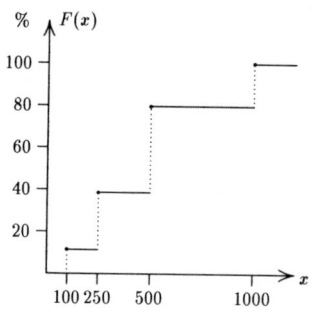

Abb. 2.7: Häufigkeitsfunktion (prozentual)

Abb. 2.8: Empirische Verteilungsfunktion (prozentual)

2.3.2 (Quasi-)stetiges Merkmal

Die Häufigkeitsfunktion eines (quasi-)stetigen Merkmals X ist über einer Anzahl von Merkmalsklassen definiert, die an die Stelle der Merkmalswerte bei einer diskreten Verteilung treten.

Die Klasseneinteilung ist vor Auswertung des Datensatzes vorzunehmen. Von der Art und Weise, wie dies geschieht, hängt u.a. die Häufigkeitsverteilung von X ab. Die theoretische Vorgabe der vollständigen Zerlegung des Wertebereichs durch disjunkte Intervalle läßt gewisse Freiheitsgrade offen.

1. **Anzahl J der Merkmalsklassen**: ist überwiegend vom Umfang n der Masse abhängig. Orientierungsregel von **Sturges**: $J \doteq 1 + 3{,}3 \lg n$. Abweichungen von der Regel können durch das Untersuchungsziel und die Art der Verteilung begründet werden.

2. **Breite der Merkmalsklassen**: ist großenteils von der Differenz $x_J^* - x_0^*$ (wenn endlich) und J abhängig. Bei Vorgabe äquidistanter Intervalle beträgt deren Breite: $b = \dfrac{x_J^* - x_0^*}{J}$.
   In der Regel ist es sinnvoll, in Bereichen größerer Beobachtungsdichten kleinere Klassenbreiten vorzusehen und umgekehrt. Speziell die Randklassen K_1 , K_J werden oft relativ breit angelegt. Die Verwendung offener Randklassen, d.h. $K_1 =\,]-\infty, x_1^*]$, $K_J =\,]x_{J-1}^*, \infty]$ ist häufig anzutreffen (vgl. Bsp. 1.6 [S. 7]).

2.3 Verteilung eines quantitativen Merkmals

Die Festlegung des Parameters J und der individuellen Klassenbreiten $b_j = x_j^* - x_{j-1}^*$, $j = 1, \ldots, J$, erfolgt im Zweifel durch Probieren verschiedener Konstellationen. Ziel ist eine Klasseneinteilung, die die wesentlichen Züge einer Verteilung am klarsten erkennen läßt.

Das Auszählen der statistischen Einheiten $e_i \in M_n$, deren Meßwert $X(e_i)$ in die Merkmalsklasse $K_j \subset W_X$ fällt, ergibt die **absolute Häufigkeit** dieser Merkmalsklasse:
$$n(K_j) = n\left(x_{j-1}^* < x \leq x_j^*\right).$$
Ihre **relative Häufigkeit** ist gegeben durch:
$$f(K_j) = \frac{n(K_j)}{n} = \frac{n(x_{j-1}^* < x \leq x_j^*)}{n}.$$

Definition 2.5: Klassierte Häufigkeitsfunktion, klassierte Häufigkeitsverteilung

Die Folgen der absoluten bzw. der relativen Klassenhäufigkeiten
$$\left.\begin{array}{rcl} n_j = n(K_j) &=& n(x_{j-1}^* < x \leq x_j^*) \\ f_j = f(K_j) &=& \dfrac{n(K_j)}{n} \end{array}\right\} \text{ für } j = 1, \ldots, J$$
werden **(klassierte) Häufigkeitsfunktionen** (absolut bzw. relativ) des stetigen Merkmals X genannt.

Unter **klassierter** absoluter bzw. relativer **Häufigkeitsverteilung** von X versteht man die entsprechende Häufigkeitsfunktion selbst oder - unter gewissen Einschränkungen[1] - deren Darstellung in Tabellen oder Diagrammen. □

Anmerkungen:

a) Es gilt analog zu den Anmerkungen zu Def. 2.1 [S. 14]:
$$0 \leq n(K_j) \leq n, \qquad 0 \leq f(K_j) \leq 1,$$
$$\sum_{j=1}^{J} n(K_j) = n, \qquad \sum_{j=1}^{J} f(K_j) = 1.$$
b) Prozentuale Interpretation der relativen Häufigkeiten wie bekannt.

Unterschiedliche Klassenbreiten verzerren ggf. den Vergleich zwischen den Häufigkeitsbelegungen verschiedener Merkmalsklassen. Man rechnet deswegen die Klassenhäufigkeiten um auf Intervalle der Breite einer Maßeinheit, wobei **Gleichverteilung** des Merkmals innerhalb der ursprünglichen Klassen unterstellt wird.

Definition 2.6: Häufigkeitsdichtefunktion, Häufigkeitsdichte

Die auf das Einheitsintervall normierten Häufigkeitsfunktionen
$$\left.\begin{array}{rcl} n_j^* = \dfrac{n(K_j)}{b_j} &=& \dfrac{n(x_{j-1}^* < x \leq x_j^*)}{b_j} \\ f_j^* = \dfrac{f(K_j)}{b_j} &=& \dfrac{f(x_{j-1}^* < x \leq x_j^*)}{b_j} \end{array}\right\} \text{ für } j = 1, \ldots, J$$
mit $b_j = x_j^* - x_{j-1}^*$ (Klassenbreite)

heißen **Häufigkeitsdichtefunktionen**. Ihre Werte sind die absoluten bzw. relativen **Häufigkeitsdichten**. □

---

[1] Klasseneinteilung mit konstanten Klassenbreiten bei Histogrammen (s. S. 22).

Die Darstellung einer klassierten Häufigkeitsverteilung als Tabelle erfolgt nach dem Schema der Abb. 2.4 [S. 19], abgesehen davon, daß an die Stelle der Merkmalswerte x_j die Merkmalsklassen K_j, $j = 1, ..., J$, treten. Nach Bedarf kann es um eine Spalte zur Aufnahme der Häufigkeitsdichten ergänzt werden.

Abb. 2.9:

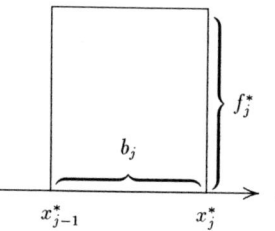

Graphische Darstellungsform ist das sogenannte **Histogramm**. Es ist ein Flächendiagramm, in dem Rechtecke die Häufigkeitsverhältnisse der einzelnen Klassen wiedergeben. Das Prinzip der Flächentreue verlangt, daß die Höhe des Rechtecks über K_j durch die *Häufigkeitsdichte* f_j^* (oder n_j^*) bestimmt wird (s. Abb. 2.9):

$$b_j \cdot f^*(K_j) = b_j \cdot \frac{f(K_j)}{b_j} = f(K_j)$$

$$\sum_{j=1}^{J} f(K_j) = 1.$$

Beispiel 2.4: Rechnungsbeträge nach Größenklassen in einem Handelsbetrieb

Rechnungsbetrag (in 1000 DM) K_j	Anzahl $n(K_j)$	Klassenbreite b_j	Anteil $f(K_j)$	Relative Dichte $f^*(K_j)$
bis 4	6	4	0,094	0,0234
über 4 bis 8	10	4	0,156	0,0391
über 8 bis 10	24	2	0,375	0,1875
über 10 bis 12	16	2	0,250	0,1250
über 12 bis 16	8	4	0,125	0,0313
Summe	64	16	1,000	

Abb. 2.10: Histogramm der relativen Häufigkeitsverteilung

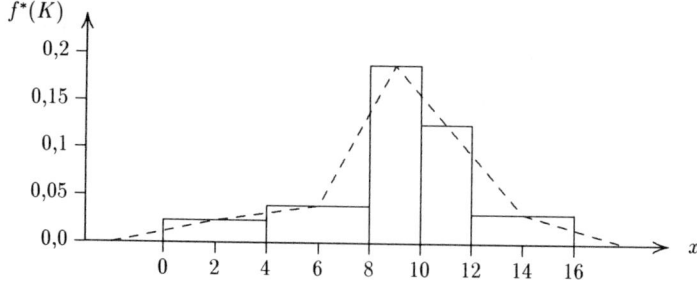

Anmerkung:
Der gestrichelte Streckenzug im Histogramm, der die Koordinatenpunkte $(x_0^* - 0{,}5b_1; 0)$,

2.3 Verteilung eines quantitativen Merkmals

$(x_1^* - 0{,}5b_1; f_1^*), ..., (x_J^* - 0{,}5b_J; f_J^*)$, $(x_J^* + 0{,}5b_J; 0)$, hier für $J = 5$, verbindet, wird **Häufigkeitspolygon** genannt. Es ist eine alternative Darstellungsform, die wegen ihrer Verzerrungen nur ausnahmsweise verwendet werden sollte.

Bei Vorliegen einer klassierten Häufigkeitsverteilung entsteht die empirische Verteilungsfunktion (analog die Summenhäufigkeitsfunktion) in zwei Schritten:

1. Es werden die Klassenhäufigkeiten f_j an den oberen Grenzwerten $x_j^*, j = 1, ..., J$, der Merkmalsklassen kumuliert.

   Abb. 2.11:

2. Es wird (mangels Detailinformation) angenommen, daß die Häufigkeiten innerhalb der einzelnen Klassen *gleichverteilt* sind. Dementsprechend interpoliert man linear zwischen benachbarten Punkten der Punktfolge:

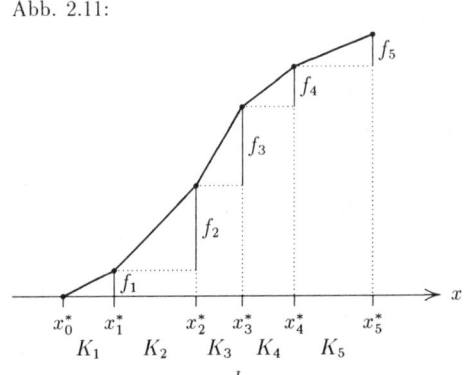

$(x_0^*; 0)$, $(x_1^*; f_1)$, $(x_2^*; f_1 + f_2)$, ..., $(x_J^*; \sum_{j=1}^{J} f_j)$,

und erhält die in Abb. 2.11 fett eingezeichnete Kurve.

Definition 2.7: Empirische Verteilungsfunktion, kumulierte Häufigkeitsverteilung
Die über $\mathbb{R}$ definierten Funktionen

$$S(x) = \begin{cases} 0 & \text{für } x \leq x_0^* \\ \sum_{r=1}^{j-1} n_r + n_j \dfrac{x - x_{j-1}^*}{b_j} & \text{für } x \in \,]x_{j-1}^*, x_j^*], \; j = 1, ..., J, \\ n & \text{für } x > x_J^* \end{cases}$$

$$F(x) = \begin{cases} 0 & \text{für } x \leq x_0^* \\ \sum_{r=1}^{j-1} f_r + f_j \dfrac{x - x_{j-1}^*}{b_j} & \text{für } x \in \,]x_{j-1}^*, x_j^*], \; j = 1, ..., J, \\ 1 & \text{für } x > x_J^* \end{cases}$$

heißen **approximierende Summenhäufigkeitsfunktion** bzw. **empirische Verteilungsfunktion** des (quasi-)stetigen Merkmals X über der Klasseneinteilung $\{K_j \mid j = 1, ..., J\}$.
$b_j = x_j^* - x_{j-1}^*$ ist die Breite der Merkmalsklasse j.

□

Anmerkungen:

a) Es gilt: $F(x) = \frac{1}{n}S(x)$ für alle $x \in \mathbb{R}$.
b) $S(x)$ und $F(x)$ sind monoton steigende stetige Funktionen.
c) Die Bezeichnung 'stetiges Merkmal' leitet sich von dessen stetiger Verteilungsfunktion her.
d) Der Graph der Funktionen $S(x)$ und $F(x)$ wird Summenpolygon oder auch Ogive genannt.

Beispiel 2.4: (Forts.)

Rechnungsbetrag (in 1000 DM) K_j	Anzahl $n(K_j)$	$S(x)$ für $x = x_j$	Anteil $f(K_j)$	$F(x)$ für $x = x_j$
bis 4	6	6	0,094	0,094
über 4 bis 8	10	16	0,156	0,250
über 8 bis 10	24	40	0,375	0,625
über 10 bis 12	16	56	0,250	0,875
über 12 bis 16	8	64	0,125	1,000
Summe	64		1,000	

Approximative Bestimmung von $F(5,5)$:

$$5{,}5 \in K_2 =]x_1^*, x_2^*] =]4, 8]$$

$$F(5{,}5) = f_1 + f_2 \frac{5{,}5 - x_1^*}{b_2} = 0{,}094 + 0{,}156 \frac{5{,}5 - 4}{4} = 0{,}153.$$

Approximative Bestimmung von $F(15)$:

$$15 \in K_5 =]x_4^*, x_5^*] =]12, 16]$$

$$F(15) = \sum_{r=1}^{4} f_r + f_5 \frac{15 - x_4^*}{b_5} = 0{,}875 + 0{,}125 \frac{15 - 12}{4} = 0{,}969.$$

Abb. 2.12: Summenpolygon (relativ)

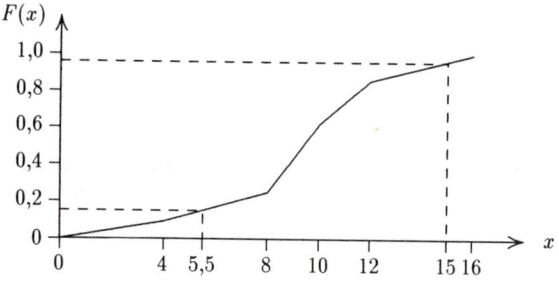

2.4 Kumulierte Häufigkeitsverteilung bei Vorliegen einzelner Meßwerte

Bei einer relativ kleinen statistischen Masse wird es problematisch, aus den Meßwerten eines Merkmals eine Häufigkeitstabelle aufzustellen. In diesem Fall kann man auf eine kumulierte Häufigkeitsverteilung ausweichen, sofern das betrachtete Merkmal quantitativer Natur oder wenigstens ordinal meßbar ist.

X sei ein **diskretes** oder **stetiges** Merkmal, die in M_n erhobenen 'einzelnen Meßwerte' seien $X(e_i) = x_i$ für i=1,...,n. Analog zu Def. 2.4 [S. 18], aber ohne Rückgriff auf eine Häufigkeitsfunktion, bilden wir:

$$\left. \begin{array}{l} S(x) = \text{Anzahl}\{x_i \leq x\} \\ F(x) = \text{Anteil}\{x_i \leq x\} = \frac{1}{n}S(x) \end{array} \right\} \; x \in \mathbb{R}.$$

Anmerkungen:

a) Die Meßwerte eines stetigen Merkmals werden wie die eines diskreten Merkmals behandelt; eine Klasseneinteilung kommt für einzelne Meßwerte nicht in Betracht.

b) $S(x)$ und $F(x)$ sind Treppenfunktionen: die gemessenen Werte markieren die Sprungstellen, deren Vielfachheit bestimmt die jeweilige Sprunghöhe.

Beispiel 2.5:

Jährliche Aufwendungen ausgewählter privater Haushalte für Heizöl in DM (gerundet):
  170, 110, 200, 180, 110, 210, 130, 80, 140, 180.

Abb. 2.13 zeigt die zugehörige empirische Verteilungsfunktion im Kurvendiagramm:

Abb. 2.13: Anteil der Haushalte mit Heizölausgaben bis höchstens x DM

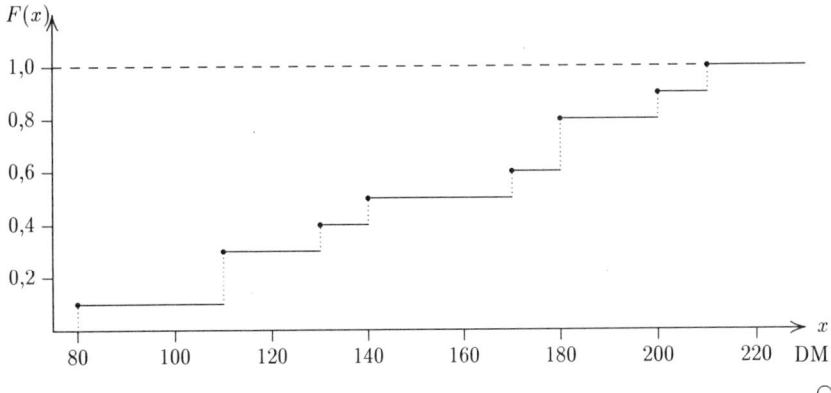

Für den Fall, daß X ein **komparatives** Merkmal ist, wird die Summenhäufigkeitsfunktion (absolut oder relativ) nur an Stellen $x_j \in W_X$ (nicht für $x \in \mathbb{R}$) betrachtet[1].

---

[1] Auf die Anmerkungen zu Def. 2.2 [S. 16] wird verwiesen.

Beispiel 2.6:

Noten von 12 Teilnehmern an einem Seminar:
$$4,\ 2,\ 4,\ 3,\ 3,\ 1,\ 2,\ 3,\ 5,\ 3,\ 4,\ 2.$$
Kumulierte Häufigkeitsverteilung (absolut und relativ) der Teilnehmer nach Noten, die sie (im Sinne der Leistungsstufen) mindestens erreichten (z.B. die Note 3 oder besser):

Note x_j	1	2	3	4	5
$S(x_j)$	1	4	8	11	12
$F(x_j)$ in %	8,3	33,3	66,7	91,7	100

○

Übungsaufgaben zu Kapitel 2: **1 – 4**

3 Statistische Lagemaße

3.1 Überblick

Ein Datensatz, gewonnen aus der Messung eines Merkmals in einer statistischen Masse, repräsentiert ein gewisses Quantum an Information. Diese Information ist in der Regel diffus, somit wenig überschaubar, es sei denn, es handele sich um den Sonderfall 'einzelner Meßwerte'.

Die Bildung einer Häufigkeitsverteilung[1] dient der Ordnung und Straffung des Datensatzes und damit der Strukturierung der vorhandenen Information, wobei im Fall einer klassierten Häufigkeitsverteilung Informationsverluste in Kauf genommen werden.

Für viele Untersuchungsziele erweist sich allerdings auch die Häufigkeitsverteilung als ein zu komplexes Gebilde: sie ist beispielsweise wenig geeignet zum Vergleich verwandter Sachverhalte zwischen verschiedenen Massen.

Benötigt werden Verfahren, die eine Konzentration des Informationsgehaltes eines Datenmaterials[2] auf bestimmte Brennpunkte des Interesses erlauben, während andere Charakteristika des komplexen Datenmaterials völlig ausgeblendet werden.

Die deskriptive Statistik kennt eine Vielzahl solcher Verfahren: sie werden als **Maße** bezeichnet, in gewissen Zusammenhängen auch als **Koeffizienten** oder als **Indizes**.

In formaler Hinsicht besteht ein **statistisches Maß** in einer Meßvorschrift, die eine interessierende Eigenschaft[3] des Datensatzes bzw. der Häufigkeitsverteilung von X operationalisiert und durch eine einzige numerische Größe, Maßzahl genannt,[4] beschreibt.

Auf ein Datenmaterial können mehrere Maße[5] angewendet werden, so daß die betreffenden Maßzahlen im Verbund eine im Sinne der Problemstellung intensivere Beschreibung des Sachverhalts liefern können (s. Abb. 3.1).

Die Abbildung des Datenmaterials in wenigen Maßzahlen bedeutet eine starke Datenreduktion, die den Aktionsraum für vergleichende Analysen, insbesondere aber auch für induktive Verfahren, entscheidend vergrößert. Sie ist die Grundlage weiter Teile der statistischen Theorie.

Unter informationellen Aspekten bedeutet der Vorgang der Datenreduktion einerseits Informationsverdichtung in den Maßzahlen, andererseits partieller Informationsverlust.[6] Das Verhältnis von Informationsverdichtung zu Informationsverlust ist ein wichtiger Gesichtspunkt bei der Beurteilung statistischer Maße.

---

[1] Solange nicht andere Vorgaben gemacht werden, handelt es sich immer um eindimensionale Häufigkeitsverteilungen.

[2] Der Begriff 'Datenmaterial' schließt hier Datensätze mit einzelnen Meßwerten und Häufigkeitsverteilungen verschiedener Art ein.

[3] Die Verwendung des Begriffs Eigenschaft hier ist sorgfältig von demselben Begriff in Def. 1.6 [S. 6] zu unterscheiden: bei letzterer handelt es sich um die Eigenschaft eines Merkmalsträgers, bei ersterer um eine Eigenschaft der Verteilung eines Merkmals.

[4] Da Maßzahlen - ähnlich wie Meßwerte - das Ergebnis von Meßvorgängen sind, bezeichnet man sie, vor allem in vergleichenden Betrachtungen, gelegentlich auch als Daten.

[5] Dies trifft vor allem bei gehobenem Skalenniveau eines Merkmals zu.

[6] Dies folgt aus der Irreversibilität der Vorgangs der Datenreduktion.

Abb. 3.1:

| Extensive Darstellung des Sachverhalts durch Datensatz oder Häufigkeitsverteilung | Intensive Darstellung des Sachverhalts durch Maßzahlen in bezug auf die Eigenschaften A,B,C |

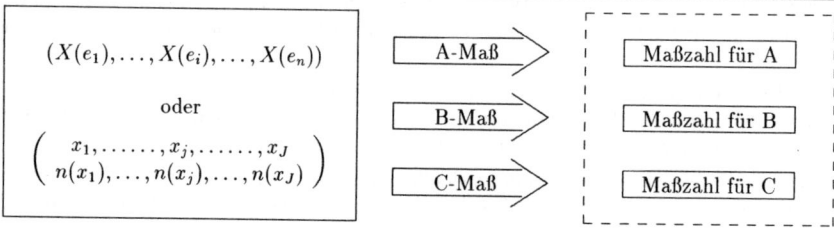

Die Vielzahl der Maße ist nach den Eigenschaften, die in einem Datenmaterial jeweils gekennzeichnet werden sollen, in Klassen eingeteilt. In diesem und den folgenden Kapiteln werden **Lagemaße, Streuungsmaße** sowie **Disparitäts-** und **Konzentrationsmaße** eingeführt. Weitere Maße, u.a. auch für bivariates Datenmaterial, sind Gegenstand späterer Kapitel. Maßklassen von praktisch geringer Bedeutung (z.B.: Schiefe- und Wölbungsmaße) werden hier übergangen.

Maße, die derselben Klasse zugehören, stehen in einer gewissen Konkurrenz zueinander. Ihre Angemessenheit für spezielle Untersuchungen hängt hauptsächlich von *drei Kriterien* ab:

1. Ist das Maß dem Skalierungsniveau des zu untersuchenden Merkmals verträglich (**Skalenadäquanz**)?
   Beispiel 3.1:

   Ein Maß, das die Addition von Meßwerten beinhaltet, ist nicht mit einem qualitativen oder komparativen Merkmal kompatibel. ○

2. In welchem Grad wird die vorhandene Information durch das Maß verwertet (**Informationsadäquanz**)?
   Beispiel 3.2:

   Ein Maß, das nur auf Äquivalenz- und Ordnungsrelation der Meßwerte aufbaut, ist mit einem quantitativen Merkmal verträglich, weist aber ein suboptimales Verhältnis zwischen Informationsverdichtung und Informationsverlust auf. ○

3. Wie robust verhält sich das Maß gegenüber evtl. 'Verunreinigungen' der Daten (**Datenadäquanz**)?
   Beispiel 3.3:

   In einem geordneten Datensatz weicht der kleinste Meßwert (oder der größte) stark von den übrigen Werten ab, möglicherweise, weil er fehlerbehaftet ist. Ein Maß, daß auf einen solchen 'Ausreißer' wenig oder gar nicht reagiert, wird als robust bezeichnet.
   ○

Hinsichtlich dieser Kriterien kann es leicht zu Zielkonflikten kommen, so daß ein Abwägen der Vor- und Nachteile im Einzelfall erforderlich wird.

3.2 Begriff des Lagemaßes

Maße können ferner danach unterschieden werden, ob sie bestimmt sind,
a) auf die einzelnen Meßwerte eines ungeordneten Datensatzes,
b) auf die Rangwerte $x_{[i]}$, $i = 1, \ldots, n$, eines geordneten Datensatzes,
c) auf die Häufigkeitsverteilung eines diskreten Merkmals X,
d) auf die klassierte Häufigkeitsverteilung eines (quasi-)stetigen Merkmals X angewendet zu werden.

3.2 Begriff des Lagemaßes

Mit einem Lagemaß soll das zu untersuchende Datenmaterial hinsichtlich seines 'Zentrums' oder seiner 'Niveaulage' auf der Merkmalsachse gekennzeichnet werden.
Der umgangssprachliche Begriff des 'Durchschnitts' beinhaltet ein Lagemaß.

Beispiel 3.4:
Durchschnittliche Monatsverdienste der kaufmännischen Angestellten in Industrie und Handel, 1991 (früheres Bundesgebiet):

Wirtschaftsbereich	DM
Industrie	4 795
Handel (inkl. Kreditinstitute und Versicherungsgewerbe)	3 870

Quelle: Statistisches Jahrbuch 1992, S. 595–597

Die Differenz der beiden 'Durchschnitte' gibt die Niveauunterschiede zwischen den beiden Verteilungen der Monatsverdienste an.

○

Beispiel 3.5:
Zwei metrisch skalierte Häufigkeitsverteilungen seien parallel gegeneinander verschoben.

Abb. 3.2:

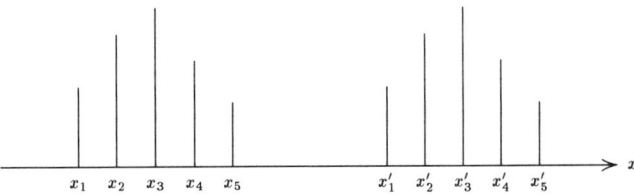

Die beiden Verteilungen unterscheiden sich allein durch ihre Niveaulage; in allen sonstigen Eigenschaften sind sie gleich.

○

In diesem Kapitel werden folgende Lagemaße behandelt: Modus, Median, Quantile allgemein,[1] arithmetisches Mittel; zwei weitere Lagemaße finden sich in dem Kapitel über Verhältniszahlen.

Der Ausweis der entsprechenden Maßzahlen erfolgt in der Dimension des betreffenden Merkmals, z.B. DM, m, kg, ha, Jahre.

3.3 Modus

Der Modus ist ein sehr einfach organisiertes Maß. Es setzt eine unimodale (eingipflige) Häufigkeitsverteilung eines beliebig skalierten Merkmals X voraus. Als Zentrum der Verteilung von X wird die Stelle des Häufigkeitsgipfels angesehen.

Definition 3.1: Modus, Modalwert, Modalklasse

Der **Modus** x_M wird bestimmt durch:	**Bedingungen:**
a) den Merkmalswert $x_{j^*} \in W_X$, der die Häufigkeitsfunktion $n(x_j)$ maximiert: $x_M = x_{j^*}$ mit $n(x_{j^*}) = \max\{n(x_1), \ldots, n(x_J)\}$	Qualitatives, komparatives oder diskretes Merkmal X mit $W_X = \{x_1, \ldots, x_J\}$.
b) den Mittelpunkt der Klasse K_{j^*}, die die Häufigkeitsdichtefunktion $n^*(K_j)$ maximiert: i) Aufsuchen der sog. **Modalklasse** K_M: $K_M = K_{j^*}$ mit $n^*(K_{j^*}) = \max\{n^*(K_1), \ldots, n^*(K_J)\}$ ii) Berechnen des Mittelpunktes von K_M: $x_M \doteq x_{j^*} = \frac{1}{2}\left(x^*_{j^*} + x^*_{j^*-1}\right)$ x_M ist hier eine relativ grobe Approximation.[3]	(Quasi-) stetiges Merkmal X mit klassierter HV,[2] $W_X = \bigcup_{j=1}^{J} K_j$ und $K_j = \,]x^*_{j-1}, x^*_j]$, $j = 1, \ldots, J$.
Ein konkreter Wert von x_M heißt **Modalwert** oder **häufigster Wert**.	

□

Anmerkungen:

a) Der Modus hat als Lagemaß nur Gewicht, wenn der Gipfel der Häufigkeitsverteilung deutlich ausgeprägt ist.

b) Für qualitative Merkmale ist der Modus das einzige skalenadäquate Lagemaß.

---

[1] Der Median ist ein Spezialfall der Quantile.
[2] HV ≙ Häufigkeitsverteilung
[3] Sie beruht auf der Annahme der Gleichverteilung in K_M. Im Zweifel sollte man sich auf die Angabe der Modalklasse beschränken.

c) Für komparative und quantitative Merkmale ist der Modus als Lagemaß nicht informationsadäquat. Sinnvolle Anwendungen liegen im allgemeinen vor, wenn durch x_M zum Ausdruck gebracht werden soll, was üblich oder normal ist, z.B. ein normaler Preis, die übliche Verspätung eines Zuges.

d) Der Modus ist gegenüber Ausreißern robust. Die Modalklasse ist jedoch von der Wahl der Klasseneinteilung abhängig.

e) Die Bestimmung von x_M kann analog zu Def. 3.1 auch anhand der relativen Häufigkeiten erfolgen.

Beispiel 3.6:
Modalwert in Bsp. 2.1 [S. 15] ist die Wirtschaftsabteilung 2: Verarbeitendes Gewerbe. Sie bildet das Zentrum der Verteilung. ○

Beispiel 3.7:
In Bsp. 2.3 [S. 20] ist $x_M = x_3 = 500$g, d.h. die 500g Packung kann als die handelsüblichste angesehen werden. ○

Beispiel 3.8:
Modalklasse in Bsp. 2.4 [S. 22] ist K_3 mit der absoluten Häufigkeitsdichte $n^*(K_3) = \frac{n(K_3)}{b_3} = 12$. Approximativer Modalwert: $x_M \doteq 9$. ○

Abb. 3.3: zu Bsp. 3.7

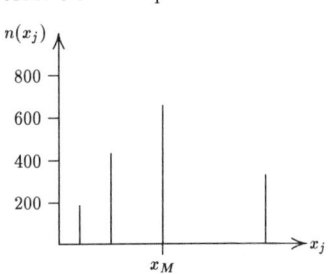

Abb. 3.4: zu Bsp. 3.8

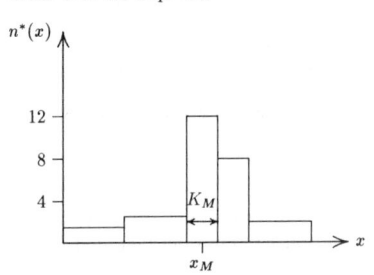

3.4 Median

Der Median setzt einen geordneten Datensatz (s. Def. 1.12 [S. 12]) oder eine Häufigkeitsverteilung eines wenigstens ordinal meßbaren Merkmals X voraus. Das Zentrum im Sinne des Medians ist im Prinzip ein Wert in mittlerer Position, der das geordnete Datenmaterial in zwei gleichgroße Teile spaltet.

Wir schreiben den **aufsteigend geordneten Datensatz** in der Form
$$D_n^< = \{x_{[1]}, \ldots, x_{[i]}, \ldots, x_{[n]}\}.$$
$x_{[i]}$, $i = 1, \ldots, n$, ist der **Rangwert**, der in der geordneten Folge $x_{[1]} \leq x_{[2]} \leq \ldots \leq x_{[n]}$ die i-te Position einnimmt.

Beispiel 3.9: Ordnung eines Datensatzes

$$D_8 = \{7, 12, 5, 15, 12, 10, 7, 9\}.$$
Dann ist: $D_8^< = \{5, 7, 7, 9, 10, 12, 12, 15\}.$

Definition 3.2: Median, Medianklasse, Medianwert

Der **Median** $\tilde{x}$ wird bestimmt durch:	**Bedingungen:**
a) den mittleren Rangwert bzw. die beiden mittleren Rangwerte aus $D_n^<$: $$\tilde{x} = \begin{cases} x_{[(n+1)/2]} & \text{wenn } n \text{ ungerade} \\ \frac{1}{2}\left(x_{[n/2]} + x_{[(n/2)+1]}\right) & \text{wenn } n \text{ gerade} \end{cases}$$	Geordneter Datensatz $D_n^< = \{x_{[i]} \| i = 1, \ldots, n\}$. X kardinal oder ordinal meßbar. X kardinal meßbar. Wenn X ordinal meßbar und n gerade, ist $\tilde{x} = \{x_{[n/2]}, x_{[(n/2)+1]}\}$ anzugeben.
b) die tatsächliche oder virtuelle Schnittstelle der empirischen Verteilungsfunktion $F(x)$ mit der Geraden $F(x) = 0{,}5$ (s. Abb. 3.5 [S. 33]) nach der Regel: $$\tilde{x} = \begin{cases} x_{j^*} & \text{wenn } F(x_{j^*-1}) < 0{,}5 \\ & \text{und } F(x_{j^*}) > 0{,}5 \\ \frac{1}{2}(x_{j^*} + x_{j^*+1}) & \text{wenn } F(x_{j^*}) = 0{,}5 \end{cases}$$	HV von X mit $W_X = \{x_j \| j = 1, \ldots, J\}$. X kardinal oder ordinal meßbar. Wenn X ordinal meßbar, dann ist $\tilde{x}$ analog zu a) anzugeben.
c) den Schnittpunkt der stetigen empirischen Verteilungsfunktion $F(x)$ mit der Geraden $F(x) = 0{,}5$ (s. Abb. 3.6 [S. 33]): i) Aufsuchen der sog. **Medianklasse**: $K_{\tilde{x}} = K_{j^*}$, wenn $F(x_{j^*-1}^*) < 0{,}5$ und $F(x_{j^*}^*) \geq 0{,}5$ ii) Lineare Interpolation in der Medianklasse: $$\tilde{x} \doteq x_{j^*-1}^* + \frac{b_{j^*}}{f_{j^*}}\left[0{,}5 - F(x_{j^*-1}^*)\right]$$ $\tilde{x}$ gilt wegen der Annahme der Gleichverteilung in $K_{\tilde{x}}$ nur approximativ.	Klassierte HV von X mit $W_X = \bigcup_{j=1}^{J} K_j$ und $K_j = \,]x_{j-1}^*, x_j^*]$.
Ein konkreter Wert von $\tilde{x}$ heißt **Medianwert** oder **Zentralwert**.	

□

3.4 Median

Anmerkungen:

a) Zur Bestimmung des Medianwerts aus der empirischen Verteilungsfunktion eines diskreten Merkmals:

Abb. 3.5 a: Fall mit $F(x_{j^*-1}) < 0{,}5$ und $F(x_{j^*}) > 0{,}5$

Abb. 3.5 b: Fall mit $F(x_{j^*}) = 0{,}5$

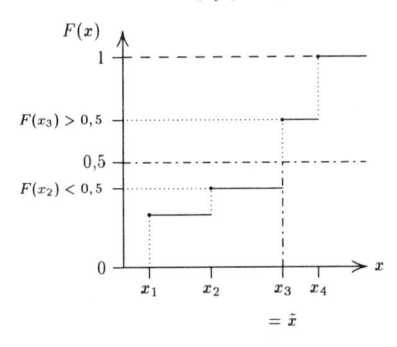

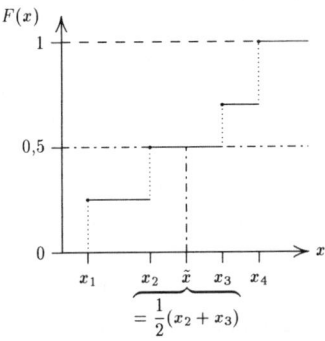

b) Zur Bestimmung des Medianwerts aus der empirischen Verteilungsfunktion eines klassierten Merkmals:

Medianwert $\tilde{x} = x^*_{j-1} + \overline{AB}$.

Nach dem 1. Strahlensatz gilt:

$$\frac{\overline{AB}}{\overline{BD}} \doteq \frac{\overline{AC}}{\overline{CE}}$$

mit $\overline{AC} = b_j$ (Klassenbreite),
$\overline{CE} = F(x^*_j) - F(x^*_{j-1}) = f(x^*_j)$,
$\overline{BD} \doteq 0{,}5 - F(x^*_{j-1})$,

$$\tilde{x} \doteq x^*_{j-1} + \frac{\overline{AC}}{\overline{CE}} \cdot \overline{BD}$$

$$\doteq x^*_{j-1} + \frac{b_j}{f_j}[0{,}5 - F(x^*_{j-1})].$$

Diese Formel stellt die Umkehrung der Formel für die empirische Verteilungsfunktion (mit $F(\tilde{x}) = 0{,}5$) in Def. 2.7 [S. 23] dar.

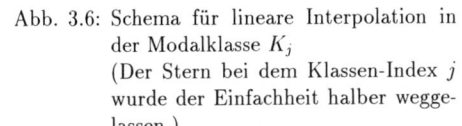

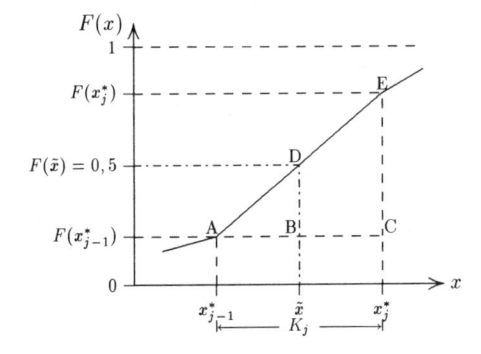

Abb. 3.6: Schema für lineare Interpolation in der Modalklasse K_j
(Der Stern bei dem Klassen-Index j wurde der Einfachheit halber weggelassen.)

c) **Minimum-Eigenschaft** des Medians: die Funktion $g(a) = \sum_{i=1}^{n} |x_i - a|$ nimmt ein Minimum genau dann an, wenn $a = \tilde{x}$.

d) Für komparative Merkmale ist der Median das skalen- und informationsadäquate Lagemaß.

e) Der Median ist nicht informationsadäquat für quantitative Merkmale.

Er bewährt sich aber für den Fall, daß eine klassierte Häufigkeitsverteilung offene Randklassen aufweist.

f) Der Median ist robust gegenüber Ausreißern.

Beispiel 3.10: Meinungsumfrage I

Ein Meinungsforschungsinstitut stellt u.a. die Frage, wie ein bestimmter Gesetzentwurf der Regierung beurteilt wird. Die vorgegebene Beurteilungsskala reicht von '1' (totale Ablehnung) bis '6' (uneingeschränkte Zustimmung). Von einem Interviewer, der in einem ländlichen Ort tätig war, liegen 16 ausgefüllte Fragebogen vor.

Zu bestimmen sei der Medianwert aus dem geordneten Datensatz:
$$D_{16}^{<} = \{1, 2, 2, 2, 3, 3, 3, 3, 4, 4, 5, 5, 5, 5, 6, 6\}.$$

X ist ein komparatives Merkmal. Man erhält:
$$x_{[n/2]} = x_{[8]} = 3; \quad x_{[(n/2)+1]} = x_{[9]} = 4;$$
$$\text{somit: } \tilde{x} = \{3\,;\,4\},$$

d.h. es gibt zwei Medianwerte. Die Interpretation 'Der Median liegt zwischen 3 und 4' ist zulässig. Dagegen ist $\tilde{x} = \{3{,}5\}$ nicht korrekt, da auf der Ordinalskala kein metrischer Abstand definiert ist.

○

Beispiel 3.11: Meinungsumfrage II

In Fortsetzung von Bsp. 3.10 sei angenommen, daß drei Interviewer ihre Umfrageergebnisse aus einem Stadtteil in einer Häufigkeitstabelle (Spalte 1 und 2) zusammengestellt haben.

Zu bestimmen sei wiederum der Medianwert.

Beurteilung x_j	$n(x_j)$	$f(x_j)$	$F(x_j)$	
1	14	0,117	0,117	
2	18	0,150	0,267	$F(x_2^*) < 0{,}5$
3	32	0,267	0,534	$F(x_3^*) > 0{,}5$
4	27	0,225	0,759	
5	19	0,158	0,917	
6	10	0,083	1,000	
Summe	120	1,000		

Der Medianwert ist $\tilde{x} = x_3 = 3$ auf einer Ordinalskala.

○

Beispiel 3.12: Landwirtschaftliche Betriebe nach Größe der Nutzflächen

Aus der Bodennutzungserhebung 1990 ergab sich für das frühere Bundesgebiet nachstehende Verteilung der Betriebe nach den landwirtschaftlich genutzten Flächen X.

Zu bestimmen sei der Medianwert von X.

3.5 Quantil der Ordnung p (p-Quantil)

Fläche von ... bis unter ... ha. K_j	Ldw. Betriebe (in 1000) $n(x_j)$	$f(x_j)$	j	b_j	$F(x_j^*)$	
unter 2	78,6	0,125	1		0,125	
2 – 5	111,5	0,177	2	3	0,302	
5 – 10	106,1	0,168	3	5	0,470	$F(x_3^*) < 0,5$
10 – 15	72,5	0,115	4	5	0,585	$F(x_4^*) > 0,5$
15 – 20	57,2	0,091	5	5	0,676	
20 – 30	80,1	0,127	6	10	0,803	
30 – 50	76,0	0,121	7	20	0,924	
50 – 100	40,6	0,065	8	50	0,989	
100 und mehr	7,1	0,011	9		1,000	
Summe	629,7	1,000				

Quelle: Statistisches Jahrbuch 1992, S. 158, gerundete Zahlen.

Die Klassen des quantitativen Merkmals 'Nutzfläche' sind hier in der Form $K_j = [x_{j-1}^*, x_j^*[$ gegeben, was aber an der Bestimmung des Medianwertes nichts ändert.

Die Medianklasse ist $K_4 = [10, 15[$, die Feinrechnung führt zu dem zentralen Merkmalswert:

$$\tilde{x} \doteq 10 + \frac{5}{0{,}115}(0{,}5 - 0{,}470) = 11{,}3 \ ha.$$

○

3.5 Quantil der Ordnung p (p-Quantil)

Bei Quantilen handelt es sich um eine Erweiterung des Ansatzes, der dem Maß des Medians zugrunde liegt.

Ein p-Quantil (mit $0 < p < 1$) ist im Prinzip ein Wert, der das geordnete Beobachtungsmaterial im Verhältnis p zu $1 - p$ teilt.

Hierdurch erfolgt auch eine Charakterisierung der **Lage** des Datenmaterials, aber im allgemeinen nicht seiner zentralen Tendenz. Dies trifft nur zu, wenn das p-Quantil für $p \longrightarrow 0{,}5$ in den Median übergeht.

Das zu untersuchende Merkmal muß - wie in 3.4 - mindestens ordinal meßbar sein. Bei den meisten Anwendungen von p-Quantilen (vom Spezialfall Median abgesehen) liegen indessen quantitative Merkmale vor.

Definition 3.3: p-Quantil, Quantilklasse, Quantilwert

Ein p-**Quantil** $\tilde{x}_p, p \in]0, 1[$, wird approx. bestimmt durch:

Bedingungen:

a) einen bzw. zwei Rangwerte aus $D_n^<$ nach der Regel:

Geordneter Datensatz $D_n^< = \{x_{[i]} | i = 1, \ldots, n\}$.

$$\tilde{x}_p \doteq \begin{cases} x_{[i]} & \text{mit } np < i < np+1, i \in \mathbb{N}, \\ & \text{wenn } np \text{ nicht ganzzahlig} \\ \dfrac{1}{2}\left(x_{[i]} + x_{[i+1]}\right) & \text{mit } i = np, i \in \mathbb{N}, \\ & \text{wenn } np \text{ ganzzahlig} \end{cases}$$

X kardinal oder ordinal meßbar.

X kardinal meßbar. Wenn X ordinal meßbar, ist $\tilde{x}_p = \{x_{[i]}, x_{[i+1]}\}$ anzugeben.

b) die tatsächliche oder virtuelle Schnittstelle der empirischen Verteilungsfunktion mit der Geraden $F(x) = p$ nach der Regel:

HV von X mit $W_X = \{x_j | j = 1, \ldots, J\}$.

$$\tilde{x}_p \doteq \begin{cases} x_{j^*} & \text{wenn } F(x_{j^*-1}) < p \\ & \text{und } F(x_{j^*}) > p \\ \dfrac{1}{2}(x_{j^*} + x_{j^*+1}) & \text{wenn } F(x_{j^*}) = p \end{cases}$$

X kardinal oder ordinal meßbar.

Wenn X ordinal meßbar, dann ist $\tilde{x}_p$ analog zu a) anzugeben.

c) den Schnittpunkt der stetigen empirischen Verteilungsfunktion $F(x)$ mit der Geraden $F(x) = p$:
i) Auffinden der sog. **Quantilklasse**:
$K_{\tilde{x}_p} = K_{j^*}$, wenn $F(x_{j^*-1}^*) < p$
und $F(x_{j^*}^*) \geq p$
ii) Lineare Interpolation in der Quantilklasse:
$$\tilde{x}_p \doteq x_{j^*-1}^* + \frac{b_{j^*}}{f_{j^*}}\left[p - F(x_{j^*-1}^*)\right]$$

Klassierte HV von X mit
$$W_X = \bigcup_{j=1}^{J} K_j \text{ und}$$
$$K_j = \,]x_{j-1}^*, x_j^*].$$

Ein konkreter Wert von $\tilde{x}_p$ heißt **Quantilwert zur Ordnung p**.

□

Anmerkungen:

a) Die Abb. 3.5 [S. 33] und 3.6 [S. 33] lassen sich sinngemäß auf p-Quantile übertragen.

b) Mit der Formel zur Bestimmung eines p-Quantils unter Def. 3.3 a läßt sich in der Regel nur approximativ eine Teilung der Folge der Rangwerte im Verhältnis p zu $1 - p$ erreichen.

c) In Def. 3.3 b ist für den Fall, daß x_{j^*+1} keine positive Häufigkeit aufweisen sollte, der nächstfolgende Merkmalswert $(x_{j^*+2}, x_{j^*+3}, \ldots)$ mit positiver Belegung anstelle von x_{j^*+1} in die Formel: '$\frac{1}{2}(x_{j^*} + x_{j^*+1})$, wenn $F(x_{j^*}) = p$' einzusetzen.

d) Grundsätzlich kann jedes $p \in \,]0,1[$ gewählt werden. Häufig werden Quantil-Folgen der Ordnung
$$p = \frac{r}{k} \text{ für } r = 1, 2, \ldots, k-1,$$
die das geordnete Datenmaterial in k (ungefähr) gleichgroße Teile aufspalten, zur

3.6 Arithmetisches Mittel

Charakterisierung der Verteilung herangezogen. Man erhält dann:

für $k = 4$ die sog. Quartile $\tilde{x}_{0,25}, \tilde{x}_{0,5}$ (=Median), $\tilde{x}_{0,75}$,
für $k = 5$ die sog. Quintile $\tilde{x}_{0,2}, \tilde{x}_{0,4}, \tilde{x}_{0,6}, \tilde{x}_{0,8}$,
für $k = 10$ die sog. Dezile $\tilde{x}_{0,1}, \tilde{x}_{0,2}, ..., \tilde{x}_{0,9}$,
für $k = 100$ die sog. Perzentile $\tilde{x}_{0,01}, \tilde{x}_{0,02}, ..., \tilde{x}_{0,99}$.

Beispiel 3.13: Meinungsumfrage I
Gegeben sei der geordnete Datensatz des Bsp. 3.10 [S. 34]:
$$D_{16}^{\leq} = \{1, 2, 2, 2, 3, 3, 3, 3, 4, 4, 5, 5, 5, 5, 6, 6\}.$$
Zu bestimmen sei das Quantil der Ordnung p=0,3.
Es ist $n \cdot p = 16 \cdot 0{,}3 = 4{,}8$, $np + 1 = 5{,}8$. $i = 5$ erfüllt die Bedingung: $4{,}8 < i < 5{,}8$.
Folglich ist $\tilde{x}_{0,3} = x_{[5]} = 3$ (auf der Ordinalskala).

○

Beispiel 3.14: Landwirtschaftliche Betriebe nach Größe der Nutzfläche
Gegeben sei die Verteilung des Bsp. 3.12 [S. 34].
Zu bestimmen seien die Quantile der Ordnung 0,25 und 0,75.

j	$K_j = [x_{j-1}^*, x_j^*[$	b_j	$f(x_j)$	$F(x_j^*)$	
1	unter 2		0,125	0,125	$F(x_1^*) < 0{,}25$
2	2 – 5	3	0,177	0,302	$F(x_2^*) > 0{,}25$
3	5 – 10	5	0,168	0,470	
4	10 – 15	5	0,115	0,585	
5	15 – 20	5	0,091	0,676	$F(x_5^*) < 0{,}75$
6	20 – 30	10	0,127	0,803	$F(x_6^*) > 0{,}75$
7	30 – 50	20	0,121	0,924	
8	50 – 100	50	0,065	0,989	
9	100 und mehr		0,011	1,000	

Quartilklasse für $\tilde{x}_{0,25}$ ist $K_2 = [x_1^*, x_2^*[= [2, 5[$

Feinberechnung: $\tilde{x}_{0,25} \doteq 2 + \dfrac{3}{0{,}177}(0{,}25 - 0{,}125) = 4{,}12 \; ha$,

Quartilklasse für $\tilde{x}_{0,75}$ ist $K_6 = [x_5^*, x_6^*[= [20, 30[$

Feinberechnung: $\tilde{x}_{0,75} \doteq 20 + \dfrac{10}{0{,}127}(0{,}75 - 0{,}676) = 25{,}83 \; ha$.

○

3.6 Arithmetisches Mittel

Das arithmetische Mittel ist das bekannteste und meistverwendete Lagemaß; in der Umgangssprache erscheint es als 'Mittel' oder 'Durchschnitt'.

Das Maß beruht auf einer additiven Verknüpfung der Daten und setzt deswegen grundsätzlich den Datensatz oder die Häufigkeitsverteilung eines **quantitativen** Merkmals voraus.

Definition 3.4: Merkmalssumme

Die Summe der Meßwerte eines Datensatzes eines quantitativen Merkmals X:

$$\sum_{i=1}^{n} x_i \quad \text{mit} \quad x_i = X(e_i),\ e_i \in M_n$$

oder

die Summe der mit der absoluten Häufigkeit ihres Auftretens 'gewogenen' Merkmalswerte eines diskreten Merkmals X:

$$\sum_{j=1}^{J} x_j \cdot n_j \quad \text{mit} \quad n_j = n(x_j),\ x_j \in W_X$$

heißt **Merkmalssumme** von X.

□

Anmerkungen:

a) Auf der Grundlage einer klassierten Häufigkeitsverteilung von X kann die Merkmalssumme höchstens approximativ angegeben werden.

b) Die Merkmalssumme eines Merkmals X ist nicht in jedem Fall einer sachlich sinnvollen Interpretation zugänglich. Ein Merkmal wird als **intensiv** bezeichnet, wenn nur der Anteil der Merkmalssumme pro statistische Einheit eine sinnvolle Aussage darstellt.

In den übrigen Fällen liegen **extensive** Merkmale vor.

Beispiel 3.15 :

Die 'Haushaltsausgaben für Nahrungs- und Genußmittel' sind ein extensives Merkmal: es hat Sinn, von den betreffenden Ausgaben *aller* Haushalte eines Kollektivs zu sprechen; dies trifft ebenso auf die Durchschnittsausgaben pro Haushalt zu.

Die Preise eines bestimmten Gutes, die an verschiedenen Orten und in verschiedenen Verkaufsstellen erhoben wurden, sind zusammengefaßt als Durchschnittspreis sinnvoll interpretierbar, nicht aber als Summe aller Einzelpreise. Bei dem Merkmal 'Preis' handelt es sich um ein intensives Merkmal.

○

Die Kennzeichnung der 'Niveaulage' eines Datensatzes oder einer Häufigkeitsverteilung auf der reellen Merkmalsachse erfolgt prinzipiell in der Weise, daß die Merkmalssumme von X durch die Anzahl n der statistischen Einheiten in M_n dividiert wird.

Bei Vorliegen einer klassierten Häufigkeitsverteilung eines (quasi-)stetigen Merkmals ist nur eine approximative Bestimmung des arithmetischen Mittelwertes möglich, da man in der Regel die Verteilung der einzelnen Meßwerte innerhalb der Merkmalsklassen nicht kennt.

3.6 Arithmetisches Mittel

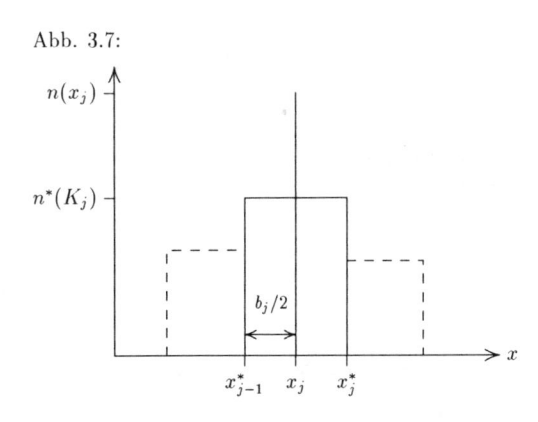

Abb. 3.7:

Unterstellt man hierfür, wie bereits beim Histogramm in 2.3.2 geschehen, Gleichverteilung für die Klassenbelegungen,[1] so kann man den Mittelpunkt der Klasse K_j:

$$x_j = x_{j-1}^* + \frac{b_j}{2}$$
$$= \frac{1}{2}(x_j^* + x_{j-1}^*), \; j = 1, ..., J$$

als **Repräsentant** der Einzelwerte dieser Klasse betrachten. Den Klassenmittelpunkten x_j werden dann die Klassenhäufigkeiten zugeordnet:

$$n_j = n(x_j) \; \text{mit} \; n(x_j) = n(K_j), \; j = 1, ..., J.$$

Diese Häufigkeitsfunktion gleicht *formal* der Häufigkeitsfunktion eines diskreten Merkmals X (vgl. Def. 2.3 [S. 18]).

Definition 3.5: Arithmetisches Mittel, arithmetischer Mittelwert

Das **arithmetische Mittel** $\bar{x}$ wird bestimmt durch:	**Bedingungen:** X kardinal meßbar.
a) $\bar{x} = \frac{1}{n} \sum_{i=1}^{n} x_i$ (ungewogenes Mittel)	Datensatz von X: $D_n = \{x_i \mid i = 1, ..., n\}$ mit $x_i = X(e_i)$.
b) $\bar{x} = \frac{1}{n} \sum_{j=1}^{J} x_j n_j$ mit $n_j = n(x_j)$ bzw. $\bar{x} = \sum_{j=1}^{J} x_j f_j$ mit $f_j = f(x_j) = \frac{n_j}{n}$ (gewogenes Mittel)	HV von X mit $W_X = \{x_j \mid j = 1, ..., J\}$.
c) $\bar{x} \doteq \frac{1}{n} \sum_{j=1}^{J} x_j n_j$ mit $n_j = n(x_j) = n(K_j)$ bzw.	Klassierte HV mit $W_X = \bigcup_{j=1}^{J} K_j$,

---

[1] Die Annahme, daß die Meßwerte innerhalb der einzelnen Klassen symmetrisch um den Mittelpunkt der Klasse verteilt sind, führt zu demselben Ziel.

$$\bar{x} \doteq \sum_{j=1}^{J} x_j f_j \qquad \text{mit } f_j = f(x_j) = \frac{n_j}{n}$$
(gewogenes Mittel)

$K_j = \,]x_{j-1}^*, x_j^*]$ und
$x_j = \frac{1}{2}(x_j^* + x_{j-1}^*)$ als
Mittelpunkt von K_j.

Ein konkreter Wert des Maßes $\bar{x}$ heißt **arithmetischer Mittelwert**, oft kurz als Mittelwert bezeichnet.[1]

□

Anmerkungen:

a) Aus Def. 3.5 a und b folgt:

$$\sum_{i} x_i = n\bar{x} \iff \sum_{i} x_i - n\bar{x} = \sum_{i}(x_i - \bar{x}) = 0$$
$$\text{und} \quad \sum_{j} x_j n_j = n\bar{x} \iff \sum_{j} x_j n_j - n\bar{x} = \sum_{j}(x_j - \bar{x})n_j = 0.$$

Hierin spiegelt sich:
- die **Ersatzwerteigenschaft** von $\bar{x}$: es gibt den Wert an, den jede statistische Einheit aufweisen würde, wenn die Merkmalssumme gleichmäßig auf alle Einheiten verteilt wäre;
- die **Schwerpunkteigenschaft** von $\bar{x}$: die Summen der positiven und negativen Abweichungen der Daten von $\bar{x}$ gleichen sich zu null aus.

In Analogie zur Mechanik kann man den Mittelwert $\bar{x}$ als Schwerpunkt der Verteilung der Häufigkeitsmasse interpretieren.
Für klassierte Häufigkeitsverteilungen gilt dies nur approximativ.

b) **Minimum-Eigenschaft** des arithmetischen Mittels: die Funktion $g(a) = \sum_{i=1}^{n}(x_i - a)^2$ nimmt ein Minimum genau dann an, wenn $a = \bar{x}$.

c) Der Mittelwert $\bar{x}$ aus einer klassierten Häufigkeitsverteilung ist u.a. auch von der gewählten Klasseneinteilung abhängig.

d) Bei einer klassierten Häufigkeitsverteilung mit einer oder zwei offenen Randklassen kann $\bar{x}$ nur bestimmt werden, wenn es möglich ist, die fehlenden Klassengrenzen aufgrund vorliegender Informationen oder sachlicher Erwägungen zu ergänzen. Sonst sollte man den Median als Lagemaß heranziehen.

e) Das arithmetische Mittel ist für quantitative Merkmale skalen- und informationsadäquat.

f) Das arithmetische Mittel reagiert oft empfindlich auf Datenverunreinigungen, speziell Ausreißer. Gegebenenfalls sollte man ein robusteres Maß wie den Median heranziehen.

---

[1] Wenn aus dem Zusammenhang die Benennung eindeutig ist.

3.6 Arithmetisches Mittel

Beispiel 3.16: Pkw-Verkäufe nach Stückzahl pro Woche

Ein Vertreter, der sich auf den Verkauf von Pkw der Marke 'Jaguar' spezialisiert hat, stellt am Ende eines Jahres seine Verkaufserfolge nach der Anzahl der pro Woche verkauften Wagen zusammen.

Zu bestimmen sei die mittlere Stückzahl pro Woche in dem betreffenden Jahr.

Verkaufte Pkw pro Woche x_j	Anzahl der Wochen n_j	Bestimmung der Merkmalssumme $x_j n_j$
0	10	0
1	19	19
2	11	22
3	7	21
4	4	16
5	1	5
Summe	52	83

$$\bar{x} = \frac{1}{n} \sum_j x_j n_j$$
$$= \frac{83}{52}$$
$$= 1{,}596$$
$$\doteq 1{,}6 \text{ Stück pro Woche.}$$

○

Beispiel 3.17: Rechnungsbeträge nach Größenklassen

Gegeben sei die Verteilung des Bsp. 2.4 [S. 22].

Zu berechnen sei der durchschnittliche Rechnungsbetrag.

Rechnungsbetrag (in 1000 DM) K_j	Anzahl $n(K_j)$	Klassenmitte x_j	$x_j n_j$
bis 4	6	2 [1]	12
über 4 bis 8	10	6	60
über 8 bis 10	24	9	216
über 10 bis 12	16	11	176
über 12 bis 16	8	14	112
Summe	64		576

$$\bar{x} \doteq \frac{1}{n} \sum_j x_j n_j$$
$$= \frac{576}{64}$$
$$= 9 \quad [1000 \text{ DM}]$$
$$= 9000 \text{ DM.}$$

○

Satz 3.1: Additionssatz für arithmetische Mittelwerte

Ein quantitatives Merkmal X sei in m disjunkten Teilmassen erhoben worden.

Bekannt seien die Mittelwerte von X in den Teilmassen:

$$\bar{x}^{(r)} = \frac{1}{n^{(r)}} \sum_{j=1}^{J^{(r)}} x_j^{(r)} n_j^{(r)} \quad \text{für } r = 1, \dots, m.$$

$x_j^{(r)}, n_j^{(r)}, J^{(r)}$ und $n^{(r)}$ haben die üblichen Bedeutung, bezogen auf die r-te Teilmasse.

Dann ergibt sich der Mittelwert von X in der Gesamtmasse aus den Mittelwerten in den Teilmassen gemäß:

$$\bar{x} = \frac{1}{n} \sum_{r=1}^{m} \bar{x}^{(r)} n^{(r)} \quad \text{mit } n = \sum_r n^{(r)}.$$

△

---

[1] Für die offene Untergrenze der 1. Klasse wurde der Wert 0 eingesetzt.

Beispiel 3.18: Durchschnittsumsatz nach Bezirken

Ein überregionales Unternehmen des Sortimentsbuchhandels hat in drei Bezirken jeweils mehrere Filialbetriebe. Anzahl und Durchschnittsumsätze der Filialbetriebe je Bezirk sind bekannt.

Wie hoch ist der durchschnittliche Umsatz eines Filialbetriebes, wenn alle Bezirke in die Betrachtung einbezogen werden?

Bezirk r	Anzahl Filialen $n^{(r)}$	Durchschn. Umsatz in Mill. DM $\bar{x}^{(r)}$	$\bar{x}^{(r)} n^{(r)}$
1	6	1,4	8,4
2	10	1,8	18,0
3	4	0,9	3,6
Summe	20		30,0

$$\begin{aligned}\bar{x} &= \frac{1}{n} \sum_r \bar{x}^{(r)} \cdot n^{(r)} \\ &= \frac{30}{20} \\ &= 1{,}5 \text{ Mill. DM.}\end{aligned}$$

○

Übungsaufgaben zu Kapitel 3: **5 – 8**

4 Streuungsmaße

4.1 Überblick

Die Erhebung eines Merkmals X bei den Einheiten einer statistischen Masse M_n führt normalerweise zu einer Menge von Meßwerten $X(e_1), ..., X(e_n)$, die mehr oder weniger stark streuen. Diese Streuung wird besonders anschaulich in der graphischen Darstellung einer Häufigkeitsverteilung.

Beim Vergleich der beiden Histogramme in Abb. 4.1 wird sofort ersichtlich, daß das Merkmal X_2 eine größere Streuung aufweist als Merkmal X_1. Genauere Aussagen lassen sich auf diese Weise allerdings nicht machen.

Abb. 4.1:

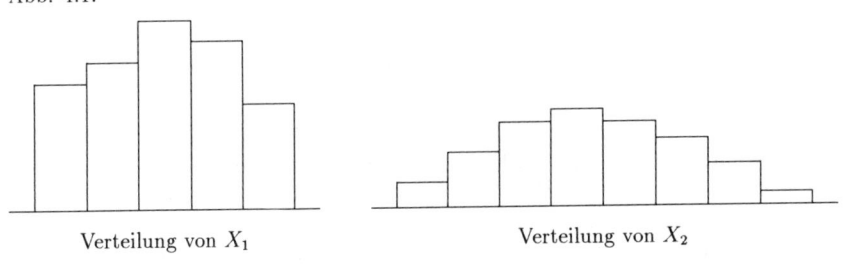

Verteilung von X_1 Verteilung von X_2

Das Phänomen 'Streuung' ist eine wesentliche Eigenschaft einer Häufigkeitsverteilung; sein Ausmaß bildet ein wichtiges Beurteilungskriterium für Vergleiche zwischen Verteilungen. Die deskriptive Statistik kennt eine Reihe von Streuungsmaßen: vier davon werden im folgenden dargestellt.

Diese Streuungsmaße beruhen auf der Messung von Abständen zwischen gewissen noch zu spezifizierenden Werten nach der Konzeption, daß größer werdende Abstände ein Indiz für zunehmende Variabilität des untersuchten Merkmals sind.

Dabei kommen zwei verschiedene Konstruktionsprinzipien zum Tragen:
1. Messung des Abstands zwischen zwei Rangwerten des untersuchten Merkmals X.

    Hierzu gehören die Maße: Spannweite, Quartilabstand.

2. Messung der Abstände zwischen den Meßwerten des Merkmals X und einem Lagemaß von X.

    Hierzu gehören die Maße: Mittlere absolute Abweichung, Standardabweichung (und deren Quadrat: die Varianz).

Da Abstände zu messen sind, setzen die genannten Maße ausnahmslos ein **quantitatives Merkmal** voraus.

Sie lassen sich sowohl auf die Meßwerte eines Datensatzes als auch auf Häufigkeitsverteilungen diskreter oder stetiger Merkmale anwenden.

Bei Vorliegen klassierter Häufigkeitsverteilungen muß - ähnlich wie bei Lagemaßen - mit Unschärfen gerechnet werden:

- der Einfluß der Klasseneinteilung wirkt sich bei allen Maßen aus,
- der Einfluß der Gleichverteilungshypothese beim Quartilabstand und besonders[1] bei den Maßen der zweiten Kategorie.

Die Maße der ersten Kategorie sind einfach konstruiert, deshalb einfach zu bestimmen. Ihr Grad der Informationsverwertung ist gering, das Verhältnis von Informationsverdichtung zu Informationsverlust (besonders bei der Spannweite) ungünstig.

Die Maße der zweiten Kategorie sind komplexer strukturiert, das vorliegende Datenmaterial geht mit allen Werten in die Berechnung ein, entsprechend ist das Verhältnis von Informationsverdichtung zu Informationsverlust hoch.

Eine Abhängigkeit von 'Ausreißern' ist am wenigsten beim Quartilabstand gegeben. Außerdem ist dieses Maß in der Regel[2] auch bei offenen Randklassen einer klassierten Häufigkeitsverteilung zu bestimmen.

Die anderen drei Maße haben Schwierigkeiten mit offenen Randklassen und reagieren in der Reihenfolge:

Mittlere absolute Abweichung - Standardabweichung - Spannweite

zunehmend sensibler auf Ausreißer.

In empirischen Untersuchungen ist die Standardabweichung das verbreitetste Maß.

Die aufgeführten Maße werden der Klasse der **absoluten Streuungsmaße** zugerechnet: ihre Maßzahlen werden in der Dimension des untersuchten Merkmals ausgewiesen.[3]

Ein Nachteil absoluter Streuungsmaße ist, daß sie, angewendet auf Datenmaterial unterschiedlicher Niveaulage, oft keine sinnvollen Vergleiche ermöglichen. In vielen Fällen kann davon ausgegangen werden, daß die Variabilität eines Merkmals mit der Niveaulage des Merkmals etwa proportional wächst.

Beispiel 4.1:
Die Streuung des Merkmals 'Körpergröße' ist bei Kleinkindern im 1. Lebensjahr wesentlich geringer als bei Erwachsenen im 3. Lebensjahrzehnt. Die Unterschiede in der Durchschnittsgröße lassen keinen vernünftigen Vergleich der absoluten Streuungsverhältnisse zu: bei Kleinkindern gilt eine Abweichung von $3\,cm$ vom Mittelwert als beträchtlich, bei Erwachsenen ist sie nicht bemerkenswert. ○

Relative Streuungsmaße beziehen ein absolutes Streuungsmaß auf ein geeignetes Lagemaß, um den Einfluß unterschiedlicher Niveaulagen zu eliminieren.

Relative Streuungsmaße, meistens als Koeffizienten bezeichnet, sind **dimensionslos**.

Im folgenden sind zwei solche Maße aufgeführt: der Quartilkoeffizient und der Variationskoeffizient.

Alle absoluten und relativen Streuungsmaße nehmen nur Realisationen im Bereich der nichtnegativen reellen Zahlen ($\mathbb{R}^{\geq 0}$) an. Man bezeichnet diese Realisationen schlicht als 'Werte' des betreffenden Maßes.

---

[1] Wegen der aus der Gleichverteilungshypothese folgenden Verwendung der Klassenmittelpunkte als Klassenrepräsentanten.

[2] Mit Ausnahme des Falles, daß das untere oder/und obere Quartil in eine Randklasse fallen.

[3] Ein Sonderfall ist die Varianz (s. Anm. zu Def. 4.7 [S. 52])

4.2 Spannweite

Im Extremfall einer Einpunktverteilung zeigen alle Streuungsmaße den Wert 'null' an. Die Umkehrung gilt jedoch nicht allgemein.[1]

4.2 Spannweite

Konstruktionsprinzip: Abstand zwischen dem größten und kleinsten Meßwert des Merkmals X in der Masse M_n.

Definition 4.1: Spannweite

Die **Spannweite** R wird bestimmt durch:

Bedingungen: X kardinal meßbar

a) $R = x_{[n]} - x_{[1]}$

Geordneter Datensatz
$D_n^{\leq} = \{x_{[i]} | i = 1, \ldots, n\}$.

b) $R = \max_{j}\{x_j | n(x_j) > 0\} - \min_{j}\{x_j | n(x_j) > 0\}$
Speziell gilt:
$R = x_J - x_1$, wenn $n(x_J), n(x_1) > 0$

HV von X mit
$W_X = \{x_j | j = 1, \ldots, J\}$.

c) $R \doteq \max_{j}\{x_j^* | n(K_j) > 0\} - \min_{j}\{x_{j-1}^* | n(K_j) > 0\}$
Speziell gilt:
$R \doteq x_J^* - x_0^*$, wenn $n(K_J), n(K_1) > 0$

Klassierte HV von X mit
$W_X = \bigcup_{j=1}^{J} K_j$
und $K_j = \,]x_{j-1}^*, x_j^*]$.

□

Anmerkung:
Die Formeln der Def. 4.1 b und c (jeweils erste Zeile) berücksichtigen, daß Merkmalswerte bzw. Merkmalsklassen am Rand der entsprechenden Wertebereiche von X möglicherweise nicht durch das konkrete Datenmaterial belegt werden.

Beispiel 4.2: Bestimmung der Spannweite von X
a) in Bsp. 3.16 [S. 41]: $R = 5 - 0 = 5$,
b) in Bsp. 2.4 [S. 22]: $R = 16 - 0 = 16$ (mit $x_0^* = 0$).

○

4.3 Quartilabstand

Konstruktionsprinzip: Abstand zwischen den Rangwerten von X, die durch das obere und untere Quartil von X (approximativ) bestimmt werden.

---
[1] Der Quartilabstand kann null sein, ohne daß eine Einpunktverteilung vorliegt.

Definition 4.2: Quartilabstand

Der **Quartilabstand** Q wird bestimmt durch:
$$Q = \tilde{x}_{0,75} - \tilde{x}_{0,25}$$
mit Berechnung der Quartile gemäß:

Bedingungen:
X kardinal meßbar

---

a) Def. 3.3 a mit $p \in \{0{,}25; 0{,}75\}$

Geordneter Datensatz
$D_n^< = \{x_{[i]} | i = 1, \ldots, n\}$.

---

b) Def. 3.3 b mit $p \in \{0{,}25; 0{,}75\}$

HV von X mit
$W_X = \{x_j | j = 1, \ldots, J\}$.

---

c) Def. 3.3 c mit $p \in \{0{,}25; 0{,}75\}$

Klassierte HV von X mit
$$W_X = \bigcup_{j=1}^{J} K_j$$
und $K_j = \,]x_{j-1}^*, x_j^*]$.

□

Definition 4.3: Relativer Quartilabstand, Quartilkoeffizient

Der **relative Quartilabstand**, auch **Quartilkoeffizient** genannt, wird bestimmt durch:
$$Q_{rel} = \frac{2Q}{\tilde{x}_{0,25} + \tilde{x}_{0,75}},$$
wobei Q sowie die Quartile $\tilde{x}_{0,25}$ und $\tilde{x}_{0,75}$ aus Def. 4.2 folgen.

□

Anmerkungen:

a) Das Intervall $]\tilde{x}_{0,25}, \tilde{x}_{0,75}]$, das dem Q-Maß zugrunde liegt, enthält rd. die Hälfte aller Meßwerte, je ein Viertel sind kleiner/gleich $\tilde{x}_{0,25}$ bzw. größer $\tilde{x}_{0,75}$.

   Insofern spiegelt Q vorwiegend den Grad der Ballung im Zentrum der Verteilung wider; die Außenregionen haben auf den Wert von Q in der Regel keinen Einfluß. Das Maß ist deswegen anwendbar, wenn eine klassierte Häufigkeitsverteilung offene Randklassen aufweist.

b) Eine graphische Darstellung, die sich zur Charakterisierung einer Häufigkeitsverteilung des Medians sowie der den Quartilabstand und die Spannweite bestimmenden Werte bedient, ist der sog. **Box-Plot** (s. Abb. 4.2 [S. 47]).

   Eine Variante des Box-Plot besteht darin, daß anstelle von $[x_{[1]}, x_{[n]}]$ das Intervall $[x_u, x_o]$ mit $x_u = \min\{x_i | x_i \geq \tilde{x}_{0,25} - 1{,}5\,Q\}$ und $x_o = \max\{x_i | x_i \leq \tilde{x}_{0,75} + 1{,}5\,Q\}$ eingezeichnet wird; außerhalb dieses Bereichs liegende Werte werden als mögliche Ausreißer durch Punkte oder Kreuze gekennzeichnet.

c) In der Formel für Q_{rel} (Def. 4.3) muß der Mittelpunkt $\frac{1}{2}(\tilde{x}_{0,25} + \tilde{x}_{0,75})$ der beiden Quartile nicht notwendig mit dem Medianwert $\tilde{x}$ zusammenfallen.

4.3 Quartilabstand

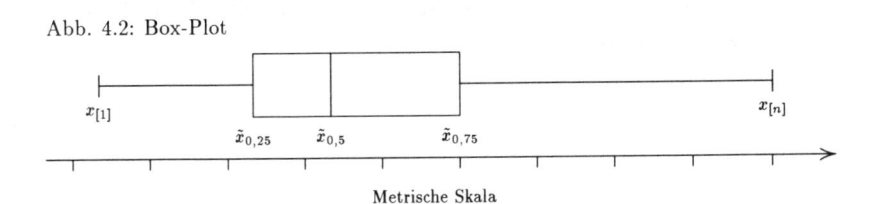

Abb. 4.2: Box-Plot

Beispiel 4.3: Basketballspieler nach Körpergröße

Aus der Messung der Körpergröße (in cm) von 25 Basketballspielern eines Sportvereins ergab sich folgender geordneter Datensatz $D_{25}^{\leq}$:

155, 169, 172, 172, 174, 175, 175, 177, 177, 178, 180, 182, 183, 185, 185, 185, 186, 188, 188, 190, 192, 194, 196, 199, 204.

Bestimmung der Größe des Quartilabstands und des Quartilskoeffizienten:

$$n = 25,\ p = 0{,}25 \Rightarrow np = 6{,}25,\ np+1 = 7{,}25,\ i = 7$$
$$\tilde{x}_{0,25} = x_{[7]} = 175\ cm,$$

$$n = 25,\ p = 0{,}75 \Rightarrow np = 18{,}75,\ np+1 = 19{,}75,\ i = 19$$
$$\tilde{x}_{0,75} = x_{[19]} = 188\ cm,$$

$$Q = \tilde{x}_{0,75} - \tilde{x}_{0,25} = 188\ cm - 175\ cm = 13\ cm,$$
$$Q_{rel} = \frac{2Q}{\tilde{x}_{0,25} + \tilde{x}_{0,75}} = \frac{2 \cdot 13}{175 + 188} = 0{,}072\ .$$

Konstruktion des Box-Plot (Variante) mit den Daten:

$\tilde{x} = x_{[(n+1)/2]} = x_{[13]} = 183\ cm,\quad \tilde{x}_{0,25} = 175\ cm,\quad \tilde{x}_{0,75} = 188\ cm,\quad Q = 13\ cm,$

$\tilde{x}_{0,25} - 1{,}5\,Q = 175 - 1{,}5 \cdot 13 = 155{,}5\ cm,\quad \tilde{x}_{0,75} + 1{,}5\,Q = 188 + 1{,}5 \cdot 13 = 207{,}5\ cm,$

$x_u = \min\{x_i | x_i \geq 155{,}5\ cm\} = 169\ cm,\quad x_o = \max\{x_i | x_i \leq 207{,}5\ cm\} = 204\ cm.$

Abb. 4.3: Box-Plot

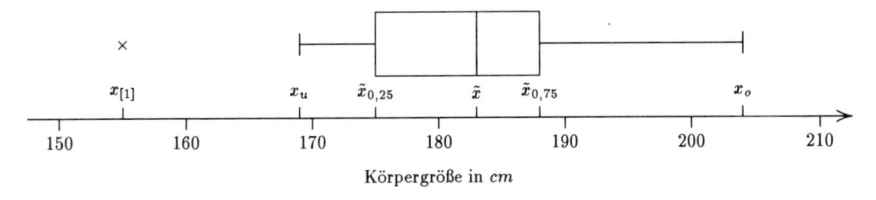

Körpergröße in cm

Da $x_{[1]} = 155 < \tilde{x}_{0,25} - 1{,}5\,Q = 155{,}5$ ist, wird dieser Wert als ein möglicher Ausreißer markiert. Andererseits ist $x_{[25]} = 204 < \tilde{x}_{0,75} + 1{,}5\,Q = 207{,}5$, so daß auf der rechten Seite des Box-Plot in Abb. 4.3 keine ausreißerverdächtigen Werte zu kennzeichnen sind.

○

4.4 Mittlere absolute Abweichung oder durchschnittliche absolute Abweichung

Konstruktionsprinzip:
a) Abstände (absolut) der Meßwerte von X von einem zentralen Punkt, meistens dem Zentralwert von X,

b) Arithmetische Mittelung der Abstände.

Definition 4.4: Mittlere absolute Abweichung

Die **mittlere absolute Abweichung** d wird bestimmt durch:

Bedingungen: X kardinal meßbar.

a) $d = \dfrac{1}{n} \sum\limits_{i=1}^{n} |x_i - \tilde{x}|$

Datensatz von X:
$D_n = \{x_i | i = 1, \ldots, n\}$
mit $x_i = X(e_i)$.

b) $d = \dfrac{1}{n} \sum\limits_{j=1}^{J} |x_j - \tilde{x}| n_j$ mit $n_j = n(x_j)$

HV von X mit
$W_X = \{x_j | j = 1, \ldots, J\}$.

c) $d \doteq \dfrac{1}{n} \sum\limits_{j=1}^{J} |x_j - \tilde{x}| n_j$ mit $n_j = n(K_j)$

Klassierte HV von X mit
$W_X = \bigcup\limits_{j=1}^{J} K_j$,
$K_j =]x_{j-1}^*, x_j^*]$ und
$x_j = \dfrac{1}{2}(x_j^* + x_{j-1}^*)$ als
Mittelpunkt von K_j.

□

Anmerkungen:

a) In den Formeln der Def. 4.4 b und c können die absoluten Häufigkeiten durch relative Häufigkeiten gem. $f_j = \dfrac{n_j}{n}$ substituiert werden.

b) Maßgebend für die Bezugnahme des Streuungsmaßes d auf den Medianwert $\tilde{x}$ ist dessen Minimumeigenschaft (s. Anm. c zu Def. 3.2 [S. 32]).

Allerdings kann diese bei klassierten Häufigkeitsverteilungen durch die Unschärfen der Klasseneinteilung verwischt werden. Insofern läßt sich in diesem Fall auch der Mittelwert $\bar{x}$ als Bezugspunkt vertreten.

Beispiel 4.4: Pkw-Verkäufe nach Stückzahl pro Woche

Für die Verteilung des Bsp. 3.16 [S. 41] sei der Wert der mittleren absoluten Abweichung zu bestimmen. Dies setzt zunächst die Bestimmung des Medianwerts voraus.

4.5 Standardabweichung

Verkaufte Pkw pro Woche x_j	Anzahl der Wochen n_j	Bestimmung von $\tilde{x}$			Berechnung für d	
		j	$f(x_j)$	$F(x)$ für $x = x_j$	$\|x_j - 1\|$	$\|x_j - 1\|n_j$
0	10	1	0,192	0,192	1	10
1 ← $\tilde{x}$	19	2	0,365	0,558 ←	0	0
2	11	3	0,212	0,769	1	11
3	7	4	0,135	0,904	2	14
4	4	5	0,077	0,981	3	12
5	1	6	0,019	1,000	4	4
Summe:	52		1,000			51

Es ist $\tilde{x} = 1$ und $d = \dfrac{1}{n}\sum_{j} |x_j - \tilde{x}|n_j = \dfrac{51}{52} = 0{,}981$.

Der Wert der mittleren absoluten Abweichung der Merkmalswerte vom Median beträgt also knapp 1 Pkw/Woche.

Anmerkung:
Die Berechnung von d in bezug auf den arithmetischen Mittelwert $\bar{x} = 1{,}596$ (aus Bsp. 3.16 [S. 41]) ergibt den Wert:

$$d = \frac{1}{n}\sum_{j} |x_j - \bar{x}|n_j = 1{,}050 ,$$

der größer ist als der oben ermittelte Wert mit $\tilde{x}$ als Bezugspunkt.

○

4.5 Standardabweichung

Konstruktionsprinzip:
a) Abstände der Meßwerte vom arithmetischen Mittel von X in quadratischer Form,

b) Arithmetische Mittelung der quadratischen Abstände,

c) Nichtnegative Quadratwurzel aus dem Mittelwert.

Definition 4.5: Standardabweichung

Die **Standardabweichung** s wird bestimmt durch:	**Bedingungen:** X kardinal meßbar.
a) $\quad s = \sqrt{\dfrac{1}{n}\sum_{i=1}^{n}(x_i - \bar{x})^2}$ oder $= \sqrt{\dfrac{1}{n}\sum_{i=1}^{n} x_i^2 - \bar{x}^2}$	Datensatz von X: $D_n = \{x_i \mid i = 1,\ldots,n\}$ mit $x_i = X(e_i)$.

b) $\quad s = \sqrt{\dfrac{1}{n}\sum_{j=1}^{J}(x_j - \bar{x})^2 n_j}$ ｜ HV von X mit
｜ $W_X = \{x_j | j = 1, \ldots, J\}$.

oder $= \sqrt{\dfrac{1}{n}\sum_{j=1}^{J} x_j^2 n_j - \bar{x}^2}\quad$ mit $n_j = n(x_j)$

---

c) $\quad s \doteq \sqrt{\dfrac{1}{n}\sum_{j=1}^{J}(x_j - \bar{x})^2 n_j}$ ｜ Klassierte HV von X mit
｜ $W_X = \bigcup_{j=1}^{J} K_j,$

oder $\doteq \sqrt{\dfrac{1}{n}\sum_{j=1}^{J} x_j^2 n_j - \bar{x}^2}\quad$ mit $n_j = n(K_j)$ ｜ $K_j =]x_{j-1}^*, x_j^*]$ und
｜ $x_j = \tfrac{1}{2}(x_j^* + x_{j-1}^*)$ als
｜ Mittelpunkt von K_j.

Es muß stets $s \geq 0$ gelten.

□

Anmerkungen:

a) Die quadratische Form der Abstandsfunktion gibt Werten, die vom Zentrum weiter entfernt sind, ein überproportionales Gewicht. Dies erhöht die Sensibilität der Standardabweichung im Vergleich zu dem Maß d.

b) Die Wahl des Bezugspunktes $\bar{x}$ für die Standardabweichung ist in der Minimumeigenschaft des arithmetischen Mittels (s. Anm. b zu Satz 4.1 [S. 52]) begründet.

c) Die in Def. 4.5 enthaltenen alternativen Formeln erleichtern in der Regel den Rechengang.

Die Umformung des Radikanden ist eine Anwendung des 'Verschiebungssatzes' (s. Anm. c zu Satz 4.1 [S. 52]).

d) In den Formeln für s unter b) und c) können die absoluten Häufigkeiten durch relative Häufigkeiten gem. $f_j = \dfrac{n_j}{n}$ substituiert werden.

e) In der induktiven Statistik wird die Standardabweichung einer Stichprobe leicht verändert definiert: die Summe der Abweichungsquadrate im Radikanden wird durch $n-1$ statt durch n dividiert.

In bezug auf bspw. eine diskrete Häufigkeitsverteilung gilt dann:

$$s = \sqrt{\dfrac{1}{n-1}\sum_{j}(x_j - \bar{x})^2 n_j} = \sqrt{\dfrac{1}{n-1}\left(\sum_{j} x_j^2 n_j - n\bar{x}^2\right)}.$$

4.5 Standardabweichung

Definition 4.6: Variationskoeffizient (Relative Standardabweichung)

Der **Variationskoeffizient** v ist unter der Vorraussetzung, daß der Wertebereich des Merkmals X keine negativen Werte enthält, gegeben durch:

$$v = \frac{s}{\bar{x}} \quad \left(= \frac{\text{Standardabweichung von } X}{\text{Arithmetisches Mittel von } X} \right).$$

□

Anmerkung:

Gelegentlich wird der (dimensionslose) Variationskoeffizient als Prozentzahl ausgewiesen:
$v = \frac{s}{\bar{x}} \cdot 100\,\%$.

Beispiel 4.5: Pkw-Verkäufe nach Stückzahlen pro Woche

Für die Verteilung des Bsp. 3.16 [S. 41] sei der Wert der Standardabweichung und des Variationskoeffizienten zu bestimmen.

Anwendung der Formel: $s = \sqrt{\dfrac{1}{n}\sum_j x_j^2 n_j - \bar{x}^2}$ mit $\bar{x} = 1{,}596$ aus Bsp. 3.16 [S. 41],

Verkaufte Pkw pro Woche x_j	Anzahl der Wochen n_j	$x_j^2 n_j$
0	10	0
1	19	19
2	11	44
3	7	63
4	4	64
5	1	25
Summe:	52	215

$$s = \sqrt{\frac{1}{52} \cdot 215 - (1{,}596)^2}$$
$$= \sqrt{1{,}587}$$
$$= 1{,}26 \text{ Stück pro Woche.}$$

Variationskoeffizient:
$$v = \frac{s}{\bar{x}} = \frac{1{,}26}{1{,}596}$$
$$\doteq 0{,}79 \text{ oder } 79\,\%.$$

○

Beispiel 4.6: Motorschiffe nach Tragfähigkeit

Das Statistische Jahrbuch 1992 S. 347 weist unter der Überschrift: 'Bestand an Binnenschiffen am 31. 12. 1990, früheres Bundesgebiet', den Bestand an Gütermotorschiffen nach ihrer Tragfähigkeit (in t) aus.

Die Angaben sind (leicht verändert) in die ersten beiden Tabellenspalten übernommen. Zu berechnen sei der Wert der Standardabweichung und des Variationskoeffizienten.

Tragfähigkeit (in t) K_j	Anzahl der Schiffe n_j	Kl.-Mittelpunkte x_j	(für $\bar{x}$) $x_j n_j$	(für s) $x_j^2 n_j$
über 20 bis 250	111	135	14 985	2 022 975
über 250 bis 400	163	325	52 975	17 216 875
über 400 bis 650	204	525	107 100	56 227 500
über 650 bis 1000	527	825	434 775	358 689 375
über 1000 bis 1500	553	1250	691 250	864 062 500
über 1500 bis 3000	235	2250	528 750	1 189 687 500
über 3000 bis 4500	5	3750	18 750	70 312 500
Summe	1798	–	1 848 585	2 558 219 225

Mittelwert: $\bar{x} \doteq \dfrac{1}{n} \sum_j x_j n_j = \dfrac{1\,848\,585}{1\,798} = 1\,028{,}134\ t.$

$$\begin{aligned}
\text{Standardabweichung: } s &\doteq \sqrt{\dfrac{1}{n} \sum_j x_j^2 n_j - \bar{x}^2} \\
&= \sqrt{\dfrac{2\,558\,219\,225}{1\,798} - (1\,028{,}134)^2} \\
&= \sqrt{365\,754{,}207} = 604{,}776\ t\,.
\end{aligned}$$

Die Verteilung von X wird approximativ gekennzeichnet durch die Maßzahlen:
$$\bar{x} = 1028\ t\,,\ s = 605\ t\,.$$
Der Variationskoeffizient von X beträgt approximativ:
$$v \doteq \dfrac{s}{\bar{x}} = \dfrac{604{,}776}{1.028{,}134} = 0{,}59 = 59\,\%\,.$$

○

4.6 Varianz

Definition 4.7: Varianz (oder Mittlere quadratische Abweichung vom arithmetischen Mittel)

Sei s die Standardabweichung eines quantitativen Merkmals X. Dann heißt s^2 die **Varianz** von X, und ns^2 wird (im engeren Sinne) **Streuung** genannt.

□

Anmerkung:

Die Varianz ist kein eigenständiges Streuungsmaß, vielmehr bestimmen sich Varianz und Standardabweichung gegenseitig eindeutig.

Beide Varianten werden vielfach verwendet, wobei die Varianz vorwiegend im mathematisch-statistischen Bereich zum Zuge kommt.

Dort ist die einfachere Struktur ihrer Formel von Vorteil, während die Tatsache, daß die Merkmalsdimensionen bei s^2 in quadratischer Form erscheinen [z.B. kg^2 , (Jahre)^2 , (Stückzahl pro Woche)^2] weniger störend wirkt.

Satz 4.1: Verschiebungssatz

X sei ein quantitatives Merkmal mit $W_X = \{x_j | j = 1, \ldots, J\}$, ferner sei $a \in \mathbb{R}$. Dann gilt:[1)]

$$\sum_j (x_j - a)^2 n_j = \sum_j (x_j - \bar{x})^2 n_j + n(\bar{x} - a)^2.$$

△

[1)]Der Beweis folgt unmittelbar aus:

$$\sum [(x_j - \bar{x}) + (\bar{x} - a)]^2 n_j = \sum (x_j - \bar{x})^2 n_j + (\bar{x} - a)^2 \sum n_j + 2(\bar{x} - a) \sum (x_j - \bar{x}) n_j$$

unter Berücksichtigung von $\sum n_j = n$ und $\sum (x_j - \bar{x}) n_j = n\bar{x} - n\bar{x} = 0$.

4.6 Varianz

Anmerkungen:

a) Die Formulierung des Satzes für die Meßwerte eines Datensatzes und für klassierte Häufigkeitsverteilungen liegt auf der Hand.

b) Aus dem Satz folgt, daß die quadratische Abweichung des Merkmals X von a minimal wird, wenn $a = \bar{x}$ (**Minimumeigenschaft der Streuung**).

c) Für $a = 0$ ergibt sich die Aussage:

$$\sum_j (x_j - \bar{x})^2 n_j = \sum_j x_j^2 n_j - n\bar{x}^2,$$

$$\text{bzw.} \quad s^2 = \frac{1}{n} \sum_j x_j^2 n_j - \bar{x}^2.$$

Satz 4.2: Varianzzerlegungssatz

Ein quantitatives Merkmal X sei in m disjunkten Teilmassen erhoben worden. Bekannt seien die Mittelwerte und Varianzen der Teilmassen:

$$\bar{x}^{(r)} = \frac{1}{n^{(r)}} \sum_{j=1}^{J^{(r)}} x_j^{(r)} n_j^{(r)},$$

$$s^{2(r)} = \frac{1}{n^{(r)}} \sum_{j=1}^{J^{(r)}} (x_j^{(r)} - \bar{x}^{(r)})^2 n_j^{(r)}.$$

$x_j^{(r)}, n_j^{(r)}, J^{(r)}$ und $n^{(r)}$ haben die übliche Bedeutung, bezogen auf die r-te Teilmasse.

Dann ergibt sich die Varianz der Gesamtmasse als Summe der Varianzen innerhalb der Teilmassen (**interne Varianz**) und der Varianz zwischen den Teilmassen (**externe Varianz**):[1]

$$s^2 = \frac{1}{n} \sum_{r=1}^{m} s^{2(r)} n^{(r)} + \frac{1}{n} \sum_{r=1}^{m} (\bar{x}^{(r)} - \bar{x})^2 n^{(r)}$$

mit $n = \sum_r n^{(r)}$ und $\bar{x} = \frac{1}{n} \sum_r \bar{x}^{(r)} n^{(r)}$ (gem. Satz 3.1 [S. 41]).

△

---

[1] Der Beweis folgt aus:

$$s^2 = \frac{1}{n} \sum_{r=1}^{m} \sum_{j=1}^{J^{(r)}} (x_j^{(r)} - \bar{x})^2 n_j^{(r)} = \frac{1}{n} \sum_r \sum_j \left[(x_j^{(r)} - \bar{x}^{(r)}) + (\bar{x}^{(r)} - \bar{x}) \right]^2 n_j^{(r)}$$

$$= \frac{1}{n} \sum_r \sum_j (x_j^{(r)} - \bar{x}^{(r)})^2 n_j^{(r)} + \frac{1}{n} \sum_r (\bar{x}^{(r)} - \bar{x})^2 n^{(r)}$$

analog zur Beweisskizze für Satz 4.1 [S. 52].

Anmerkungen:

a) Satz 4.2 ergänzt Satz 3.1 [S. 41], der sich auf die Bildung eines Gesamtmittelwertes aus Teilmittelwerten bezieht.

b) Satz 4.2 enthält zwei Grenzfälle:
   - wenn $\bar{x}^{(r)} = \bar{x}$ für alle r, dann ist s^2 gleich der internen Varianz,
   - wenn $s^{2(r)} = 0$ für alle r, dann ist s^2 gleich der externen Varianz.

4.7 Nachtrag zur Messung von Lage und Streuung eines Merkmals

In Kapitel 3 und den vorstehenden Abschnitten dieses Kapitels haben wir verschiedene Lage- und Streuungsmaße vorgestellt, die zum gängigen Instrumentarium des Statistikers gehören. Daraus ist deutlich geworden, daß die Möglichkeiten für die intensive Charakterisierung qualitativer und komparativer Merkmale gering sind: für erstere bleibt nur eine Lagekennzeichnung durch den Modus, letztere können außerdem durch den Median, evtl. noch durch einzelne Quantile näher beschrieben werden. Für Streuungsmaße auf der Basis der Abstandsmessung bieten qualitative und komparative Merkmale keinen Ansatzpunkt.[1]

Für quantitative Merkmale stehen dagegen mehrere Lage- und Streuungsmaße zu Gebote, denen, vor allem in gewissen Kombinationen, ein hoher Stellenwert für statistische Analysen zukommt.

Abb. 4.4: Kombinationsschema für Lage- und Streuungsmaße

Lagemaß	Streuungsmaße			
	R	Q	d	$s\ (s^2)$
x_M	(1)			
$\tilde{x}$	(2b)	(2a)	(3)	
$\bar{x}$				(4)

Von den in Abb. 4.4 dargestellten 12 Kombinationen sind 5 markiert worden:

(1) zeigt eine schnelle Orientierungsmöglichkeit auf, die meistens nur vorläufiger Art ist,

(2a) } verbinden zwei Maße, die auf Quantilen bzw. Rangwerten beruhen; diese Kom-
(2b) } binationen sind z.B. im Box-Plot (s. Anm. b zu Def. 4.2 [S. 46] / 4.3 [S. 46]) umgesetzt,

(3) führt $\tilde{x}$ mit dem Maß d zusammen, in dem $\tilde{x}$ Bezugsgröße für die Abstandsmessung ist,

(4) beruht auf einer analogen konstruktiven Verwandtschaft. Hierbei handelt es sich um die wichtigste Kombination von Lage- und Streuungsmaß, die weit über die Deskriptive Statistik hinaus von Bedeutung ist.

---

[1] In diesen Fällen kann ein Entropiemaß, das den Grad der Ungleichheit der relativen Häufigkeiten über W_X bewertet, als Ersatzlösung dienen.

4.7 Nachtrag zur Messung von Lage und Streuung eines Merkmals

Lage- und Streuungsmaß weisen - im Verbund betrachtet - eine informationelle Abhängigkeit auf, die anhand der Kombination (4) verdeutlicht werden soll:

Je kleiner die Standardabweichung von X ist, desto höher wird der Informationsgehalt des arithmetischen Mittels über die Verteilungsverhältnisse von X. Im Grenzfall, d.h. für $s \to 0$, entsteht eine 'Einpunktverteilung', die allein von $\bar{x}$ vollständig beschrieben wird.

Umgekehrt nimmt mit wachsender Streuung die Qualität des arithmetischen Mittels als Repräsentant der Verteilung ab.

Beispiel 4.7:

In einer Einkommensverteilung mit großem Streuungsbereich beeindruckt das Durchschnittseinkommen wenig: in der Bevölkerung ist es oft nur ein Gegenstand von Witzen.

○

Übungsaufgaben zu Kapitel 4: **9 – 14**

5 Disparitäts- und Konzentrationsmaße

5.1 Überblick

Die Messung der Streuung quantitativer Merkmale über Abstandsrelationen erweist sich nicht für alle Aspekte des Streuungsphänomens als problemadäquater und informationell zufriedenstellender Ansatz.

Dies trifft u.a. zu, wenn für die zu beschreibenden Sachverhalte die **Merkmalssumme**[1] eine wesentliche Rolle spielt.

Theoretische und empirische Untersuchungen zur Einkommens- und Vermögensverteilung lenkten schon früh in unserem Jahrhundert die Aufmerksamkeit auf das Problem 'Konzentration' in seiner ökonomischen und statistischen Dimension.

In der Statistik versteht man unter 'Konzentration' im weiteren Sinne eine nicht-egalitäre Verteilung der Merkmalssumme eines interessierenden Merkmals (z.B. Einkommen) über eine Menge von Merkmalsträgern[2] (z.B. Haushalte).

Es ist zweckmäßig, den statistischen Konzentrationsbegriff etwas differenzierter zu betrachten.

Annahme: n Kapitalgesellschaften einer Branche des Produzierenden Gewerbes weisen insgesamt eine Bilanzsumme von 40 Mrd. DM auf.

Fall a) Die Anzahl der Kapitalgesellschaften (= Merkmalsträger [MT]) sei $n = 40$.

Die Bilanzsumme (= Merkmalssumme [MS]) verteile sich wie folgt auf die Merkmalsträger:

Anzahl der MT	Anteil jedes MT an MS in %	Gesamtanteil der MT an MS in %	Gesamtanteil der MT bei egalitärer Verteilung in %
4	6	24	10
8	4	32	20
12	2	24	30
16	1,25	20	40
40		100	100

Für die Beurteilung dieses Falles von 'Konzentration' ist offensichtlich maßgebend, daß einige MT einen höheren, andere einen niedrigeren Anteil an der MS haben als 2,5 %, die auf jeden MT bei egalitärer Verteilung entfallen würden.

'Konzentration' manifestiert sich hier als Abweichung von der Gleichverteilung, kurz als Disparität bezeichnet.

Fall b) Die Anzahl der MT sei $n = 16$, die Verteilung der MS laute:

---

[1]s. Def. 3.4 [S. 38]
[2]Statistische Einheiten fungieren als Merkmalsträger (s. Anm. a zu Def. 1.6 [S. 6]).

5.1 Überblick

Anzahl der MT	Anteil jedes MT an MS in %	Gesamtanteil der MT an MS in %	Gesamtanteil der MT bei egalitärer Verteilung in %
4	22	88	25
12	1	12	75
16		100	100

Die Disparität hat hier im Vergleich zu Fall a) erheblich zugenommen.

Wichtiger ist jedoch, daß es zwei Gruppen von MT gibt: die kleinere besteht aus nur 4 gleichgewichtigen MT, die nach Maßgabe des Merkmals 'Bilanzsumme' eine stark dominierende Stellung am Markt aufweisen, während die MT der größeren Gruppe vergleichsweise unbedeutend erscheinen.

'Konzentration' manifestiert sich in diesem Fall vor allem in der geringen Anzahl von MT, die einen hohen Anteil der MS auf sich vereinigen.

Die Befassung mit diesem Typus von Konzentration wurde besonders durch Untersuchungen zur Betriebs- und Unternehmenskonzentration seit Anfang der 50er Jahre stimuliert.

Aufgrund derartiger Überlegungen wird in der modernen Literatur bei dem Thema Konzentration zwischen **Disparität** (Fall a) und **Konzentration** im engeren Sinne[1](Fall b) unterschieden.[2]

Es existiert allerdings keine strikte Trennungslinie zwischen den beiden Zuständen: außer von den jeweiligen sachlichen Gegebenheiten kann es auch vom Untersuchungsziel abhängen, welcher Aspekt präferiert wird.

Zur Messung der Disparitäts- oder Konzentrationseigenschaft eines hierfür geeigneten Datenmaterials stehen jeweils verschiedene Maßzahlen zur Verfügung. Von Bedeutung ist hierbei, daß sich auf der Grundlage *eines* Konstruktionsprinzips in der Regel ein Disparitäts- und ein verwandtes Konzentrationsmaß entwickeln lassen, die durch eine Konversionsformel verbunden sind.

Insofern entspricht der fließenden Grenze zwischen Disparität und Konzentration als Zustandseigenschaften eines Merkmals ein kompatibles Paar von Maßen, die - besonders im Grenzbereich - komplementär verwendet werden können.

Die weitere Darstellung beschränkt sich auf lediglich ein Paar konjugierter Meßverfahren:
  Lorenzkurve und Disparitätskoeffizient von Gini
  sowie
  Konzentrationskurve und Konzentrationskoeffizient von Rosenbluth,
die beide den Vorteil der Anschaulichkeit haben und nicht zuletzt deswegen häufig in empirischen Studien zur Anwendung gelangen.

Beide Verfahren setzen ein extensive Merkmal[3] mit positivem Wertebereich voraus.

---
[1] Im folgenden wird dieser Begriff in derselben Bedeutung ohne den Zusatz verwendet.
[2] Statt des Begriffspaars: 'Disparität - Konzentration' findet man in der Literatur auch die Unterscheidung: 'Relative Konzentration - Absolute Konzentration'. In einigen Quellen bezieht sich der Begriff Konzentration im ursprünglichen Sinne ausschließlich auf Disparitätszustände.
[3] Merkmal, dessen Merkmalssumme sachlich sinnvoll interpretierbar ist (s. Anm. b zu Def. 3.4 [S. 38]).

Untersuchungsobjekt sind entsprechende Datensätze einzelner Meßwerte und - soweit es Disparitätsmessungen betrifft - klassierte Häufigkeitsverteilungen (quasi-)stetiger Merkmale.

5.2 Lorenzkurve und Disparitätskoeffizient von Gini

Abb. 5.1: Lorenzkurve

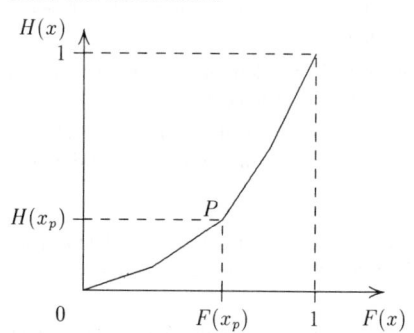

Die gängige Darstellung der Disparitätsverhältnisse, die in einem Datenmaterial bezüglich des Merkmals X gegeben sind, durch eine **Kurve** in einer kartesischen Koordinatenebene geht auf M.O. Lorenz (1904) zurück.

Die Punkte der Kurve haben - allgemein formuliert - als Abszissen die Werte der empirischen Verteilungsfunktion $F(x)$, die bekanntlich jedem x den Anteil aller Einheiten in M_n zuordnet, deren Meßwert höchstens gleich x ist:

$$F(x) = \frac{\text{Anzahl}\,(e_i \in M_n|\, X(e_i) \leq x)}{n} \quad \text{für } x \in \mathbb{R}.$$

Die Ordinaten der Kurve ergeben sich aus den Werten einer analogen kumulierten Häufigkeitsfunktion $H(x)$, deren Bezugsgröße aber die Merkmalssumme von X ist:

$$H(x) = \frac{\text{Summe}\,(X(e_i)|\, X(e_i) \leq x)}{n\bar{x}} \quad \text{für } x \in \mathbb{R}.$$

Ein Punkt P auf der Disparitätskurve mit den Koordinaten $(F(x_p), H(x_p))$ vermittelt somit die Information, daß die unteren $100 \cdot F(x_p)$ % der statistischen Einheiten in der Masse M_n $100 \cdot H(x_p)$ % der Merkmalssumme auf sich vereinigen.

Die allgemeine Formulierung ist noch an die speziellen Gegebenheiten eines Datensatzes und einer klassierten Häufigkeitsverteilung von X anzupassen.

Definition 5.1: Lorenzkurve

Die **Lorenzkurve** L wird bestimmt durch:	**Bedingungen:** X positives extensives Merkmal.

5.2 Lorenzkurve und Disparitätskoeffizient von Gini

a) die Punkte mit den Koordinaten
$(0,0)$, $(F(x_{[1]}), H(x_{[1]}))$, $(F(x_{[2]}), H(x_{[2]}))$, …
…, $(F(x_{[n-1]}), H(x_{[n-1]}))$, $(1,1)$
und deren Verbindung durch einen Streckenzug.
Es gilt:
$$F(x_{[i]}) = \frac{i}{n}$$
$$H(x_{[i]}) = \sum_{r=1}^{i} h_r \quad \text{mit } h_r = \frac{x_{[r]}}{n\bar{x}}$$
für $i = 1, \ldots, n-1$.

Geordneter Datensatz von X:
$D_n^{\leq} = \{x_{[i]} | i = 1, \ldots, n\}$
mit $x_{[1]} \leq \ldots \leq x_{[n]}$.

b) die Punkte mit den Koordinaten
$(0,0)$, $(F(x_1^*), H(x_1^*))$, $(F(x_2^*), H(x_2^*))$, …
…, $(F(x_{J-1}^*), H(x_{J-1}^*))$, $(1,1)$
und deren Verbindung durch einen Streckenzug.
Es gilt:
$$F(x_j^*) = \sum_{r=1}^{j} f(K_r) = \frac{1}{n}\sum_{r=1}^{j} n(K_r)$$
$$H(x_j^*) \doteq \sum_{r=1}^{j} h_r' \quad \text{mit } h_r' = \frac{x_r n_r}{n\bar{x}}$$
für $j = 1, \ldots, J-1$.

Klassierte HV von X mit
$$W_X = \bigcup_{j=1}^{J} K_j,$$
$K_j =]x_{j-1}^*, x_j^*]$
und $x_j = \frac{1}{2}(x_j^* + x_{j-1}^*)$
als Mittelpunkt von K_j.

$\square$

Anmerkungen:

a) Grundsätzlich gilt:

$H(x_{[i]}) \leq F(x_{[i]})$ und $H(x_j^*) \leq F(x_j^*)$ für alle i bzw. j. Wenn überall das Gleichheitszeichen zutrifft, verläuft die L-Kurve gradlinig von $(0,0)$ nach $(1,1)$: in diesem Fall ist die Merkmalssumme *egalitär* über die Merkmalsträger verteilt (s. Abb. 5.2).

Gilt für wenigstens ein i bzw. j das Ungleichheitszeichen, so liegt Disparität vor, und die L-Kurve ist konvex gegen die Abszissenachse gekrümmt.

Abb. 5.2: Gleichverteilung

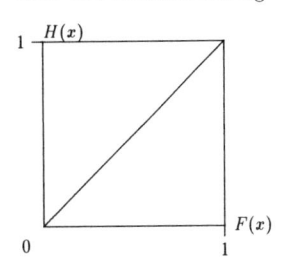

Abb. 5.3: Extreme Disparität

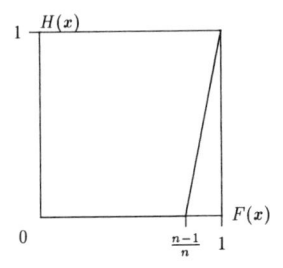

b) Die Krümmung wächst mit dem Grad der Disparität; das Maximum ist erreicht, wenn $n-1$ Merkmalsträger keinen Anteil an der Merkmalssumme haben und der n-te Merkmalsträger die gesamte Merkmalssumme auf sich vereinigt (s. Abb. 5.3).

c) Die Steigung der L-Kurve zwischen den Punkten $(F(x_{[i-1]}), H(x_{[i-1]}))$ und $(F(x_{[i]}), H(x_{[i]}))$ beträgt

$$\frac{h_i}{1/n} = \frac{x_{[i]}/n\bar{x}}{1/n} = \frac{x_{[i]}}{\bar{x}}.$$

Wegen $x_{[1]} \leq x_{[2]} \leq \ldots \leq x_{[n]}$ ist der Streckenzug der L-Kurve monoton steigend.

d) Die Bestimmungsgleichung für $H(x_j^*)$ in Def. 5.1 b [S. 58] gilt exakt, wenn die Klassenmittelpunkte x_j gleich den Klassenmittelwerten $\bar{x}_j$, $j = 1, \ldots, J$, sind.
In aller Regel gilt die Gleichung nur approximativ.

Abb. 5.4: Disparitätsfläche

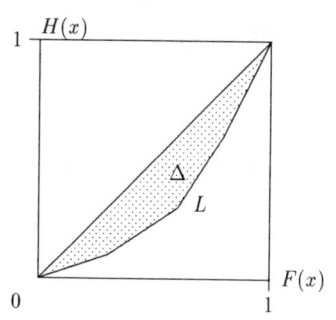

Corrado Gini hat 1912 ein Disparitätsmaß entwickelt, das in engem Zusammenhang zur Lorenzkurve steht und die Disparitätsfläche Δ (zwischen Lorenzkurve und Gleichverteilungsgerade) zur Größe der maximalen Disparitätsfläche bei $n \to \infty$ (Dreieck mit den Eckpunkten $(0,0)$, $(1,0)$, $(1,1)$) ins Verhältnis setzt:

$$\frac{\Delta}{0{,}5} = 2\,\Delta.$$

Definition 5.2: Disparitätskoeffizient von Gini

Der **Disparitätskoeffizient von Gini** D_G wird bestimmt durch:

	Bedingungen
a) $D_G = \sum_{i=1}^{n} \dfrac{2i-n-1}{n} h_i$ mit $h_i = \dfrac{x_{[i]}}{n\bar{x}}$ für $i = 1, \ldots, n$.	Geordneter Datensatz von X: $D_n^< = \{x_{[i]} \mid i = 1, \ldots, n\}$ mit $x_{[1]} \leq \ldots \leq x_{[n]}$.
b) $D_G \doteq 1 - \sum_{j=1}^{J} f_j \left[H(x_{j-1}^*) + H(x_j^*) \right]$ mit $H(x_j^*) \doteq \sum_{r=1}^{j} h_r'$ und $h_r' = \dfrac{x_r\, n_r}{n\bar{x}}$ für $j = 1, \ldots, J$.	Klassierte HV von X mit $W_X = \bigcup_{j=1}^{J} K_j$, $K_j = \,]x_{j-1}^*,\, x_j^*]$ und $x_j = \dfrac{1}{2}(x_j^* + x_{j-1}^*)$ als Mittelpunkt von K_j.

□

5.2 Lorenzkurve und Disparitätskoeffizient von Gini

Anmerkungen:

a) Wertebereich[1)] von D_G : $\left[0, 1 - \frac{1}{n}\right]$.

Für $n \to \infty$ wird der Wertebereich zum Einheitsintervall. Gelegentlich wird D_G auch für endliche n auf den Wertebereich $[0, 1]$ normiert:

$$D_G^n = \frac{n}{n-1} D_G = \sum_{i=1}^{n} \frac{2i - n - 1}{n - 1} h_i.$$

b) Ableitung zu Def. 5.2 a:
   Abb. 5.5:

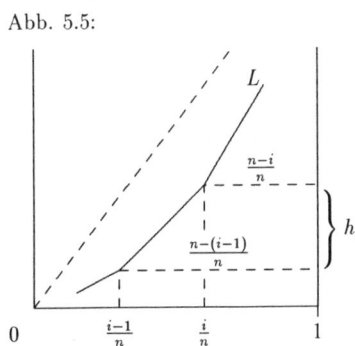

$$\Delta = \frac{1}{2} - \frac{1}{2} \sum_i \left(\frac{n-i}{n} + \frac{n-(i-1)}{n} \right) h_i$$

(Subtrahend $\cong$ Flächeninhalt von Trapezen)

$$= \frac{1}{2} \left(1 + \sum_i \frac{2i - 2n - 1}{n} h_i \right)$$

$$= \frac{1}{2} \sum_i \frac{2i - n - 1}{n} h_i$$

mit $h_i = \frac{x_{[i]}}{n \bar{x}}$ für $i = 1, \ldots, n$,

$D_G = 2\Delta$.

c) Ableitung zu Def. 5.2 b:
   Abb. 5.6:

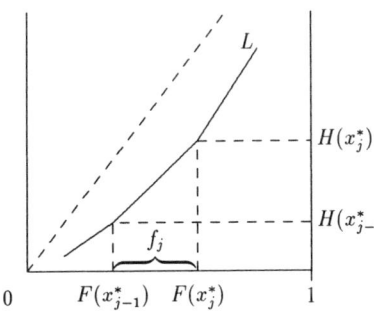

$$\Delta = \frac{1}{2} - \sum_{j=1}^{J} f_j \frac{H(x_{j-1}^*) + H(x_j^*)}{2}$$

(Subtrahend $\cong$ Flächeninhalt von Trapezen),

$$D_G = 2\Delta$$

$$= 1 - \sum_{j=1}^{J} f_j [H(x_{j-1}^*) + H(x_j^*)].$$

d) Man beachte: Es sind viele verschiedene L-Kurven möglich, deren Disparitätsflächen denselben Inhalt und damit denselben Gini-Koeffizienten haben (s. Bsp. 5.2 [S. 63]). Der Gini-Koeffizient quantifiziert lediglich die Intensität der Disparität, nicht das Erscheinungsbild ihres Auftretens.

[1)] Man prüfe die Aussage nach, indem man zunächst $h_i = \frac{1}{n}$ für alle i, dann $h_1 = \ldots = h_{n-1} = 0$ und $h_n = 1$ in die Formel für D_G einsetzt.

Beispiel 5.1: Lohn- und Gehaltssumme von Unternehmen des Maschinenbaus (I)
Der folgende geordnete Datensatz enthält die jährlichen Lohn- und Gehaltssummen (in Mill. DM) von 8 Maschinenbauunternehmen einer Region:
$$D_8^\leq = \{2,\ 5,\ 5,\ 9,\ 12,\ 18,\ 19,\ 30\}.$$
Mit Hilfe der Lorenzkurve und des Gini-Maßes soll die Disparitätseigenschaft des Datenmaterials untersucht werden.

Anzahl der Meßwerte: $n = 8$. Merkmalssumme: $\sum x_i = n\bar{x} = 100$.

i	$x_{[i]}$	$F(x_{[i]})$	$h_i = \dfrac{x_{[i]}}{n\bar{x}}$	$H(x_{[i]})$	$\begin{array}{c}2i - n - 1\\ = 2i - 9\end{array}$	$(2i - 9)h_i$
1	2	0,125	0,02	0,02	-7	$-0,14$
2	5	0,250	0,05	0,07	-5	$-0,25$
3	5	0,375	0,05	0,12	-3	$-0,15$
4	9	0,500	0,09	0,21	-1	$-0,09$
5	12	0,625	0,12	0,33	1	0,12
6	18	0,750	0,18	0,51	3	0,54
7	19	0,875	0,19	0,70	5	0,95
8	30	1,000	0,30	1,00	7	2,10
	100		1,00			3,08

Die Lorenzkurve L_I ist gleich dem Streckenzug, der aus den Punkten $(0,0)$ und $(F(x_{[i]}), H(x_{[i]}))$ für $i = 1, \ldots, 8$ erzeugt wird (s. Abb. 5.7).
Hieraus ist z.B. abzulesen:
Die unteren 25 % (75 %) der Unternehmen haben 7 % (51 %) Anteil an der gesamten Lohn- und Gehaltssumme.

Abb. 5.7:   Abb. 5.8:

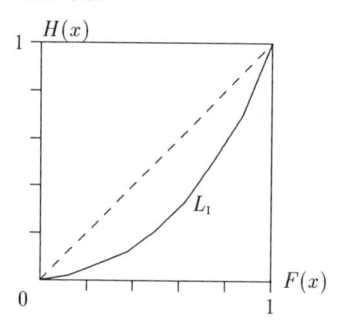

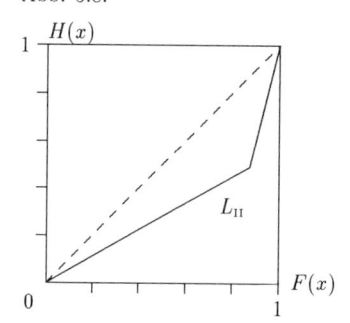

Der Gini-Koeffizient ergibt sich zu:
$$D_G = \sum_{i=1}^{n} \frac{(2i - n - 1)\,h_i}{n} = \frac{3{,}08}{8} = 0{,}385.$$
Der Wertebereich von D_G bei $n = 8$ lautet: $[0;\ 0{,}875]$. Die normierte Disparität des untersuchten Datensatzes beträgt 44 % vom maximalen Wert.

○

5.2 Lorenzkurve und Disparitätskoeffizient von Gini

Beispiel 5.2: Lohn- und Gehaltssumme von Unternehmen des Maschinenbaus (II)
Der Datensatz des Bsp. 5.1 [S. 62] sei wie folgt geändert:
$$D_8^{\leq} = \{7,7,7,7,7,7,7,51\}.$$
Die Auswertung erfolgt analog und sei dem Leser überlassen. Abb. 5.8 zeigt die L_{II}-Kurve, die sich von der L_I-Kurve der Abb. 5.7 deutlich unterscheidet:
die unteren 25 % (75 %) der Unternehmen haben jetzt 14 % (42 %) Anteil an der gesamten Lohn- und Gehaltssumme.
Der Disparitätskoeffizient von Gini lautet wie zuvor: $D_G = 0{,}385$.

○

Beispiel 5.3: Weibliche Erwerbstätige nach Nettoeinkommen
Gegeben sei die nachstehend in den Spalten 1 bis 3 verzeichnete klassierte Häufigkeitsverteilung.[1] Zu bestimmen sei:
a) die Lorenzkurve und
b) der Anteil der Merkmalssumme (MS), der approximativ auf 50 % der (in der Rangfolge) unteren Merkmalsträger (MT) entfällt.

j	Nettoeinkommen (monatl.) in DM	Anzahl der MT	Anteil der MT		Kl.-MP	MS	Anteil der MS	
(r)	$K_j =]x_{j-1}^*, x_j^*]$	$n_j = n(K_j)$	$f_r = f(K_r)$	$F(x_j^*)$	x_r	$x_r n_r$	h_r'	$H(x_j^*)$
1	bis 600	30	0,15	0,15	300	9000	0,029	0,029
2	600 – 1200	50	0,25	0,40	900	45000	0,143	0,172
3	1200 – 1800	54	0,27	0,67	1500	81000	0,257	0,429
4	1800 – 2600	44	0,22	0,89	2200	96800	0,308	0,737
5	2600 – 4000	16	0,08	0,97	3300	52800	0,168	0,905
6	4000 – 6000	6	0,03	1,00	5000	30000	0,095	1,000
		$n = 200$	1,00			$n\bar{x} = 314600$	1,000	

zu a) Die Lorenzkurve wird approximativ durch den Streckenzug wiedergegeben, der den Punkt $(0,0)$ und die Folge der Punkte $\bigl(F(x_j^*), H(x_j^*)\bigr)$, $j = 1, \ldots, 6$, verbindet (s. Abb. 5.9 [S. 64]).

zu b) Im ersten Schritt ist der Wert des Quantils der Ordnung $p = 0{,}5$ (Medianwert) der Verteilung F zu bestimmen (gem. Def. 3.2 c [S. 32]). Medianklasse ist $K_3 =]1200; 1800]$.

$$\tilde{x}_p \doteq x_{j^*-1}^* + \frac{b_{j^*}}{f_{j^*}}\bigl(p - F(x_{j^*-1}^*)\bigr) \quad \text{mit } p = 0{,}5,\ j^* = 3$$

$$\tilde{x}_{0{,}5} \doteq 1200 + \frac{600}{0{,}27}(0{,}5 - 0{,}40) = 1422{,}\bar{2}\,\text{DM}.$$

Im zweiten Schritt wird der kumulierte Anteil der Einheiten mit einem Meßwert höchstens gleich $1422{,}\bar{2}$ DM analog zu Def. 2.7 [S. 23] bestimmt:[2]

---

[1] Fiktive Zahlen in Anlehnung an Ergebnisse des Mikrozensus 1990, früheres Bundesgebiet.
[2] Es tritt die Funktion $H(x)$ an die Stelle der Funktion $F(x)$.

Abb. 5.9: L-Kurve zu Bsp. 5.3

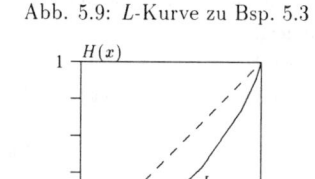

$$H(x) \doteq \sum_{r=1}^{j^*-1} h'_r + h'_{j^*} \cdot \frac{x - x^*_{j^*-1}}{b_{j^*}}$$

$$\text{für } x \in \,]x^*_{j^*-1}, x^*_{j^*}]$$

$$H(1422,\bar{2}) \doteq 0{,}172 + 0{,}257 \cdot \frac{1422{,}\bar{2} - 1200}{600}$$

$$= 0{,}267.$$

Die unteren 50 % der Merkmalsträger vereinigen approximativ 26,7 % der Merkmalssumme auf sich.

○

Beispiel 5.4: Weibliche Erwerbstätige nach Nettoeinkommen

Aus der klassierten Häufigkeitsverteilung des Bsp. 5.3 [S. 63] sei der Gini-Koeffizient zu bestimmen.

j	$K_j = \,]x^*_{j-1}, x^*_j]$	n_j	f_j	$H(x^*_j)$	$H(x^*_{j-1}) + H(x^*_j)$	$f_j[H(x^*_{j-1}) + H(x^*_j)]$
1	bis 600	30	0,15	0,029	0,029	0,004
2	600 – 1200	50	0,25	0,172	0,201	0,050
3	1200 – 1800	54	0,27	0,429	0,601	0,162
4	1800 – 2600	44	0,22	0,737	1,166	0,257
5	2600 – 4000	16	0,08	0,905	1,642	0,131
6	4000 – 6000	6	0,03	1,000	1,905	0,057
	$n = 200$		1,00			0,661

$D_G \doteq 1 - 0{,}66 = 0{,}34$ Wertebereich von D_G für $n = 200$: $[0;\, 0{,}995]$.

○

5.3 Konzentrationskurve und Konzentrationskoeffizient von Rosenbluth

Da Konzentrationsüberlegungen nur in bezug auf relativ wenige Merkmalsträger von Interesse sind, wird im folgenden von einem Datensatz einzelner Meßwerte $X(e_i)$, $i = 1, \ldots, n$, ausgegangen.

Diese werden in *absteigender* Folge geordnet:[1]

$$x_{(1)} \geq x_{(2)} \geq \cdots \geq x_{(n)};$$

der entsprechend geordnete Datensatz wird mit $D_n^>$ bezeichnet.

---

[1] Man beachte hier die Schreibweise $x_{(r)}$ im Gegensatz zu $x_{[r]}$ bei aufsteigender Folge der Meßwerte.

5.3 Konzentrationskurve und Konzentrationskoeffizient von Rosenbluth

Definition 5.3: Konzentrationskurve

	Bedingungen
Die **Konzentrationskurve** C wird bestimmt durch:	X positives extensives Merkmal.
die Punkte mit den Koordinaten $(0,0)$, $(1, H^C(1))$, $(2, H^C(2))$, ..., $(n-1, H^C(n-1))$, $(n, 1)$ und deren Verbindung durch einen Streckenzug. Hierbei ist: $$H^C(i) = \sum_{r=1}^{i} h_r^C \quad \text{mit } h_r^C = \frac{x_{(r)}}{n\bar{x}}$$ für $i = 1, \ldots, n-1$.	Geordneter Datensatz von X: $D_n^\geq = \{x_{(i)} \mid i = 1, \ldots, n\}$ mit $x_{(1)} \geq \ldots \geq x_{(n)}$.

□

Anmerkungen:

a) $H^C(i)$, $i = 1, \ldots, n$, gibt den (kumulierten) Anteil der i *größten* Merkmalsträger an der Merkmalssumme an.

b) Oft wählt man für Vergleiche zwischen verschiedenen Konzentrationszuständen einzelne Werte der H^C-Funktion, z.B. $H^C(3)$, $H^C(5)$ oder $H^C(10)$.

Solche Einzelwerte werden **Konzentrationsraten** genannt.

Nachteil der Konzentrationsraten kann sein, daß es z.B. beim Vergleich der Unternehmenskonzentration in verschiedenen Wirtschaftszweigen nur von der Wahl von i abhängt, welcher Wirtschaftszweig als stärker konzentriert gilt.

Abb. 5.10: Konzentrationskurven

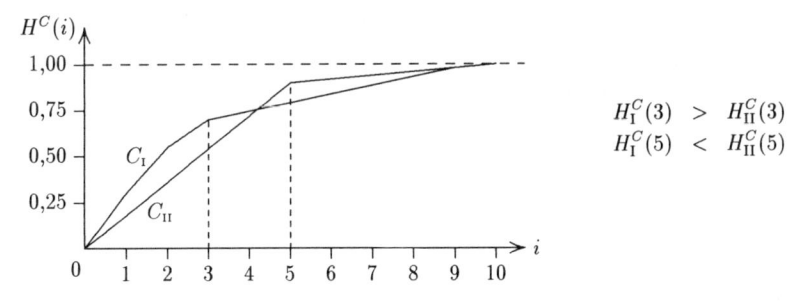

$H_I^C(3) > H_{II}^C(3)$
$H_I^C(5) < H_{II}^C(5)$

c) Die C-Kurve ist - mit Ausnahme vom Sachverhalt unter d) - konkav zur Abszissenachse gewölbt.

Maximale Konzentration ist gegeben, wenn die Merkmalssumme auf *einen* Merkmalsträger entfällt:

$$h_1^C = 1 \quad \text{und} \quad h_i^C = 0 \quad \text{für} \quad i = 2, \ldots, n.$$

d) Minimalkonzentration liegt bei Gleichverteilung der Merkmalssumme über die n Merkmalsträger vor.

Die C-Kurve verläuft linear von $(0, 0)$ nach $(n, 1)$.

e) Von Interesse ist gewöhnlich nur der steilverlaufende Abschnitt der Konzentrationskurve. Ein flach auslaufender Abschnitt oberhalb der 95 %-Linie wird oft nicht mehr dargestellt.

Abb. 5.11: Fläche A

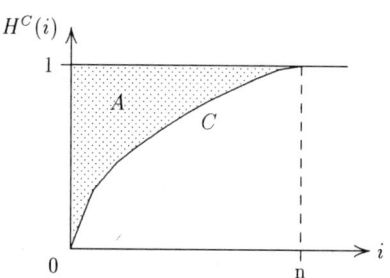

G. Rosenbluth hat 1955 ein Konzentrationsmaß konstruiert, das auf der Fläche A zwischen der Konzentrationskurve C und der Geraden $H^C(i) = 1$ für $0 < i \leq n$ basiert. Es gilt offensichtlich: $\frac{1}{2} \leq A \leq \frac{n}{2}$. Aus Normierungsgründen verwendete Rosenbluth den Term $2A$ und nahm diese Größe reziprok, damit das Maß wachsende Konzentration in der erwarteten Richtung anzeigt.

Definition 5.4: Konzentrationskoeffizient von Rosenbluth

Der **Konzentrationskoeffizient von Rosenbluth** K_R wird bestimmt durch:

$$K_R = \frac{1}{2\left[\sum_{i=1}^{n} i h_i^C\right] - 1}$$

mit $h_i^C = \dfrac{x_{(i)}}{n\bar{x}}$ für $i = 1, \ldots, n$.

Bedingungen:

X positives extensives Merkmal.

Geordneter Datensatz von X:
$D_n^{>} = \{x_{(i)} | i = 1, \ldots, n\}$
mit $x_{(1)} \geq \ldots \geq x_{(n)}$.

□

Anmerkungen:

a) Wertebereich[1] von K_R: $\left[\frac{1}{n}, 1\right]$.

Für $n \to \infty$ wird der Wertebereich zum Einheitsintervall.

---

[1] Dies ergibt sich einerseits aus $h_i^C = \frac{1}{n}$ für alle i, andererseits aus $h_1^C = 1$ und $h_2^C = \cdots = h_n^C = 0$.

5.3 Konzentrationskurve und Konzentrationskoeffizient von Rosenbluth

b) Ableitung zu Def. 5.4:

Abb. 5.12:

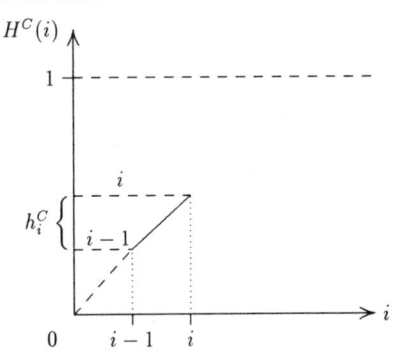

Nach der Formel für den Flächeninhalt eines Trapezes gilt:

$$A = \frac{1}{2}\sum_{i=1}^{n}(i + (i-1))h_i^C$$

$$= \sum_i \left(i - \frac{1}{2}\right) h_i^C$$

$$= \sum ih_i^C - \frac{1}{2}$$

$$K_R = \frac{1}{2A} = \frac{1}{2\sum_{i=1}^{n} ih_i^C - 1}.$$

Beispiel 5.5: Lohn- und Gehaltssumme von Unternehmen des Maschinenbaus (I).
Gegeben seien die Daten des Bsp. 5.1 [S. 62].
Zu bestimmen seien die Konzentrationskurve C und der Konzentrationskoeffizient K_R.
Für diese Zwecke sind die Daten in absteigender Folge anzuordnen.
Anzahl der Meßwerte: $n = 8$. Merkmalssumme: $n\bar{x} = 100$.

i (r)	$x_{(i)}$	$h_r^C = \frac{x_{(r)}}{100}$	$H^C(i)$	ih_i^C
1	30	0,30	0,30	0,30
2	19	0,19	0,49	0,38
3	18	0,18	0,67	0,54
4	12	0,12	0,79	0,48
5	9	0,09	0,88	0,45
6	5	0,05	0,93	0,30
7	5	0,05	0,98	0,35
8	2	0,02	1,00	0,16
$\sum$	100	1,00		2,96

Abb. 5.13:

Der Koordinatenursprung und die Werte der Spalten 1 und 4 erzeugen die Konzentrationskurve (s. Abb. 5.13).

Konzentrationskoeffizient von Rosenbluth:

$$K_R = \frac{1}{2\sum_i ih_i^C - 1} = \frac{1}{2 \cdot 2{,}96 - 1} = 0{,}203.$$

○

5.4 Zusammenhang zwischen Disparitäts- und Konzentrationsmessung

In einem Konzentrationsmaß überlagern sich gewöhnlich zwei Effekte:
- der eigentliche Konzentrationseffekt, der allein dadurch zum Tragen kommt, daß nur eine begrenzte Anzahl von statistischen Einheiten als Merkmalsträger vorhanden ist; mit wachsendem n konvergiert dieser Effekt gegen null;
- der Disparitätseffekt, der in der Ungleichverteilung der Merkmalssumme über die vorhandenen statistischen Einheiten begründet ist; er verschwindet, wenn jeder Merkmalsträger mit dem Anteil $\bar{x}$ an der Merkmalssumme partizipiert.

Dies kommt in der Konversionsformel:
$$K_R = \frac{1}{n(1 - D_G)}$$
zum Ausdruck, die speziell einen Zusamenhang zwischen dem Disparitätsmaß von Gini und dem Konzentrationskoeffizienten von Rosenbluth herstellt.

Beispiel 5.6: Konversionsformel

Eine Merkmalssumme verteile sich auf nur 4 Einheiten als Merkmalsträger.
a) Die Verteilung sei egalitär.

Dann ist $D_G = 0$ und $K_R = \frac{1}{4} = 0{,}25$.

b) Die Verteilung sei so, daß 2 Merkmalsträger je 40 % und 2 Merkmalsträger je 10 % der Merkmalssumme aufweisen.

Dann gilt:
$$\begin{aligned} D_G &= \frac{1}{4}[(2-4-1)\cdot 0{,}1 + (4-4-1)\cdot 0{,}1 + (6-4-1)\cdot 0{,}4 + (8-4-1)\cdot 0{,}4] \\ &= 0{,}3 \end{aligned}$$
und
$$K_R = \frac{1}{n(1 - D_G)} = \frac{1}{4(1 - 0{,}3)} = 0{,}357.$$
Man kontrolliere das Ergebnis durch direkte Berechnung von K_R.

○

Beispiel 5.7: Lohn- und Gehaltssumme von Unternehmen des Maschinenbaus (I).

In Bsp. 5.1 [S. 62] ergab sich ein $D_G = 0{,}385$ bei $n = 8$ Merkmalsträgern. Die Errechnung des Konzentrationskoeffizienten nach der Konversionsformel ergibt:
$$K_R = \frac{1}{8(1 - 0{,}385)} = 0{,}203.$$
Man vergleiche mit Bsp. 5.5 [S. 67].

○

Eine zweite Version der Konversionsformel
$$D_G = 1 - \frac{1}{nK_R}$$

5.4 Zusammenhang zwischen Disparitäts- und Konzentrationsmessung

ermöglicht die direkte Bestimmung von D_G, wenn K_R und n bekannt sind.

Von Interesse ist ferner eine dritte Version:

$$n = \frac{1}{K_R(1 - D_G)},$$

da sie die Konstruktion von Isokonzentrationskurven für K_R in einem (D_G, n)-Koordinatensystem ermöglicht. Diese Hyperbelkurven konstanter Konzentration lassen das Zusammenwirken der beiden eingangs genannten Komponenten in K_R besonders deutlich erkennen (s. Abb. 5.14).

Abb. 5.14: Isokonzentrationskurven für den Rosenbluth-Koeffizienten

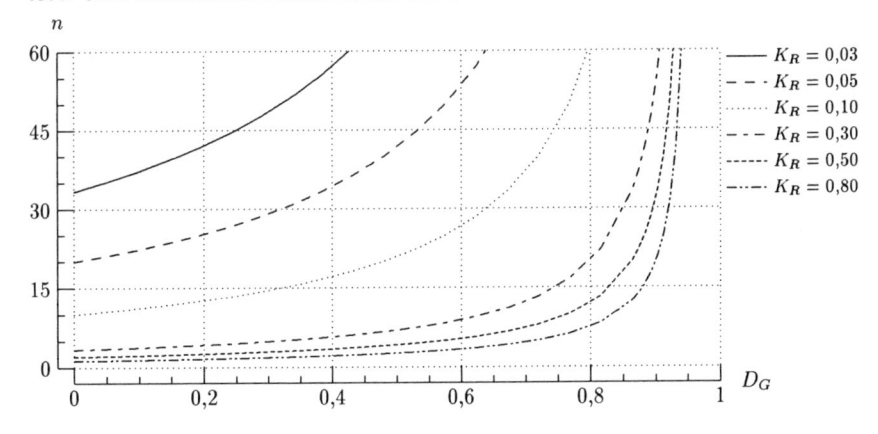

Übungsaufgaben zu Kapitel 5: **15 – 17**

6 Häufigkeitsverteilungen zweidimensionaler Merkmale

6.1 Überblick

Die folgenden Betrachtungen knüpfen an Kapitel 2 über Häufigkeitsverteilungen eindimensionaler Merkmale an.

Das Interesse an einer statistischen Masse erstrecke sich nunmehr auf *zwei* Eigenschaften der zugehörigen Einheiten. Wir haben hierfür die Bezeichnung 'zweidimensionales Merkmal' oder 'bivariates Merkmal' eingeführt[1] und geben es durch (X,Y) wieder. X und Y heißen die **Komponenten** des zweidimensionalen oder bivariaten Merkmals.

Eine Erhebung von (X,Y) in der Masse M_n bedeutet, daß bei jeder Einheit $e_i \in M_n$ ein **Paar von Meßwerten** $(x_i, y_i) = (X(e_i), Y(e_i))$ ermittelt wird. Die Gesamtheit der n Wertepaare bildet einen **bivariaten Datensatz** $D_n^{(2)}$.

Bivariate Datensätze können unmittelbar Ausgangspunkt für Datenanalysen sein. Umfangreichere Datensätze werden in der Regel in 2-dimensionale Häufigkeitsverteilungen transformiert, die leichter überschaubar und einer strafferen Datenauswertung zugänglich sind. Ein 2-dimensionales Merkmal (X,Y) kann nach dem Typ seiner Komponenten sehr unterschiedlicher Natur sein (s. Abb. 6.1).

Abb. 6.1: Merkmalskombinationen von (X,Y) mit Beispielen

X \ Y	nominal meßbar	ordinal meßbar	kardinal meßbar	
			diskret	stetig
nominal meßbar	E : Personen X : Geschlecht Y : Familienstand	E : Studierende X : Studiengang Y : Examensnote	E : Erwerbstätige Frauen X : Familienstand Y : Anzahl der Kinder	E : Erwerbstätige X : Stellung im Beruf Y : Nettoeinkommen
ordinal meßbar		E : Studierende X : Note VWL Y : Note BWL	E : Hotels X : Güteklasse Y : Bettenzahl	E : Hotels X : Güteklasse Y : Zimmerpreis
kardinal meßbar: diskret			E : Haushalte X : Anzahl Personen Y : Bewohnte Räume	E : Haushalte X : Haushaltsgröße Y : Haushaltseinkommen
kardinal meßbar: stetig				E : Unternehmen X : Eigenkapital Y : Umsatz

Legende: $E \,\hat{=}\,$ Statistische Einheiten als Mekmalsträger; $X, Y \,\hat{=}\,$ statistische Merkmale

Entsprechend differenziert sind Häufigkeitsverteilungen von (X,Y) hinsichtlich ihres Informationsgehalts und der Anwendbarkeit statistischer Maße zu beurteilen.

Datenmaterial über (X,Y) kann grundsätzlich getrennt nach den Komponenten X und Y ausgewertet werden; Ausgangspunkt sind dann entweder getrennte Datensätze oder die sog. Randverteilungen einer 2-dimensionalen Häufigkeitsverteilung. Die Charakteri-

---

[1] s. Kapitel 2.1

sierung der Lage oder der Streuung der Komponenten X und Y erfolgt - abhängig vom jeweiligen Skalierungsniveau - nach den in Kapitel 3 und Kapitel 4 erörterten Maßen.

Was mit den 2-dimensionalen Merkmalen neu ins Blickfeld rückt, ist der Aspekt der **gemeinsamen Verteilung** der Komponenten von (X, Y). Im Zentrum steht die Frage, ob und ggf. in welcher Art und Weise X und Y in ihren Realisationen voneinander abhängig sind und welche Folgerungen hieraus gezogen werden können.

Es handelt sich hierbei um einen der Kernbereiche statistischer Analysetechniken. Einige Punkte werden in diesem Kapitel angesprochen; weitere folgen in Kapitel 7 und 8 .

Insofern ist es konsequent, der Darstellung der zahlreichen Varianten einfacher und kumulierter bivariater Häufigkeitsverteilungen, die im Hinblick auf die verschiedenen Merkmalskombinationen möglich sind, nicht mehr Raum zu geben, als es für die im Vordergrund stehenden Analysen erforderlich ist.

6.2 Gemeinsame Häufigkeitsverteilung von (X, Y)

Voraussetzungen:

$M_n = \{e_i \vert i = 1, \ldots, n\}$	Statistische Masse.
(X, Y)	bivariates Merkmal mit den Komponenten X und Y (beide nicht häufbar[1]).
$D_n^{(2)} = \{(x_i, y_i) \vert i = 1, \ldots, n\}$	Bivariater Datensatz aus der Messung von (X, Y), mit $x_i = X(e_i)$, $y_i = Y(e_i)$, $i = 1, \ldots, n$.
$W_X = \{x_j \vert j = 1, \ldots, J\}$ $W_Y = \{y_k \vert k = 1, \ldots, K\}$	Diskontinuierlicher Wertebereich einer Komponente X bzw. Y vom qualitativen, komparativen oder diskreten Typ.[2]
$W_X = \bigcup_{j=1}^{J} K_j.$ mit $K_{j\cdot} = \,]x_{j-1}^*, x_j^*]$ $W_Y = \bigcup_{k=1}^{K} K_{\cdot k}$ mit $K_{\cdot k} = \,]y_{k-1}^*, y_k^*]$	Klassierter Wertebereich einer (quasi-)stetigen Komponente X bzw. Y mit $x_0^* < x_1^* < \ldots < x_J^*$ bzw. $y_0^* < y_1^* < \ldots < y_K^*$.
$W_{(X,Y)} = W_X \times W_Y$	Wertebereich von (X, Y).

Die Transformation des bivariaten Datensatzes $D_n^{(2)}$ in eine Häufigkeitsverteilung von (X, Y) erfordert die Auszählung der statistischen Einheiten $e_i \in M_n$, deren Meßwert $X(e_i)$ gleich dem Merkmalswert $x_j \in W_X$ ist bzw. in der Merkmalsklasse $K_{j\cdot} \subset W_X$ liegt und deren Meßwert $Y(e_i)$ gleich dem Merkmalswert $y_k \in W_Y$ ist bzw. in der Merkmalsklasse $K_{\cdot k} \subset W_Y$ liegt.

Ergebnis ist eine **absolute Häufigkeit** $n(x_j, y_k)$ oder $n(K_{j\cdot}, K_{\cdot k})$ oder eine Mischform aus beiden Termen.

---
[1] Nur für qualitative Merkmale relevant.
[2] Für komparative und diskrete Merkmale sei eine Rangordnung $x_1 < \ldots < x_J$ bzw. $y_1 < \ldots < y_K$ gegeben.

Definition 6.1: Gemeinsame Häufigkeitsfunktion, Häufigkeitsverteilung
Die Folgen der absoluten/relativen Häufigkeiten

$$n_{jk} = \left\{ \begin{array}{l} n(x_j, y_k) \\ n(x_j, K_{\cdot k}) \\ n(K_{j\cdot}, y_k) \\ n(K_{j\cdot}, K_{\cdot k}) \end{array} \right\} \quad \begin{array}{l} \text{für } j = 1, \ldots, J \\ \text{und } k = 1, \ldots, K \end{array}$$

und analog:

$$f_{jk} = \frac{n(\cdot, \cdot)}{n} = \frac{n_{jk}}{n}$$

bestimmen die **gemeinsame Häufigkeitsfunktion** (absolut bzw. relativ) des bivariaten Merkmals (X, Y).

Unter der **gemeinsamen Häufigkeitsverteilung** von (X, Y) versteht man die entsprechende Häufigkeitsfunktion selbst oder deren Darstellung als Häufigkeitstabelle oder als Diagramm.

□

Anmerkung:

Für die gemeinsame Häufigkeitsfunktion gelten die Beziehungen:

$$0 \leq n_{jk} \leq n, \qquad 0 \leq f_{jk} \leq 1 \qquad \text{für alle } j, k,$$

$$\sum_{j=1}^{J} \sum_{k=1}^{K} n_{jk} = n, \qquad \sum_{j=1}^{J} \sum_{k=1}^{K} f_{jk} = 1.$$

Definition 6.2: Gemeinsame Häufigkeitsdichtefunktion
Die auf ein Einheitsquadrat normierten gemeinsamen Häufigkeitsfunktionen eines bivariaten (quasi-)stetigen Merkmals (X, Y):

$$n_{jk}^* = \frac{n(K_{j\cdot}, K_{\cdot k})}{b_j d_k}$$

$$f_{jk}^* = \frac{f(K_{j\cdot}, K_{\cdot k})}{b_j d_k} = \frac{n_{jk}^*}{n} \quad \begin{array}{l} \text{für } j = 1, \ldots, J \\ \text{und } k = 1, \ldots, K \end{array}$$

mit $b_j = x_j^* - x_{j-1}^*$ und $d_k = y_k^* - y_{k-1}^*$ als Klassenbreiten

heißen **Häufigkeitsdichtefunktionen** von (X, Y). Ihre Werte sind die absoluten bzw. relativen **Häufigkeitsdichten**.

□

Anmerkungen:

a) Die Umrechnung von Häufigkeiten auf Häufigkeitsdichten erleichtert den Vergleich der Häufigkeitsbelegungen verschiedener, nicht einheitlich dimensionierter 2-dimensionaler Merkmalsklassen einer Verteilung.

6.2 Gemeinsame Häufigkeitsverteilung von (X, Y)

Hierbei werden meistens relative Häufigkeitsdichten vorgezogen.

b) Relative Häufigkeitsdichten nach Def. 6.2. sind ferner notwendiges Konstruktionselement für sog. Stereogramme[1] zur graphischen Darstellung bivariater (quasi-)stetiger Merkmale.

Abb. 6.2: Schema einer 2-dimensionalen Tabelle der absoluten Häufigkeiten

$X \diagdown Y$	y_1 $K_{.1}$	y_2 $K_{.2}$	$\cdots$	y_K $K_{.K}$
$x_1 \mid K_1.$	n_{11}	n_{12}	$\cdots$	n_{1K}
$x_2 \mid K_2.$	n_{21}	n_{22}	$\cdots$	n_{2K}
$\vdots$	$\vdots$	$\vdots$		$\vdots$
$x_J \mid K_J.$	n_{J1}	n_{J2}	$\cdots$	n_{JK}

Anmerkungen:

a) Vorspalte und Kopfzeile der Abb. 6.2 berücksichtigen, daß sich die Wertebereiche von X und Y jeweils aus diskontinuierlichen Mengen von Merkmalswerten oder einer Vereinigungsmenge von Merkmalsklassen zusammensetzen können.

b) Mit $f_{jk} = n_{jk}/n$ anstelle der absoluten Häufigkeiten ensteht das Schema einer Tabelle der relativen Häufigkeiten.

c) Ungeachtet der einheitlichen Bezeichnung der Merkmalswerte muß stets gegenwärtig bleiben, welche Skalenniveaus für die Komponenten X und Y im Einzelfall zutreffen.
‖ Nur bei quantitativen Merkmalen sind die Merkmalswerte reelle Zahlen!

d) Für eine Tabelle der absoluten oder relativen Häufigkeiten von (X, Y) verwenden wir im folgenden auch die Bezeichnung:
   - **Kontingenztabelle**, wenn beide Komponenten vom qualitativen Typ sind,
   - **Korrelationstabelle**, wenn beide Komponenten vom quantitativen Typ sind.[2]

Die Darstellung bivariaten Datenmaterials in dreidimensionalen Diagrammen ist instruktiv in Lehrbüchern, sonst aber wegen der graphischen Schwierigkeiten wenig verbreitet. Meistens werden zweidimensionale Ersatzlösungen vorgezogen.[3]
Den in Def. 6.1 [S. 72] enthaltenen Häufigkeitsfunktionen entsprechen drei Diagrammformen, die für quantitatives (X, Y) in den Abb. 6.3 bis 6.5 skizziert sind.

---

[1] 3-dimensionale Histogramme (s. Abb. 6.5 [S. 74]).
[2] Diese Begriffe werden in der Literatur nicht einheitlich verwendet.
[3] Dies gilt z.B. für sämtliche graphischen Darstellungen bivariater Sachverhalte im Statistischen Jahrbuch für die Bundesrepublik Deutschland.

6 Häufigkeitsverteilungen zweidimensionaler Merkmale

Abb. 6.3: (X, Y) ist diskret verteilt: 2-dimensionales Stabdiagramm

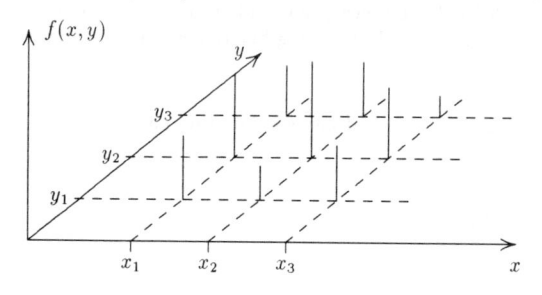

Die Länge der Stäbe ist proportional zu den entsprechenden relativen Häufigkeiten $f(x_j, y_k)$ zu bemessen.

Abb. 6.4: (X, Y) ist gemischt stetig/diskret verteilt

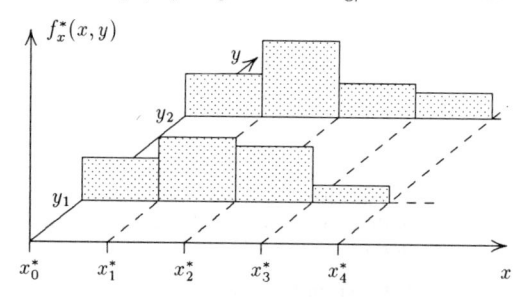

Der Flächeninhalt der Rechtecke ist proportional zu den entsprechenden relativen Häufigkeiten zu bemessen:

$$b_j \cdot f_x^*(K_{j\cdot}, y_k) = f(K_{j\cdot}, y_k)$$

(f_x^* : Dichtefunktion in bezug auf X).

Abb. 6.5: (X, Y) ist stetig verteilt: Stereogramm

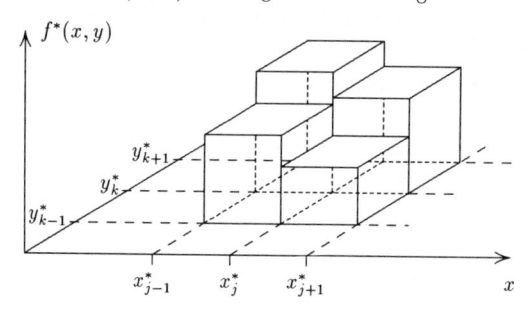

Das Volumen der Quader ist proportional zu den entsprechenden relativen Häufigkeiten zu bemessen:

$$b_j \cdot d_k \cdot f^*(K_{j\cdot}, K_{\cdot k}) = f(K_{j\cdot}, K_{\cdot k})$$

(f^* : Dichtefunktion von (X, Y) gem. Def. 6.2 [S. 72]).

Beispiel 6.1: Betriebe der Lederverarbeitung nach Beschäftigten und Inlandsumsatz
Auswahl von 50 Betrieben mit 21 bis 100 Beschäftigten.
Merkmal X (klassiert): Anzahl der Beschäftigten,
Merkmal Y (klassiert): Inlandsumsatz in Mill. DM.

6.2 Gemeinsame Häufigkeitsverteilung von (X,Y)

Der bivariate Datensatz ist nach der Größe von X aufsteigend geordnet.

Es soll eine Tabelle
a) der absoluten Häufigkeiten
b) der relativen Häufigkeiten
c) der relativen Häufigkeitsdichten

unter Verwendung folgender Klasseneinteilungen aufgestellt werden:

(1)		(2)		(3)		(4)		(5)	
x_i	y_i	x_i	y_i	x_i	y_i	x_i	y_i	x_i	y_i
22	2,1	33	5,2	40	10,8	57	8,9	72	10,0
24	2,8	33	5,6	41	4,7	58	9,0	75	10,8
24	3,6	35	6,1	43	4,9	58	10,5	76	11,5
26	4,2	35	6,7	44	5,2	59	11,6	80	13,1
29	5,7	36	6,7	47	5,6	61	6,1	83	10,8
30	7,0	37	7,0	49	6,1	63	7,0	87	11,7
31	3,3	38	7,2	51	6,4	66	7,2	92	12,2
31	3,5	38	7,5	52	7,3	66	8,3	95	13,6
32	4,4	39	7,9	54	7,7	69	9,4	96	14,3
33	5,0	40	9,3	54	8,2	69	9,9	98	15,9

Merkmal X: $]20, 30]$, $]30, 40]$, $]40, 60]$, $]60, 80]$, $]80, 100]$
Merkmal Y: $]\ 2,\ 5]$, $]\ 5,\ 8]$, $]\ 8, 12]$, $]12, 16]$

zu a): Absolute Häufigkeiten
$n_{jk} = n(K_{j.}, K_{.k})$

Anzahl der Beschäftigten über ... bis ...	Inlandsumsatz über ... bis ... Mill. DM			
	2–5	5–8	8–12	12–16
20 – 30	4	2		
30 – 40	4	9	2	
40 – 60	2	6	5	
60 – 80		3	6	1
80 –100			2	4

zu b): Relative Häufigkeiten
$f_{jk} = \dfrac{n_{jk}}{n}$ mit $n = 50$

Anzahl der Beschäftigten über ... bis ...	Inlandsumsatz über ... bis ... Mill. DM			
	2–5	5–8	8–12	12–16
20 – 30	0,08	0,04		
30 – 40	0,08	0,18	0,04	
40 – 60	0,04	0,12	0,10	
60 – 80		0,06	0,12	0,02
80 –100			0,04	0,08

zu c): Relative Häufigkeitsdichten
$f_{jk}^{*} = \dfrac{f_{jk}}{b_j d_k}$ [1]

Anzahl der Beschäftigten über ... bis ...	Inlandsumsatz über ... bis ... Mill. DM			
	2–5	5–8	8–12	12–16
20 – 30	0,26	0,13		
30 – 40	0,26	0,60	0,10	
40 – 60	0,06	0,20	0,125	
60 – 80		0,10	0,15	0,025
80 –100			0,05	0,10

---

[1] Alle Werte mal 10^2.

6.3 Randverteilungen und bedingte Verteilungen von (X, Y)

Aus einer bivariaten Häufigkeitsverteilung lassen sich mehrere univariate Verteilungen herleiten, deren Analyse wichtigen Aufschluß über Eigenschaften der Ursprungsverteilung geben kann.

6.3.1 Randverteilungen

Die gemeinsame Verteilung von (X, Y) besitzt zwei Randverteilungen: sie geben - in absoluter oder relativer Form - die Verteilung der Komponente X bzw. der Komponente Y als jeweils selbständiges Merkmal wieder.

Bei der Darstellung der Verteilung von (X, Y) in einer entsprechenden Häufigkeitstabelle erscheinen die Randverteilungen der beiden Merkmale als Spalte der Zeilensummen am rechten Rand bzw. als Zeile der Spaltensummen am unteren Rand.

Abb. 6.6: Tabelle der relativen Häufigkeiten mit Randverteilungen

$X \diagdown Y$	y_1 $K_{\bullet 1}$	y_2 $K_{\bullet 2}$	$\cdots$	y_K $K_{\bullet K}$	$\sum_{k=1}^{K} f_{jk}$
$x_1 \mid K_{1\bullet}$	f_{11}	f_{12}	$\cdots$	f_{1K}	$f_{1\bullet}$
$\vdots$	$\vdots$	$\vdots$	$\vdots$	$\vdots$	$\vdots$
$x_J \mid K_{J\bullet}$	f_{J1}	f_{J2}	$\cdots$	f_{JK}	$f_{J\bullet}$
$\sum_{j=1}^{J} f_{jk}$	$f_{\bullet 1}$	$f_{\bullet 2}$	$\cdots$	$f_{\bullet K}$	$\sum_{j=1}^{J}\sum_{k=1}^{K} f_{jk} = 1$

Definition 6.3: Randhäufigkeitsfunktionen, Randverteilungen

(X, Y) sei ein zweidimensionales Merkmal mit Komponenten beliebigen Typs.
a) Die Funktionen

$$n_{j\bullet} = \sum_{k=1}^{K} n_{jk} \quad \text{bzw.} \quad f_{j\bullet} = \sum_{k=1}^{K} f_{jk} = \frac{n_{j\bullet}}{n} \quad \text{für } j = 1, \ldots, J$$

heißen **Randhäufigkeitsfunktionen** (absolut bzw. relativ) der **Komponente X** des bivariaten Merkmals (X, Y).

b)
$$n_{\bullet k} = \sum_{j=1}^{J} n_{jk} \quad \text{bzw.} \quad f_{\bullet k} = \sum_{j=1}^{J} f_{jk} = \frac{n_{\bullet k}}{n} \quad \text{für } k = 1, \ldots, K$$

sind die entsprechenden **Randhäufigkeitsfunktionen** (absolut bzw. relativ) der **Komponente Y** des Merkmals (X, Y).

c) Unter absoluter bzw. relativer **Randhäufigkeitsverteilung** versteht man die entsprechende Randhäufigkeitsfunktion selbst oder deren Darstellung in Tabellen- oder Diagrammform.

□

6.3 Randverteilungen und bedingte Verteilungen von (X, Y)

Anmerkung:

Randhäufigkeitsfunktionen sind Reihenfunktionen, z.B.

$$n_{j\cdot} = n_{j1} + n_{j2} + n_{j3} + \ldots + n_{jK}.$$

Gemessen wird in diesem Fall, wie häufig der Merkmalswert x_j oder ein Wert in K_j. insgesamt eintritt; dagegen ist es völlig unbeachtlich, welche Merkmalswerte von Y beobachtet werden.

Auf die Randverteilungen können die dem Skalenniveau entsprechenden Lage- und Streuungsmaße in Kapitel 3 und 4, im Prinzip auch die Disparitäts- und Konzentrationsmaße in Kapitel 5 angewendet werden. An die Stelle der einfachen oder kumulierten Häufigkeiten in Kapitel 2 treten dann die Randhäufigkeiten, die - wenn mindestens ordinal meßbare Merkmale vorliegen - in analoger Weise kumuliert werden können.

Es sei unterstellt, daß beide Komponenten von (X, Y) *kardinal meßbar* sind.

Dann lauten die Formeln für das arithmetische Mittel von X und Y analog zu Def. 3.5 b und c [S. 39]:[1]

$$\bar{x} = \frac{1}{n}\sum_j x_j n_{j\cdot}. \qquad \bar{y} = \frac{1}{n}\sum_k y_k n_{\cdot k}.$$

Satz 6.1: Schwerpunkt einer bivariaten Verteilung

Das Paar der arithmetischen Mittelwerte $(\bar{x}, \bar{y})$ der Randverteilungen von (X, Y) bezeichnet den **Schwerpunkt** der gemeinsamen Verteilung.

△

Eine weitere Charakterisierung der Randverteilung kann durch die Standardabweichung (s. Def. 4.5 b und c [S. 49]) erfolgen:[1]

$$s_X = \sqrt{\frac{1}{n}\sum_j x_j^2 n_{j\cdot} - \bar{x}^2} \qquad s_Y = \sqrt{\frac{1}{n}\sum_k y_k^2 n_{\cdot k} - \bar{y}^2}.$$

Zum Vergleich der Streuungsverhältnisse der X- und Y-Komponente bieten sich speziell die dimensionslosen Variationskoeffizienten (s. Def. 4.6 [S. 51]) an.

Beispiel 6.2: Betriebe nach Beschäftigten und Inlandsumsatz

Zu der in Bsp. 6.1 [S. 74] aufgestellten (X, Y)-Korrelationstabelle sollen

a) die absoluten Randverteilungen der beiden Komponenten X und Y sowie
b) der Schwerpunkt der gemeinsamen Verteilung von (X, Y) bestimmt und schließlich
c) die Streuungsverhältnisse von X und Y vergleichend analysiert werden.

---

[1] Sind die Randverteilungen von X und/oder Y klassiert, so sind bekanntlich x_j bzw. y_k als Klassenmittelpunkte zu lesen.

zu a): Übernahme der Tabelle aus Bsp. 6.1 a [S. 74], wobei im Hinblick auf b) und c) die Klassen durch die jeweiligen Klassenmittelpunkte repräsentiert werden.

x_j	\multicolumn{4}{c	}{y_k}	$n_j.$
	3,5	6,5	10	14	
25	4	2			6
35	4	9	2		15
50	2	6	5		13
70		3	6	1	10
90			2	4	6
$n._k$	10	20	15	5	$n = 50$

⟵ Randverteilung von X

⟵ Randverteilung von Y

Arbeitstabellen zu b) und c):

j	x_j	$n_j.$	$x_j n_j.$	$x_j^2 n_j.$
1	25	6	150	3 750
2	35	15	525	18 375
3	50	13	650	32 500
4	70	10	700	49 000
5	90	6	540	48 600
$\sum$		50	2 565	152 225

k	y_k	$n._k$	$y_k n._k$	$y_k^2 n._k$
1	3,5	10	35	122,5
2	6,5	20	130	845
3	10	15	150	1 500
4	14	5	70	980
$\sum$		50	385	3 447,5

zu b):

$$\bar{x} \doteq \frac{1}{n}\sum x_j n_j. = 51{,}3 \text{ Beschäftigte}$$

$$\bar{y} \doteq \frac{1}{n}\sum y_k n._k = 7{,}7 \text{ Mill. DM}$$

Schwerpunkt von $(X, Y) : (51{,}3; 7{,}7)$.

zu c):

$$s_X^2 \doteq \frac{1}{n}\sum x_j^2 n_j. - \bar{x}^2 = 3\,044{,}5 - 2\,631{,}69 = 412{,}81$$

$$s_X \doteq \sqrt{412{,}81} = 20{,}32 \text{ Beschäftigte}$$

$$v_X \doteq \frac{s_X}{\bar{x}} = 0{,}40$$

$$s_Y^2 \doteq \frac{1}{n}\sum y_k^2 n._k - \bar{y}^2 = 68{,}95 - 59{,}29 = 9{,}66$$

$$s_Y \doteq \sqrt{9{,}66} = 3{,}11 \text{ Mill. DM}$$

$$v_Y \doteq \frac{s_Y}{\bar{y}} = 0{,}40$$

Die relativen Streuungen beider Komponenten sind fast gleich.

○

6.3.2 Bedingte Verteilungen

Bedingte Verteilungen entstehen aus dem Interesse, die Verteilung der einen Komponente eines 2-dimensionalen Merkmals für einen gegebenen Merkmalswert oder eine gegebene Merkmalsklasse der anderen Komponente zu betrachten.

6.3 Randverteilungen und bedingte Verteilungen von (X,Y)

Gegeben sei die Tabelle der absoluten Häufigkeiten des 2-dimensionalen Merkmals (X,Y) mit J Zeilen und K Spalten sowie den Randverteilungen der beiden Komponenten (s. Abb. 6.6 [S. 76]).

Die Verteilung von Y unter der Bedingung, daß X den Wert x_j oder einen Wert in der Merkmalsklasse K_j. angenommen hat, ergibt sich aus der j-ten Zeile, deren Häufigkeitswerte n_{jk}, $k=1,\ldots,K$, durch die Summenhäufigkeit n_j. dividiert werden (s. Abb. 6.7).

Insgesamt lassen sich aus der Tabelle der Abb. 6.6 [S. 76] J bedingte Verteilungen von Y bilden. Sie werden grundsätzlich als **relative Verteilungen** formuliert, da es entscheidend darauf ankommt, Vergleiche zwischen den Y-Verteilungen für verschiedene bedingende Werte von X ziehen zu können.

Die statistische Terminologie bringt Bedingungen durch einen senkrechten Strich zwischen der bedingten und der bedingenden Größe zum Ausdruck, z.B.:

$Y|X = x_j$: Verhalten des Merkmals Y unter der Bedingung, daß das Merkmal X den Wert x_j angenommen hat.

$Y|X \in K_j$.: desgl. u. d. B., daß X einen Wert in der Klasse K_j. angenommen hat.

$f(y_k|K_j.)$: relative Häufigkeit des Merkmalswertes y_k unter der Bedingung, daß X einen Wert in der Klasse K_j. angenommen hat.

$f(K_{\cdot k}|x_j)$: relative Häufigkeit der Merkmalsklasse $K_{\cdot k}$ unter der Bedingung, daß X den Wert x_j angenommen hat.

Abb. 6.7: Bedingte Verteilung von Y für $X = x_j$ oder $X \in K_j$.

X \ Y	y_1 / $K_{\cdot 1}$	...	y_k / $K_{\cdot k}$	...	y_K / $K_{\cdot K}$	$\sum_k n_{jk}$
⋮						⋮
x_j ¦ K_j.	n_{j1}	...	n_{jk}	...	n_{jK}	n_j.
⋮	...	...	...	...	...	⋮
x_j ¦ K_j.	$\frac{n_{j1}}{n_j.}$	...	$\frac{n_{jk}}{n_j.}$	...	$\frac{n_{jK}}{n_j.}$	1
x_j ¦ K_j.	$f_{1|j.}$	...	$f_{k|j.}$	...	$f_{K|j.}$	1

In gleicher Weise kann die Häufigkeitsverteilung von X unter der Bedingung, daß $Y = y_k$ oder $Y \in K_{\cdot k}$, betrachtet werden. Insgesamt lassen sich dann aus einer $(J \times K)$ - Kontingenz- oder Korrelationstabelle $J+K$ bedingte Verteilungen herleiten.

Definition 6.4: Bedingte Häufigkeitsfunktionen, bedingte Verteilungen

(X,Y) sei ein zweidimensionales Merkmal mit Komponenten beliebigen Typs.

a) Die Funktion

$$f_{k|j\bullet} = \left\{ \begin{array}{l} f(y_k \,|x_j) \\ f(y_k \,|K_{j\bullet}) \\ f(K_{\bullet k}|x_j) \\ f(K_{\bullet k}|K_{j\bullet}) \end{array} \right\} = \frac{n_{jk}}{n_{j\bullet}} \qquad \text{für } k = 1, \ldots, K$$

heißt **bedingte Häufigkeitsfunktion des Merkmals Y** für gegebenes $X = x_j$ oder $X \in K_{j\bullet}$.

b) Die Funktion

$$f_{j|\bullet k} = \left\{ \begin{array}{l} f(x_j \,|y_k) \\ f(x_j \,|K_{\bullet k}) \\ f(K_{j\bullet}|y_k) \\ f(K_{j\bullet}|K_{\bullet k}) \end{array} \right\} = \frac{n_{jk}}{n_{\bullet k}} \qquad \text{für } j = 1, \ldots, J$$

heißt **bedingte Häufigkeitsfunktion des Merkmals X** für gegebenes $Y = y_k$ oder $Y \in K_{\bullet k}$.

c) Unter einer **bedingten Häufigkeitsverteilung** versteht man die entsprechende bedingte Häufigkeitsfunktion selbst oder deren Darstellung in Tabellen- oder Diagrammform.

□

Anmerkungen:

a) Für die bedingten Häufigkeiten gelten die allgemeinen Regeln analog:

$$0 \leq f_{k|j\bullet} \leq 1 \qquad 0 \leq f_{j|\bullet k} \leq 1$$

$$\sum_{k=1}^{K} f_{k|j\bullet} = 1 \qquad \sum_{j=1}^{J} f_{j|\bullet k} = 1$$

b) Bedingte Häufigkeiten können ebenso aus einer Tabelle der relativen wie der absoluten Häufigkeiten hergeleitet werden. Z.B.:

$$f_{k|j\bullet} = \frac{f_{jk}}{f_{j\bullet}} = \frac{n_{jk}/n}{n_{j\bullet}/n} = \frac{n_{jk}}{n_{j\bullet}}, \qquad k = 1, \ldots, K.$$

c) Die Frage, welches Merkmal in einer Untersuchung als bedingende Größe fungieren sollte, ist nach dem Sachverhalt und der Interessenlage zu entscheiden. In gewissen Fällen kann es sinnvoll sein, beide Datenanalysen zu erproben.

Bei einer Ursache-Wirkung-Beziehung zwischen Merkmalen gibt es keinen Zweifel, daß das verursachende Merkmal das bedingende sein muß.

Bedingte Häufigkeitsverteilungen von X oder Y sind univariate Verteilungen: auf sie lassen sich - unter Berücksichtigung des jeweiligen Skalenniveaus - die Lage- und Streuungsmaße in Kapitel 3 und 4 anwenden.

Im folgenden wird ein **quantitatives bivariates Merkmal** (X, Y) und eine entsprechende **Korrelationstabelle** vorausgesetzt. Die Untersuchungen beziehen sich auf die

6.3 Randverteilungen und bedingte Verteilungen von (X,Y)

bedingte Verteilung von Y für vorgegebene Werte von X. Die Berechnung des **bedingten Mittelwerts** und der **bedingten Standardabweichung** von Y unter der Bedingung $X = x_j$ oder $X \in K_j$. stützt sich auf die bekannten Formeln, nur tritt die bedingte Häufigkeitsfunktion $f_{k|j}$. an die Stelle von f_k und in s_j der bedingte Mittelwert $\bar{y}_j$ an die Stelle des unbedingten $\bar{y}$:[1]

$$\bar{y}_j = \sum_k y_k f_{k|j\cdot} = \frac{1}{n_{j\cdot}} \sum_k y_k n_{jk} \qquad \text{für } j = 1, \ldots, J,$$

$$s_{Y|j} = \sqrt{\sum_k y_k^2 f_{k|j\cdot} - \bar{y}_j^2} = \sqrt{\frac{1}{n_{j\cdot}} \sum_k y_k^2 n_{jk} - \bar{y}_j^2} \qquad \text{für } j = 1, \ldots, J.$$

$s_{Y|j}$, $j = 1, \ldots, J$, sind die bedingten Varianzen.

Satz 6.2: Additionssatz für bedingte Mittelwerte[2]

Die arithmetische Mittelung der bedingten Mittelwerte $\bar{y}_j$, $j = 1, \ldots, J$, ergibt den unbedingten Mittelwert von Y:

$$\bar{y} = \sum_j \bar{y}_j f_{j\cdot} = \frac{1}{n} \sum_j \bar{y}_j n_{j\cdot}.$$

△

Satz 6.3: Varianzzerlegungssatz für bedingte Verteilungen[3]

Die Summe aus der arithmetischen Mittelung der bedingten Varianzen $s_{Y|j}^2$, $j = 1, \ldots, J$, und der Varianz der bedingten Mittelwerte $\bar{y}_j$ ergibt die unbedingte Varianz von Y:

$$s_Y^2 = \frac{1}{n} \sum_j s_{Y|j}^2 n_{j\cdot} + \frac{1}{n} \sum_j (\bar{y}_j - \bar{y})^2 n_{j\cdot}.$$

△

Definition 6.5: Empirische Regression

Die **empirische Regression**[4] von Y in bezug auf X wird bestimmt durch die Folge der Wertepaare

$$\{(x_j, \bar{y}_j) | \, j = 1, \ldots, J \}$$

mit x_j : Klassenmitte von K_j.
$\bar{y}_j$: Mittelwert von $Y|X = x_j$.

Ein durch die Punktfolge erzeugter Streckenzug wird **empirische Regressionslinie** genannt.

□

---

[1] Ist Y ein klassiertes Merkmal, so sind $\bar{y}_j$ und $s_{Y|j}$ der Klassenmitte x_j von K_j. zuzuordnen.
[2] Es handelt sich um eine Anwendung des Satzes 3.1 [S. 41].
[3] Anwendung des Satzes 4.2 [S. 53]. Hier nur der Vollständigkeit halber aufgeführt. In den Beispielen wird er nicht verwendet.
[4] In der Regel zwischen zwei klassierten Merkmalen.

Anmerkungen:

a) Die empirische Regressionslinie zeigt, wie das Merkmal Y im Durchschnitt auf Veränderungen des bedingenden Merkmals X reagiert.[1] Dieses Verhalten kann im Wertebereich von X recht unterschiedlich sein.

Die durchschnittliche Veränderung von Y im Intervall $]x_j, x_{j+1}[$, $j = 1, \ldots, J-1$, pro Maßeinheit von X wird durch den Wert des Quotienten $\dfrac{\bar{y}_{j+1} - \bar{y}_j}{x_{j+1} - x_j}$ gegeben.

b) Die vorstehenden Formalien lassen sich leicht umkehren für den Fall, daß die bedingte Verteilung von X in Abhängigkeit von Y betrachtet werden soll.

Auf eine Wiederholung des Stoffes mit vertauschten x- und y-Symbolen nebst zugehörigen Indizes wird deswegen verzichtet.

Beispiel 6.3: Betriebe nach Beschäftigten und Inlandsumsatz

Zu der in Bsp. 6.2 a [S. 77] erstellten Korrelationstabelle sollen

a) alle bedingten Verteilungen von Y und
b) deren Mittelwerte bestimmt,
c) die empirische Regressionslinie von Y bezüglich X gezeichnet und interpretiert werden und schließlich
d) Satz 6.2 anhand der Daten des Beispiels nachvollzogen werden.

zu a): Korrelationstabelle mit Klassenmitten als Klassenrepräsentanten

Tabelle zu $f_{k|j \cdot} = \dfrac{n_{jk}}{n_j \cdot}$

x_j	y_k 3,5	6,5	10	14	$n_j.$
25	4	2			6
35	4	9	2		15
50	2	6	5		13
70		3	6	1	10
90			2	4	6

y_k 3,5	6,5	10	14	$\sum$
0,6	0,3			1
0,2$\bar{6}$	0,6	0,1$\bar{3}$		1
0,154	0,461	0,385		1
	0,3	0,6	0,1	1
		0,$\bar{3}$	0,$\bar{6}$	1

zu b): Bedingte Mittelwerte (approx.)

j	x_j	$(\sum y_k n_{jk})/n_j.$	$= \bar{y}_j$
1	25	$(3,5 \cdot 4 + 6,5 \cdot 2)/6$	4,5
2	35	$(3,5 \cdot 4 + 6,5 \cdot 9 + 10 \cdot 2)/15$	6,1$\bar{6}$
3	50	$(3,5 \cdot 2 + 6,5 \cdot 6 + 10 \cdot 5)/13$	7,38
4	70	$(6,5 \cdot 3 + 10 \cdot 6 + 14 \cdot 1)/10$	9,35
5	90	$(10 \cdot 2 + 14 \cdot 4)/6$	12,$\bar{6}$

---

[1] Dies ist im statistischen, nicht unbedingt im kausalen Sinne zu verstehen.

zu c): Empirische Regressionslinie von Y auf X

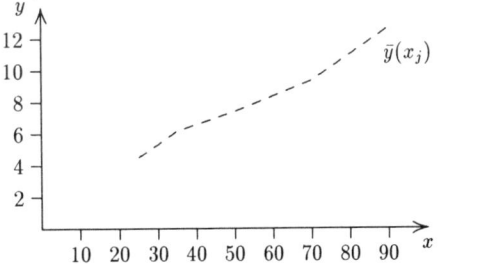

x_j	$\bar{y}_j$
25	4,5
35	6,1$\bar{6}$
50	7,38
70	9,35
90	12,$\bar{6}$

Interpretation: Streng monoton, aber mit unterschiedlichen Raten steigende Regressionslinie; deutliche Abhängigkeit der Komponenten von (X,Y).

Der durchschnittliche Zuwachs an Inlandsumsatz, bezogen auf einen zusätzlichen Beschäftigten in den Intervallen $x_j < x < x_{j+1}$ für $j = 1, \ldots, 4$, beträgt approximativ:[1]

Beschäftigungsintervall	25–35	35–50	50–70	70–90
Zuwachs Umsatz in 1000 DM	167	82	98	166

zu d): Satz 6.2 [S. 81] verlangt: $\dfrac{1}{n} \sum \bar{y}_j n_{j\cdot} = \bar{y}$.

j	$\bar{y}_j$	$n_{j\cdot}$	$\bar{y}_j n_{j\cdot}$
1	4,5	6	27
2	6,1$\bar{6}$	15	92,5
3	7,38	13	96
4	9,35	10	93,5
5	12,$\bar{6}$	6	76
		50	385,0

$\dfrac{1}{50} \cdot 385{,}0 = 7{,}7 = \bar{y}$,

übereistimmend mit dem Ergebnis im Bsp. 6.2 b [S. 77].

○

6.4 Unabhängigkeit der Komponenten von (X,Y)

Im allgemeinen ist davon auszugehen, daß zwischen zwei (oder mehr) Merkmalen, die in einem Untersuchungszusammenhang stehen und bei den Einheiten einer abgegrenzten statistischen Masse erhoben werden, mehr oder weniger starke, direkte oder indirekte,[2] einseitige oder wechselseitige Beeinflussungen existieren.

Strikte Unabhängigkeit zwischen zwei Merkmalen einer Untersuchung ist somit ein Grenzfall. Je nach Betrachtungsweise kann dies für den Statistiker zweierlei bedeuten:
– die Verteilung des einen Merkmals beinhaltet keinerlei Informationen über die Verteilung des anderen Merkmals, die man für Analysen verwerten könnte,

---

[1] Die Ergebnisse beziehen sich ausschließlich auf das untersuchte, für beide Mermale klassierte Datenmaterial.
[2] Über sonstige Faktoren, die nicht explizit in die Untersuchung einbezogen sind.

- die Gesamtmenge an Information, die aus den Verteilungen beider Merkmale zur Verfügung steht, verkürzt sich nicht um eine gemeinsame Schnittmenge; es ist dann bspw. möglich, aufgrund der Kenntnis der Randverteilungen die gemeinsame Verteilung der beiden Merkmale komplett anzugeben.

Im folgenden geht es um die Feststellung, ob die Komponenten des 2-dimensionalen Merkmals (X, Y), deren absolute oder relative Häufigkeitsverteilung vorliegt, als statistisch unabhängig gelten können. Besondere Anforderungen an das Skalenniveau von X oder Y sind nicht erforderlich.

Satz 6.4: Statistische Unabhängigkeit

Es seien n_{jk} und f_{jk} für $j = 1, \ldots, J$, $k = 1, \ldots, K$, die absoluten bzw. relativen Häufigkeiten der bivariaten Verteilung von (X, Y); ferner seien $n_{j\bullet}$ und $n_{\bullet k}$ bzw. $f_{j\bullet}$ und $f_{\bullet k}$ die entsprechenden Häufigkeiten der Randverteilungen von X bzw. Y.

X und Y heißen voneinander statistisch **unabhängig**, wenn für alle j und k gilt:

$$n_{jk} = \frac{n_{j\bullet} \cdot n_{\bullet k}}{n} \qquad \text{bzw.} \qquad f_{jk} = f_{j\bullet} \cdot f_{\bullet k}.$$

$\triangle$

Anmerkungen:

a) Die statistische Unabhängigkeit ist eine symmetrische Eigenschaft der betreffenden Merkmale: ist X unabhängig von Y, so ist es auch Y von X.

b) Aus Satz 6.4 folgt unmittelbar:

Sind X und Y unabhängig, so sind alle bedingten Verteilungen von Y (von X) identisch mit der Randverteilung von Y (von X).

Ableitung:

$$n_{jk} = \frac{n_{j\bullet} \cdot n_{\bullet k}}{n} \quad \Longleftrightarrow \quad \frac{n_{jk}}{n_{j\bullet}} = \frac{n_{\bullet k}}{n} \quad \Longleftrightarrow \quad f_{k|j\bullet} = f_{\bullet k} \qquad \text{für alle } j, k.$$

c) Satz 6.4 ist in seiner Aussage umkehrbar: Sind die Komponenten von (X, Y) unabhängig, so können aus den Randverteilungen von X und Y die Häufigkeiten der gemeinsamen Verteilung n_{jk} bzw. f_{jk} für alle j, k bestimmt werden.

d) Die Unabhängigkeitsbedingung des Satzes 6.4 ist sehr streng. Es kann leicht der Fall eintreten, daß zwei Merkmale das Kriterium nur deswegen nicht erfüllen, weil ihre Meßwerte teilweise fehlerbehaftet sind. In der statistischen Praxis empfiehlt es sich, das Kriterium mit einer gewissen Toleranz anzuwenden.

e) Die statistische Theorie kennt auch schwächere Unabhängigkeitskriterien, z.B. (quantitative Merkmale vorausgesetzt) die Unabhängigkeit im Mittel. Dieses Kriterium wäre erfüllt, wenn etwa alle bedingten Mittelwerte $\bar{y}_j$, $j = 1, \ldots, J$, übereinstimmen würden. Damit wäre aber weder gewährleistet, daß die bedingten Mittelwerte $\bar{x}_k$, $k = 1, \ldots, K$, übereinstimmen, noch daß X und Y unabhängig nach Satz 6.4 wären.

6.4 Unabhängigkeit der Komponenten von (X, Y)

Beispiel 6.4:
Gegeben sei die nachstehende Häufigkeitstabelle (X, Y). Mit Hilfe der bedingten Verteilungen von X soll die Frage nach der Unabhängigkeit von X und Y beantwortet werden.

Verteilung von (X, Y) Bedingte Verteilungen von X und Randverteilung

n_{jk}	y_1	y_2	y_3	$n_j._$
x_1	6	24	30	60
x_2	3	12	15	30
x_3	1	4	5	10
$n._k$	10	40	50	

$f_{j|\cdot k}$	y_1	y_2	y_3	$f_j._$
x_1	0,6	0,6	0,6	0,6
x_2	0,3	0,3	0,3	0,3
x_3	0,1	0,1	0,1	0,1
$\sum$	1	1	1	

Die bedingten Verteilungen von X sind identisch mit der Randverteilung von X; das Unabhängigkeitskriterium ist erfüllt.

○

Beispiel 6.5:
Gegeben seien folgende Häufigkeitsverteilungen von X und Y:

x_j	6	8	10	12
$f_j._$	0,2	0,15	0,4	0,25

y_k	20	25	30	40
$f._k$	0,3	0,2	0,1	0,4

Zu bestimmen ist die gemeinsame Verteilung von (X, Y) unter der Voraussetzung, daß X und Y statistisch unabhängig sind.

Gemeinsame Verteilung von (X, Y)

X \ Y	20	25	30	40	$f_j._$
6	0,06	0,04	0,02	0,08	0,2
8	0,045	0,03	0,015	0,06	0,15
10	0,12	0,08	0,04	0,16	0,4
12	0,075	0,05	0,025	0,1	0,25
$f._k$	0,3	0,2	0,1	0,4	1

○

7 Korrelationsmaße

7.1 Überblick

In den beiden letzten Abschnitten des Kapitels 6 wurden verschiedene Verfahren aufgezeigt, um bivariate Häufigkeitsverteilungen durch die aus ihnen abgeleiteten univariaten Verteilungen und deren Maßzahlen zu charakterisieren.

In diesem Kontext sind zu nennen: der Schwerpunkt und die Streuungsverhältnisse von (X,Y), die empirische Regression von Y in bezug auf X (oder umgekehrt), das Unabhängigkeitskriterium.

Dem kritischen Leser mögen sich an dieser Stelle zwei Fragen aufdrängen:
1. Warum definiert man nicht statistische Maße, die geeignet sind, typische Eigenschaften der gemeinsamen Verteilung von X und Y zu quantifizieren, *unmittelbar* über der *bivariaten* Verteilung von (X,Y)?
2. Wenn festgestellt wird, daß die Komponenten von (X,Y) nicht dem Unabhängigkeitskriterium genügen, wie hoch ist dann der Grad der Abhängigkeit im konkreten Fall?

Man kann beide Fragen mit einem Hinweis auf die Klasse der **Korrelationsmaße** beantworten, die - in einem weiteren Sinne - als Maße der Intensität des Zusammenhangs zwischen zwei (oder mehr) statistischen Merkmalen zu verstehen sind. Man spricht deswegen gelegentlich auch von '**Zusammenhangsmaßen**'.

Der Begriff 'Zusammenhang' ist hier mit Bedacht gewählt worden: er ist neutral in dem Sinne, daß er keinem der beteiligten Merkmale eine dominierende Rolle einräumt. Er schließt sowohl wechselseitige Abhängigkeit [1] (**Interdependenz**) zwischen zwei Merkmalen ein als auch die einseitige Abhängigkeit (**Dependenz**) des einen Merkmals von anderen.

Korrelationsmaße sind bezüglich der Merkmale symmetrisch und ignorieren deswegen diese Unterscheidung; gemessen wird (mit gewissen Einschränkungen[2]) stets die Stärke des Zusammenhangs zwischen den Merkmalen.

Dies stellt eine hinreichende Information über *Interdependenzbeziehungen* dar. Dagegen bleibt bei *Dependenzrelationen* ein wesentlicher Aspekt offen: die *Form der Abhängigkeit*, die Art der Reaktion des einen Merkmals auf Impulse des anderen Merkmals.[3] Die Beantwortung solcher Fragen ist Aufgabe der Regressionsanalyse (Kapitel 8).

De facto läßt sich die Trennlinie zwischen Interdependenz und Dependenz von Merkmalen nicht immer eindeutig ziehen; insofern sind auch die Grenzen zwischen typischen Korrelations- und Regressionsproblemen bisweilen fließend.

Voraussetzung für eine Korrelationsbeziehung sollte in jedem Fall deren sachlogische Rechtfertigung sein: die Untersuchung eines Zusammenhangs zwischen Merkmalen muß

---

[1] Hinter der wechselseitigen Abhängigkeit verbirgt sich in der Regel eine Abhängigkeit beider Merkmale von dritten, externen Faktoren.

[2] s. Satz 7.3 [S. 93], der die Aussage auf lineare Zusammenhänge einschränkt.

[3] Dies bezieht sich hauptsächlich, aber nicht ausschließlich auf Abhängigkeit zwischen metrisch skalierten Merkmalen.

7.2 Kovarianz und Korrelationskoeffizient von Bravais-Pearson

im Lichte einer beispielsweise ökonomischen oder demographischen Theorie sinnvoll sein. Werden - unter Beachtung rein formaler Kriterien - beliebige Merkmale zueinander in Beziehung gesetzt, so entsteht häufig das, was man **Scheinkorrelation** oder nonsense correlation nennt.

Die Gliederung und Benennung der Korrelationsmaße (im weiteren Sinne) erfolgt üblicherweise nach dem Skalenniveau, das bei den zu untersuchenden bivariaten Merkmalen mindestens vorausgesetzt wird[1].

Abb. 7.1: Gliederung der Korrelationsmaße (im weiteren Sinne)

Mindestskalenniveau	Korrespondierendes Maß	In diesem Kapitel behandelte Maße
Nominalskala	Kontingenzmaß	Kontingenzkoeffizient von Pearson
Ordinalskala	Rangkorrelationsmaß	Rangkorrelationskoeffizient von Spearman
Metrische Skala	Korrelationsmaß i.e.S.	Kovarianz, Korrelationskoeffizient von Bravais–Pearson

7.2 Kovarianz und Korrelationskoeffizient von Bravais-Pearson

7.2.1 Kovarianz zwischen den Komponenten von (X, Y)

In 7.2 wird generell ein bivariates Merkmal vorausgesetzt, dessen Komponenten beide kardinal meßbar sind.

Zur Veranschaulichung des Maßes sei zunächst angenommen, daß die Meßergebnisse in einem bivariaten Datensatz $D_n^{(2)} = \{(x_1, y_1), (x_2, y_2), \ldots, (x_n, y_n)\}$ vorliegen.

Die Abbildung von $D_n^{(2)}$ in einem kartesischen Koordinatensystem erzeugt eine '**Punktwolke**', wie sie beispielsweise in Abb. 7.3 [S. 88] enthalten ist. Diese Darstellung wird als **Streuungsdiagramm** bezeichnet.

In 6.3.1 wurden die Streuungsverhältnisse von (X, Y) - quasi in ihrer orthogonalen Projektion auf die x-Achse und y-Achse - auf der Basis der quadrierten Abstände vom jeweiligen Mittelwert, also $(x_i - \bar{x})^2$ und $(y_i - \bar{y})^2$, $i = 1, \ldots, n$, mit anschließender arithmetischer Mittelung gemessen.

Bei der Messung der Kovarianz als der 'gemeinsamen Streuung' von (X, Y) geht man von den gemischten Produkten $(x_i - \bar{x})(y_i - \bar{y})$, $i = 1, \ldots, n$, aus, die arithmetisch gemittelt werden.

---

[1] Sind die Komponenten eines bivariaten Merkmals von unterschiedlichem Merkmalstyp, so ist das niedrigere Skalenniveau für die Einstufung maßgebend. Ist z.B. in (X, Y) die erste Komponente vom qualitativen Typ, so bestimmt sich das Skalenniveau von (X, Y) nach dem Skalenniveau von X: es ist das einer Nominalskala.

Zeichnet man in das Streuungsdiagramm ein paralleles Hilfskoordinatensystem mit dem Ursprung $M = (\bar{x}, \bar{y})$ ein, so haben die einzelnen Punkte (x_i, y_i) in bezug auf M die Koordinaten (x'_i, y'_i) mit $x'_i = x_i - \bar{x}$ und $y'_i = y_i - \bar{y}$ (s. Abb. 7.2).

Abb. 7.2: Punktkoordinaten im Streuungsdiagramm

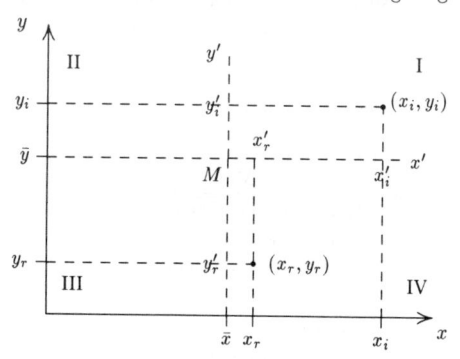

Die Koordinaten x'_i und y'_i können positiv, null oder negativ sein; dementsprechend ist $(x_i - \bar{x})(y_i - \bar{y})$ von Punkten im I. und III. Quadranten positiv, von Punkten im II. und IV. Quadranten negativ und von Punkten auf der x'-Achse oder y'-Achse gleich null.

Abb. 7.3 zeigt eine Punktwolke, die ziemlich gleichmäßig über die vier Quadranten verteilt ist, so daß der Wert von $\sum_i (x_i - \bar{x})(y_i - \bar{y})$ in der Umgebung von null zu erwarten ist.

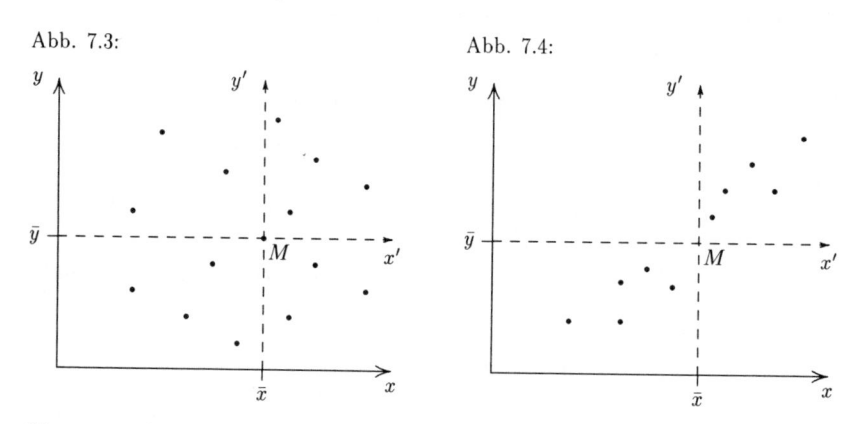

Abb. 7.3:

Abb. 7.4:

Einen ganz ähnlichen Effekt hat eine Punktwolke, die dicht um die x'-Achse oder y'-Achse gruppiert ist.

Dagegen zeigt Abb. 7.4 eine Situation, in der sich die Punktwolke langgezogen über den I. und III. Quadranten erstreckt, so daß für $\sum_i (x_i - \bar{x})(y_i - \bar{y})$ ein relativ hoher Wert vermutet werden kann. Würde sich die Punktwolke entsprechend vom II. zum IV. Quadranten erstrecken, müßte das Ergebnis ein betont negatives Vorzeichen aufweisen.

Hieraus lassen sich Schlüsse auf das Verhalten des Kovarianz-Maßes ziehen.

7.2 Kovarianz und Korrelationskoeffizient von Bravais-Pearson

Definition 7.1: Kovarianz

Die **Kovarianz** s_{XY} wird bestimmt durch:

Bedingungen:
(X,Y) kardinal meßbar

a) $s_{XY} = \dfrac{1}{n}\sum_{i=1}^{n}(x_i - \bar{x})(y_i - \bar{y})$

$\phantom{s_{XY}} = \dfrac{1}{n}\sum_{i=1}^{n}x_i y_i - \bar{x}\bar{y}$

Datensatz von (X,Y):
$D_n^{(2)} = \{(x_i, y_i)|i = 1,\ldots,n\}$
mit $x_i = X(e_i)$, $y_i = Y(e_i)$,
$e_i \in M_n$.

b) $s_{XY} = \dfrac{1}{n}\sum_{j=1}^{J}\sum_{k=1}^{K}(x_j - \bar{x})(y_k - \bar{y})n_{jk}$

$\phantom{s_{XY}} = \dfrac{1}{n}\sum_{j=1}^{J}\sum_{k=1}^{K}x_j y_k n_{jk} - \bar{x}\bar{y}$

mit $n_{jk} = n(x_j, y_k)$.

Bei Berechnung aus klassierten Werten gilt das Ergebnis nur approximativ.

HV von (X,Y) mit:
x_j, y_k als diskreten Merkmalswerten oder
$x_j = \dfrac{1}{2}(x_j^* + x_{j-1}^*)$
$y_k = \dfrac{1}{2}(y_k^* + y_{k-1}^*)$
als Klassenmittelpunkten.

□

Anmerkungen:

a) Die in Def. 7.1 unter a) und b) enthaltenen alternativen Formeln erleichtern in der Regel den Rechengang.

b) Wie man leicht nachvollziehen kann, gilt:

$$\sum_i(x_i - \bar{x})(y_i - \bar{y}) = \sum_i x_i(y_i - \bar{y}) = \sum_i(x_i - \bar{x})y_i = \sum_i x_i y_i - n\bar{x}\bar{y},$$

d.h. für die Summe der gemischten Produkte ist es ausreichend, wenn eines der beiden Merkmale mit seinen Meßwerten zentriert wird.

Für $\sum_j\sum_k(x_j - \bar{x})(y_k - \bar{y})n_{jk}$ gilt dies analog.

c) In den Formeln für s_{XY} unter b) können die absoluten Häufigkeiten nach Bedarf durch relative Häufigkeiten gemäß $f_{jk} = \dfrac{n_{jk}}{n}$ substituiert werden.

d) In der induktiven Statistik wird die Kovarianz von Stichproben mit dem Nenner $n-1$ statt n definiert (vgl. Anm. zu Def. 4.5 [S. 49]).

7.2.2 Korrelationskoeffizient von Bravais-Pearson

Das Kovarianz-Maß hat den Nachteil, daß es gegenüber linearen Transformationen, u.a. gegenüber Maßstabveränderungen der beteiligten Merkmale, nicht invariant ist. Es ist damit betragsmäßig nach oben nicht eindeutig beschränkt.

Man kann aber nachweisen, daß für den Betrag der Kovarianz die Ungleichung[1] gilt:
$$0 \leq |s_{XY}| \leq s_X \cdot s_Y .$$
Dies bietet den Ansatz zu einer Normierungstransformation der Kovarianz zum Korrelationskoeffizienten, dem dominierenden Zusammenhangsmaß für kardinal meßbare Merkmale.

Definition 7.2: Korrelationskoeffizient

Bedingungen:

Der **Korrelationskoeffizient von Bravais-Pearson**[2] r_{XY} wird bestimmt durch:

(X, Y) kardinal meßbar

$$r_{XY} = \begin{cases} \dfrac{s_{XY}}{s_X s_Y} & \text{für } s_X \text{ und } s_Y > 0 \\ 0 & \text{für } s_X \text{ und/oder } s_Y = 0 \end{cases}$$

bzw. in detaillierter Form (für $s_X, s_Y > 0$) durch:

a)
$$r_{XY} = \frac{\sum_{i=1}^{n}(x_i - \bar{x})(y_i - \bar{y})}{\sqrt{\left[\sum_{i=1}^{n}(x_i - \bar{x})^2\right]\left[\sum_{i=1}^{n}(y_i - \bar{y})^2\right]}}$$

$$= \frac{\sum_{i=1}^{n}x_i y_i - n\bar{x}\bar{y}}{\sqrt{\left[\sum_{i=1}^{n}x_i^2 - n\bar{x}^2\right]\left[\sum_{i=1}^{n}y_i^2 - n\bar{y}^2\right]}}$$

Datensatz von (X, Y):
$D_n^{(2)} = \{(x_i, y_i) | i = 1, \ldots, n\}$
mit $x_i = X(e_i)$, $y_i = Y(e_i)$,
$e_i \in M_n$.

b)
$$r_{XY} = \frac{\sum_{j=1}^{J}\sum_{k=1}^{K}(x_j - \bar{x})(y_k - \bar{y})n_{jk}}{\sqrt{\left[\sum_{j=1}^{J}(x_j - \bar{x})^2 n_{j\cdot}\right]\left[\sum_{k=1}^{K}(y_k - \bar{y})^2 n_{\cdot k}\right]}}$$

$$= \frac{\sum_{j=1}^{J}\sum_{k=1}^{K}x_j y_k n_{jk} - n\bar{x}\bar{y}}{\sqrt{\left[\sum_{j=1}^{J}x_j^2 n_{j\cdot} - n\bar{x}^2\right]\left[\sum_{k=1}^{K}y_k^2 n_{\cdot k} - n\bar{y}^2\right]}}$$

HV von (X, Y) mit:
x_j, y_k als diskreten Merkmalswerten oder
$x_j = \dfrac{1}{2}(x_j^* + x_{j-1}^*)$
$y_k = \dfrac{1}{2}(y_k^* + y_{k-1}^*)$
als Klassenmittelpunkten.

mit $n_{jk} = n(x_j, y_k)$.

---
[1] Der Beweis erfolgt über die Cauchy-Schwarzsche Ungleichung; er soll hier nicht nachvollzogen werden.
[2] Auguste Bravais (1811-1863), französischer Astronom, Begründer der Korrelationstheorie; Karl Pearson (1857-1936), Professor in London, führte den Korrelationskoeffizienten ein.

7.2 Kovarianz und Korrelationskoeffizient von Bravais-Pearson

Bei Berechnung aus klassierten Werten gilt das Ergebnis nur approximativ.

Wenn $r_{XY} = 0$, heißen die Komponenten von (X, Y) unkorreliert, andernfalls korreliert.

□

Anmerkungen:

a) Der Faktor $\frac{1}{n}$ in der Formel der Kovarianz und die Faktoren $\frac{1}{\sqrt{n}}$ in den Formeln der Standardabweichungen kürzen sich heraus. Man kann deswegen die absoluten Häufigkeiten n_{jk}, $n_{j\cdot}$ und $n_{\cdot k}$ in Def. 7.2 b) in ihrer Gesamtheit durch die entsprechenden relativen Häufigkeiten f_{jk}, $f_{j\cdot}$ und $f_{\cdot k}$ substituieren.

b) Der Korrelationskoeffizient nach Bravais-Pearson ist ein symmetrisches Maß, d.h. $r_{XY} = r_{YX}$.[1]

c) Der Wertebereich von r_{XY} beträgt:[2] $W(r_{XY}) = [-1, 1]$.

d) Das Vorzeichen von r_{XY} wird durch das Vorzeichen der Kovarianz s_{XY} bestimmt.

e) r_{XY} ist gegenüber linearen Transformationen und damit auch gegenüber Maßstabsänderungen der beteiligten Merkmale invariant.

Satz 7.1:

$|r_{XY}| = 1$ gilt genau dann, wenn die Komponenten von (X, Y), für beide positive Standardabweichungen vorausgesetzt, in einem **strikt linearen Zusammenhang** stehen, d.h. alle Meßwertepaare (x_i, y_i) für $i = 1, \ldots, n$ auf einer Geraden liegen.

$r = +1$ bedeutet positive, $r = -1$ negative Steigung der Geraden im Streuungsdiagramm.

△

Ableitungsskizze: Gegeben seien die Wertepaare $(x_i, a + bx_i)$, $i = 1, \ldots, n$.

$$s_{XY} = \frac{1}{n}\sum_i (x_i - \bar{x})(a + bx_i - a - b\bar{x})$$

$$= \frac{1}{n}\sum_i (x_i - \bar{x}) \cdot b(x_i - \bar{x}) = bs_X^2$$

$$s_Y^2 = \frac{1}{n}\sum_i (a + bx_i - a - b\bar{x})^2$$

$$= \frac{1}{n}\sum_i b^2(x_i - \bar{x})^2 = b^2 s_X^2$$

$$s_Y = |b|s_X \quad (\text{da } s_Y > 0)$$

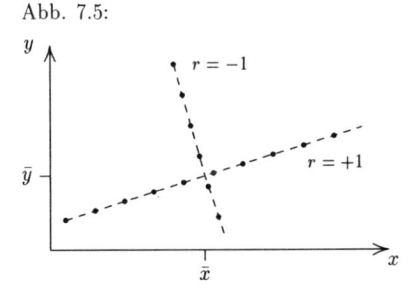

Abb. 7.5:

---

[1] Aus dem Ergebnis einer Korrelationsrechnung allein kann deswegen nicht auf eine Kausalitätsbeziehung zwischen X und Y geschlossen werden.

[2] Auf den Beweis über die Cauchy-Schwarzsche Ungleichung wird wiederum verzichtet.

$$r_{XY} = \frac{s_{XY}}{s_X \cdot s_Y} = \frac{b \cdot s_X^2}{s_X \cdot |b| s_X} = (\text{sign } b) \cdot 1,$$

d.h. das Vorzeichen von r_{XY} hängt von dem Vorzeichen (sign) von b ab. Die Voraussetzung $s_X, s_Y > 0$ schließt den Fall $b = 0$ aus.

Satz 7.2:
Wenn die Komponenten von (X, Y) statistisch unabhängig sind, dann sind sie auch unkorreliert, d.h. $r_{XY} = 0$.

$\triangle$

Beweisskizze: Mit dem Unabhängigkeitskriterium $n_{jk} = \frac{n_{j\bullet} \cdot n_{\bullet k}}{n}$ (für alle j, k) des Satzes 6.4 [S. 84] gilt:

$$\begin{aligned} s_{XY} &= \frac{1}{n} \sum_j \sum_k x_j y_k \frac{n_{j\bullet} \cdot n_{\bullet k}}{n} - \bar{x}\bar{y} \\ &= \left(\sum_j x_j \frac{n_{j\bullet}}{n}\right) \left(\sum_k y_k \frac{n_{\bullet k}}{n}\right) - \bar{x}\bar{y} = \bar{x}\bar{y} - \bar{x}\bar{y} = 0. \end{aligned}$$

Anmerkungen:

a) Eine Umkehrung der Aussage des Satzes 7.2 ist *nicht* zulässig. Die Komponenten von (X, Y) können unkorreliert oder nur schwach korreliert sein, obwohl zwischen X und Y ein strikter funktionaler Zusammenhang besteht (s. Abb. 7.6).

Abb. 7.6:

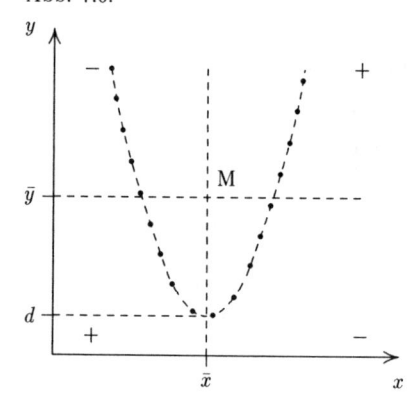

Nebenstehende Abbildung zeigt ein Streuungsdiagramm, in dem die abgebildeten Meßwerte von X und Y der Parabelgleichung

$$x_i = \bar{x} \pm \sqrt{y_i - d}$$

mit $y_i \geq d > 0$ genügen.
Offensichtlich nimmt hier die Kovarianz wegen der symmetrischen Lage der Punktwolke um die Achse $x = \bar{x}$ den Wert null an. Damit sind - trotz strikter funktioneller Abhängigkeit - X und Y unkorreliert.[1)]

b) Die Korrelation zwischen dem Merkmal X und einer Konstanten c (z.B. einem Merk-

---

[1)]Algebraisch läßt sich dies leicht durch eine einfache Umformulierung der Def. 7.1 b [S. 89] zeigen:

7.2 Kovarianz und Korrelationskoeffizient von Bravais-Pearson

mal Y mit $W_Y = c$) ist per definitionem null.[1)]
Es handelt sich um einen speziellen Fall von Unabhängigkeit: Die Korrelationstabelle weist z.B. nur eine einzige Spalte ($y = c$) auf, die damit notwendig gleich der Randverteilung von Y sein muß (vgl. Anm. b zu Satz 6.4 [S. 84]).

NB. Ein Merkmal, das keine Variabilität aufweist, kann nicht mit einem anderen Merkmal kovariieren und folglich auch nicht korreliert sein.

Aus den Sätzen 7.1 [S. 91] und 7.2 [S. 92] mit Anmerkungen ergibt sich die folgende wichtige Aussage über das **Maßverhalten des Korrelationskoeffizienten** :

Satz 7.3:
Der Korrelationskoeffizient von Bravais-Pearson mißt die Intensität des **linearen Zusammenhangs** der Komponenten eines bivariaten Merkmals.
△

Beispiel 7.1:
Gegeben sei der bivariate Datensatz von (X, Y):
$$D_8^{(2)} = \{(1; 5),\ (1,5; 3,25),\ (2; 2), (2,8; 1,04),\ (3,5; 1,25),\ (4,6; 3,56),$$
$$(6; 10),\ (6,4; 12,56)\}\ .$$

Gefordert wird: a) ein Streuungsdiagramm zu den Daten,
  b) der Wert des Korrelationskoeffizienten r_{XY},
  c) eine Interpretation des Ergebnisses.

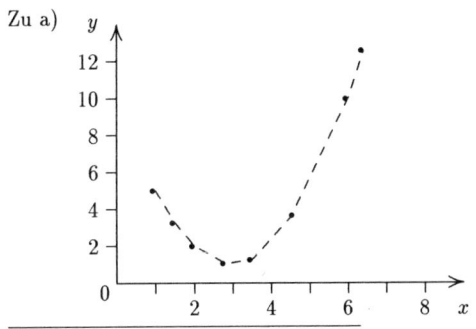

Zu a)

Forts. der Fußnote S. 92:
$$s_{XY} = \frac{1}{n}\sum_k (y_k - \bar{y})\sum_j (x_j - \bar{x})n_{jk} = \frac{1}{n}\sum_k (y_k - \bar{y})\left(\sum_j x_j n_{jk} - \bar{x}\sum_j n_{jk}\right)$$
$$= \frac{1}{n}\sum_k (y_k - \bar{y})(\bar{x}_k - \bar{x})n_{.k} \quad \text{mit} \quad \bar{x}_k n_{.k} = \sum_j x_j n_{jk} \quad \text{gem. 6.3.2}$$
$$\text{und} \quad n_{.k} = \sum_j n_{jk} \quad \text{gem. 6.3.1}$$

Da im vorliegenden Fall alle bedingten Mittelwerte $\bar{x}_k$ von X gleich dem Mittelwert $\bar{x}$ der Randverteilung von X sind, folgt unmittelbar $s_{XY} = 0$.

[1)] Da in diesem Fall $s_{XY} = 0$ und $s_Y = 0$, ergibt sich mit $r_{XY} = \frac{0}{0}$ ein unbestimmter Term. Diese Lücke wird durch Def. 7.2 [S. 90] geschlossen.

Zu b)

x_i	y_i	x_i^2	y_i^2	$x_i y_i$
1	5	1	25	5
1,5	3,25	2,25	10,5625	4,875
2	2	4	4	4
2,8	1,04	7,84	1,0816	2,912
3,5	1,25	12,25	1,5625	4,375
4,6	3,56	21,16	12,6736	16,376
6	10	36	100	60
6,4	12,56	40,96	157,7536	80,384
27,8	38,66	125,46	312,6338	177,922

$n = 8$
$\bar{x} = 3,475$
$\bar{y} = 4,8325$
$n\bar{x}\bar{y} = 134,3435$
$n\bar{x}^2 = 96,605$
$n\bar{y}^2 = 186,8245$

$$r_{XY} = \frac{\sum_i x_i y_i - n\bar{x}\bar{y}}{\sqrt{[\sum_i x_i^2 - n\bar{x}^2][\sum_i y_i^2 - n\bar{y}^2]}}$$

$$= \frac{177,922 - 134,3435}{\sqrt{[125,46 - 96,605][312,6338 - 186,8245]}} = \frac{43,5785}{60,2514} = 0,723$$

Zu c) Das Streuungsdiagramm zeigt einen streng funktionalen, aber nichtlinearen Zusammenhang zwischen X und Y. (Die Punktwolke liegt auf der Parabel $y = (x-3)^2 + 1$.) r_{XY} gibt mit dem Wert 0,723 nur die Stärke des linearen Zusammenhangs an, der offensichtlich weniger eng ist.

○

Beispiel 7.2: Betriebe nach Beschäftigten und Inlandsumsatz.
Dieses Beispiel knüpft an den in Bsp. 6.1 [S. 74] gegebenen Sachverhalt und an die in Bsp. 6.2 [S. 77] erarbeiteten Ergebnissen an:

x_j	y_k 3,5	6,5	10	14	$n_{j.}$
25	4	2			6
35	4	9	2		15
50	2	6	5		13
70		3	6	1	10
90			2	4	6
$n_{.k}$	10	20	15	5	50

$\bar{x} = 51,3$ Beschäftigte
$\bar{y} = 7,7$ Mill. DM Inlandsumsatz
$s_X = 20,32$ Beschäftigte
$s_Y = 3,11$ Mill. DM Inlandsumsatz
$n = 50$

Es sollen die Kovarianz und der Korrelationskoeffizient von Bravais-Pearson der Komponenten von (X, Y) bestimmt werden.

Nach Def. 7.1 b [S. 89] gilt:

$$s_{XY} = \frac{1}{n} \sum_j \sum_k x_j y_k n_{jk} - \bar{x}\bar{y}$$

$$= \frac{1}{50}[25(3,5 \cdot 4 + 6,5 \cdot 2) + 35(3,5 \cdot 4 + 6,5 \cdot 9 + 10 \cdot 2)$$
$$+ 50(3,5 \cdot 2 + 6,5 \cdot 6 + 10 \cdot 5) + 70(6,5 \cdot 3 + 10 \cdot 6 + 14 \cdot 1)$$
$$+ 90(10 \cdot 2 + 14 \cdot 4)] - 51,3 \cdot 7,7$$

$$= 441{,}95 - 395{,}01 = 46{,}94$$

$$r_{XY} = \frac{s_{XY}}{s_X \cdot s_Y} = \frac{46{,}94}{20{,}32 \cdot 3{,}11} = 0{,}74$$

○

7.3 Rangkorrelationskoeffizient von Spearman

Ein Rangkorrelationskoeffizient ist ein Zusammenhangsmaß, das sich auf ein bivariates Merkmal mit *mindestens ordinal meßbaren* Komponenten anwenden läßt.

Die Version nach Spearman hat den Vorteil, einfach konstruiert und mit geringem Aufwand berechenbar zu sein; sie wird deswegen auch bei kardinal meßbaren Merkmalen angewandt, wenn ein schneller Überblick über die ungefähre Stärke evtl. vorhandener Zusammenhänge gewonnen werden soll.

Im Prinzip besteht das Verfahren darin, daß man die Meßwertepaare (x_i, y_i) durch Paare von Rangzahlen $(R(x_i), R(y_i))$, $i = 1, \ldots, n$, ersetzt und aus dieser Folge den Korrelationskoeffizienten von Bravais-Pearson berechnet.

Definition 7.3: Rangzahl eines Meßwerts

Gegeben sei eine Menge von Meßwerten $D_n = \{x_1, x_2, \ldots, x_n\}$ eines mindestens ordinal meßbaren Merkmals X.

Die **Rangzahl** $R(x_i)$ eines Meßwertes $x_i \in D_n$, $i = 1, \ldots, n$, ist eine natürliche Zahl, die die *Position* von x_i in der Folge der aufsteigend geordneten Werte (sog. Rangwerte)

$$x_{[1]} < x_{[2]} < \ldots < x_{[n]}$$

wiedergibt.

□

Anmerkungen:

a) Es ist $R(x_i) = r$, wenn x_i in der Folge der Rangwerte $x_{[1]} < x_{[2]} < \ldots < x_{[n]}$ den Index $[r]$ besitzt.

b) Befindet sich in D_n eine Anzahl von m gleichen Meßwerten (sog. Bindungen), die in der Folge der Rangwerte die Teilfolge

$$x_{[r]} = x_{[r+1]} = \ldots = x_{[r+m]}$$

bilden, so wird diesen Meßwerten als einheitliche Rangzahl der arithmetische Mittelwert der Rangzahlen r bis $r + m$ zugeordnet. In diesem Fall können Rangzahlen auftreten, die keine natürlichen Zahlen sind.

c) Bei einem bivariaten Datensatz erfolgt die Zuordnung der Rangzahlen zu den Meßwerten getrennt für die Menge der x-Werte und die Menge der y-Werte.

Beispiel 7.3:

lfd. Nr.	i	1	2	3	4	5	6	7	8	9	10
gegeb. Meßwerte	x_i	25	21	27	25	18	23	21	25	30	20
Rangwerte	$x_{[\cdot]}$	$x_{[6]}$	$x_{[3]}$	$x_{[9]}$	$x_{[7]}$	$x_{[1]}$	$x_{[5]}$	$x_{[4]}$	$x_{[8]}$	$x_{[10]}$	$x_{[2]}$
Rangzahlen (ggf. gemittelt)	$R(x_i)$	7	3,5	9	7	1	5	3,5	7	10	2

○

Definition 7.4: Rangkorrelationskoeffizient

Der **Rangkorrelationskoeffizient von Spearman**[1)] r_{Sp} wird bestimmt durch:

$$r_{Sp} = 1 - \frac{6 \sum_{i=1}^{n}(R(x_i) - R(y_i))^2}{n(n^2 - 1)}$$

mit $R(x_i)$, $R(y_i)$ Rangzahlen von x_i bzw. y_i gem. Def. 7.3 [S. 95] und Anmerkungen hierzu.[2)]

Bedingungen

(X, Y) mind. ordinal meßbar.

Bivariater Datensatz
$D_n^{(2)} = \{(x_i, y_i) | i = 1, \ldots, n\}$
mit $x_i = X(e_i)$, $y_i = Y(e_i)$,
$e_i \in M_n$.

□

Anmerkungen:

a) Der Rangkorrelationskoeffizient von Spearman wird aus einzelnen Meßwertepaaren berechnet, nicht aus bivariaten Häufigkeitsverteilungen.

b) Für den Wertebereich gilt: $-1 \leq r_{Sp} \leq +1$.

c) $|r_{Sp}| = 1$ besagt, daß die Paare der Rangzahlen $(R(x_i), R(y_i))$ für $i = 1, \ldots, n$ auf einer Geraden liegen. Dies gilt nicht für die Meßwertepaare selbst.[3)]

[1)]Charles Spearman, Professor für Psychologie in London, 1906/7.

[2)]Die Formel ist hergeleitet aus dem Bravais-Pearson-Ansatz:

$$r_{Sp} = \frac{\sum_i R(x_i)R(y_i) - n\bar{R}_X \bar{R}_Y}{\sqrt{\left[\sum_i R^2(x_i) - n\bar{R}_X^2\right]\left[\sum_i R^2(y_i) - n\bar{R}_Y^2\right]}}$$

mit $\bar{R}_X = \bar{R}_Y = \frac{n+1}{2}$, $\sum_i R^2(x_i) = \sum_i R^2(y_i) = \frac{1}{6}n(n+1)(2n+1)$,

$$\sum_i R^2(x_i) - n\bar{R}_X^2 = \sum_i R^2(y_i) - n\bar{R}_Y^2 = \frac{1}{12}(n^3 - n)$$

und $\sum_i R(x_i)R(y_i) = \frac{1}{2}\sum_i R^2(x_i) + \frac{1}{2}\sum_i R^2(y_i) - \frac{1}{2}\sum_i (R(x_i) - R(y_i))^2$.

Sind Bindungen zwischen Meßwerten vorhanden, so werden nicht die betreffenden Mittelwerte der Rangzahlen, wohl aber die Streuungen verzerrt.

[3)]Die Eigenschaften des Korrelationskoeffizienten von Bravais-Pearson gelten nur in bezug auf die Rangzahlen, nicht in bezug auf die Ursprungsdaten.

7.4 Kontingenzkoeffizient von Pearson

Speziell bedeutet $r_{Sp} = +1$: $R(x_i) = R(y_i)$
und $r_{Sp} = -1$: $R(x_i) = (n+1) - R(y_i)$ $\Big\}$ für $i = 1, \ldots, n$.

d) Unabhängigkeit im Sinne von Satz 6.4 [S. 84] kann zwischen Rangzahlen nicht bestehen.

r_{Sp}-Werte in der Umgebung von null lassen - vor allem bei nicht zu kleinen n - auf schwache bis verschwindende Rangkorrelation schließen.

Beispiel 7.4: Testergebnisse in 2 Fächern.

Es liegt eine Liste vor, in der die von 15 Studenten erreichten Punktzahlen in einem Mathematik-Test und einem Statistik-Test enthalten sind.

Es soll die Stärke des Zusammenhangs zwischen den Testergebnissen gemessen werden.

Da die Testergebnisse (in Punkten) komparative Merkmale sind, wird der Rangkorrelationskoeffizient von Spearman berechnet.

	Ergebnisliste		Rangzahlen		
	M.-Test	St.-Test			
i	x_i	y_i	$R(x_i)$	$R(y_i)$	$(R(x_i) - R(y_i))^2$
1	82	31	10	9	1
2	67	25	2	5	9
3	91	35	13	12	1
4	98	40	15	14	1
5	74	30	5	8	9
6	52	10	1	1	0
7	86	44	12	15	9
8	95	28	14	7	49
9	79	33	7	10,5 ⌉	12,25
10	78	26	6	6 ⌋	0
11	84	33	11	10,5 ⌋	0,25
12	80	19	8	3	25
13	69	22	3	4	1
14	81	38	9	13	16
15	73	11	4	2	4
				Summe	137,5

$$r_{Sp} = 1 - \frac{6 \cdot \sum_i (R(x_i) - R(y_i))^2}{n(n^2 - 1)} = 1 - \frac{6 \cdot 137,5}{15 \cdot 224} = 0,75$$

Die Untersuchung der 15 Fälle weist einen ziemlich starken, aber nicht perfekten Zusammenhang zwischen den Merkmalen nach.

○

7.4 Kontingenzkoeffizient von Pearson

Mit dem Kontingenzmaß von Pearson läßt sich die Stärke des Zusammenhangs zwischen den Komponenten eines bivariaten Merkmals erfassen, das nur nominal meßbar ist und dessen Verteilung in Form einer Kontingenztabelle vorliegt.

Sind eine der beiden oder beide Komponenten höher skaliert, so werden sie nur hinsichtlich ihrer nominal meßbaren Eigenschaften ausgewertet. Auf Korrelationstabellen wird das Kontingenzmaß sehr selten angewandt.

Das Prinzip der Kontingenzmessung besteht darin, daß den absoluten Häufigkeiten n_{jk} der Kontingenztabelle die zu erwartenden Häufigkeiten $\tilde{n}_{jk} = \dfrac{n_{j\bullet} \cdot n_{\bullet k}}{n}$ gegenübergestellt werden, die sich bei Unabhängigkeit[1] von X und Y aus den Randverteilungen ergeben würden.

Die Abstände zwischen den tatsächlichen und den zu erwartenden Häufigkeiten werden dann durch das Kontingenzmaß ausgewertet.

Definition 7.5: Kontingenzkoeffizient

Der **Kontingenzkoeffizient von Pearson** C wird bestimmt durch:

und[2]:

$$C = \sqrt{\frac{\chi^2}{\chi^2+n} \cdot \frac{\lambda}{\lambda-1}} \quad \text{mit } \lambda = \min(J, K)$$

$$\chi^2 = \sum_{j=1}^{J}\sum_{k=1}^{K}\frac{(n_{jk}-\tilde{n}_{jk})^2}{\tilde{n}_{jk}} \quad \text{mit } \tilde{n}_{jk} = \frac{n_{j\bullet}\cdot n_{\bullet k}}{n}$$

$$= n\left(\sum_{j=1}^{J}\sum_{k=1}^{K}\frac{n_{jk}^2}{n_{j\bullet}\cdot n_{\bullet k}} - 1\right)$$

Bedingungen

(X, Y) nominal oder auf höherem Skalenniveau meßbar.

n_{jk}, $j = 1,\ldots,J$; $k = 1,\ldots,K$: absolute Häufigkeiten der Verteilung von (X, Y).

$n_{j\bullet}$ ($n_{\bullet k}$): absolute Häufigkeiten der Randverteilung von X (Y); $n = \sum_{j}\sum_{k} n_{jk}$.

□

Anmerkungen:

a) Der Kontingenzkoeffizient hat den Wertebereich: $0 \leq C \leq 1$.

b) Bei Unabhängigkeit der Komponenten von (X, Y) gilt offensichtlich: $n_{jk} = \tilde{n}_{jk}$ für alle j, k und demzufolge $\chi^2 = 0$ und $C = 0$.

c) Ein maximal möglicher Wert von χ^2 läßt sich nicht angeben, da er vom Tabellenformat und von n abhängt.

Der maximale Wert von $C^* = \sqrt{\dfrac{\chi^2}{\chi^2+n}}$ hängt nur noch vom Tabellenformat ab: er beträgt: $C^*_{max} = \sqrt{\dfrac{\lambda-1}{\lambda}}$,

wobei $\lambda = \begin{cases} J &, \text{ wenn } J \leq K \quad \text{(höchstens soviel Zeilen wie Spalten)} \\ K &, \text{ wenn } K \leq J \quad \text{(höchstens soviel Spalten wie Zeilen).} \end{cases}$

---
[1] vgl. Satz 6.3 [S. 81]
[2] Das Symbol χ^2 (Chi-Quadrat) geht auf Karl Pearson zurück.

7.4 Kontingenzkoeffizient von Pearson

Der auf das Intervall [0; 1] normierte Koeffizient $C = \frac{C^*}{C^*_{max}}$ der Def. 7.5 nimmt den Wert 1 genau dann an, wenn in einer quadratischen Kontingenztabelle jedes $x_j \in W_X$ nur in Kombination mit einem $y_k \in W_Y$ (und umgekehrt) auftritt.

Beispiel 7.5: Präferenz für medizinische Artikel

Die Vertriebsabteilung eines Herstellers medizinischer Geräte und Praxisartikel läßt eine Umfrage bei Arztpraxen in städtischen und ländlichen Bereichen durchführen, um Informationen darüber zu erhalten, welcher von 4 konkurrierenden medizinischen Artikeln von den 200 befragten Praxen präferiert werde. Das Ergebnis ist nachstehende Präferenztabelle.

	Medizinische Artikel des Typs:			
	(1)	(2)	(3)	(4)
Stadtpraxis	17	54	20	29
Landpraxis	20	18	21	21

Läßt dieses Datenmaterial einen Zusammenhang zwischen den Merkmalen 'Lage der Praxis' (X) und 'Präferierter Artikel' (Y) erkennen ? Wie stark ist ggf. dieser Zusammenhang ?

Tabelle mit den tatsächlichen und unter der Unabhängigkeitshhypothese zu erwartenden Häufigkeiten:

$n_{jk}/\tilde{n}_{jk}$	y_1	y_2	y_3	y_4	$n_{j\cdot}$
x_1	17 / 22,2	54 / 43,2	20 / 24,6	29 / 30	120
x_2	20 / 14,8	18 / 28,8	21 / 16,4	21 / 20	80
$n_{\cdot k}$	37	72	41	50	200

$$\chi^2 = \frac{(17-22,2)^2}{22,2} + \frac{(54-43,2)^2}{43,2} + \frac{(20-24,6)^2}{24,6} + \frac{(29-30)^2}{30} + \frac{(20-14,8)^2}{14,8}$$

$$+ \frac{(18-28,8)^2}{28,8} + \frac{(21-16,4)^2}{16,4} + \frac{(21-20)^2}{20} = 12,029$$

$$C = \sqrt{\frac{\chi^2}{\chi^2-1} \cdot \frac{\lambda}{\lambda-1}} = \sqrt{\frac{12,029}{12,029+200} \cdot \frac{2}{1}} = 0,337$$

Es besteht ein Zusammenhang zwischen den Merkmalen, der aber mit $C = 0,34$ nicht allzu stark ausgeprägt ist.

○

Übungsaufgaben zu Kapitel 7: 24 − 27, **34**

8 Elementare Regressionsanalyse

8.1 Überblick

Der Begriff 'Regressionsanalyse'[1] kennzeichnet ein theoretisch anspruchsvolles und empirisch breit gefächertes Arbeitsgebiet der modernen Statistik.

Wie bereits in 7.1 dargelegt, bedeutet Regressionsanalyse im wesentlichen **Dependenzanalyse**.

Vorausgesetzt wird eine fachwissenschaftlich begründete These, daß ein statistisches Merkmal in seinem Verhalten von einem oder mehreren anderen Merkmalen, die alle über derselben Masse definiert sind, beeinflußt wird.

Untersucht wird die Form der Dependenzbeziehung auf der Grundlage eines Datenmaterials, das aus der Messung der beteiligten Merkmale resultiert.

Ziel der Untersuchung ist die Spezifikation einer mathematischen Funktion, die die Tendenz oder die charakteristischen Züge der Abhängigkeitsbeziehung, die sog. **Regression** zwischen den Merkmalen wiedergibt.

Die moderne Regressionsanalyse baut auf Wahrscheinlichkeitsmodellen auf und bedient sich für ihre Folgerungen intensiv des methodischen Instrumentariums der *induktiven Statistik*.

Dieser Leitfaden für das Grundstudium muß sich deswegen auf eine **elementare Regressionsanalyse** beschränken.

Dies bedeutet konkret:
1. Beschränkung auf Verfahren und Auswertungen, die ausschließlich *deskriptiver* Natur sind.

    Ergebnisse einer Regressionsanalyse gelten somit nur für die untersuchte statistische Masse; Rückschlüsse auf übergeordnete Gesamtheiten sind nicht zulässig.

2. Beschränkung auf die Klasse **einfacher Regressionen**, d.h. auf Regressionen zwischen *zwei* Merkmalen.[2]

    Diese Beschränkung ist in erster Linie didaktisch motiviert: es wird hierdurch ermöglicht, an die Verteilung bivariater Merkmale (s. Kapitel 6) anzuknüpfen und sich anschaulicher graphischer Darstellungen der Regressionsprobleme im $\mathbb{R}^2$ (analog zu 7.2) zu bedienen. Das bivariate Merkmal wird als (in beiden Komponenten) kardinal meßbar vorausgesetzt.

3. Beschränkung auf **lineare Regressionen** in der Klasse der einfachen Regressionen.

    Diese Beschränkung greift allerdings erst in 8.3, nachdem einige grundsätzliche Fragen der Spezifikation einer Regressionsfunktion für bivariate Dependenzbeziehungen

---

[1] Der Begriff 'Regression' geht auf Francis Galton (1889) zurück.

[2] Die **multiplen Regressionen**, die sich auf Abhängigkeitsbeziehungen zwischen mehr als zwei Merkmalen erstrecken, müssen einem Fortgeschrittenenkurs vorbehalten bleiben. Sie haben den Vorteil, daß sie sich komplexen Zusammenhängen zwischen Merkmalen flexibler anpassen können, und werden entsprechend häufig in empirischen Untersuchungen eingesetzt.

8.2 *Wahl der Regressionsfunktion im einfachen Ansatz*

geklärt sind.

Der 'rote Faden' dieses Kapitels ist die **Spezifikation der Regressionsfunktion**, also derjenigen Funktion, die die Art des Zusammenhangs zwischen den Merkmalen möglichst korrekt ausdrücken soll. Die Koeffizienten dieser Funktion haben den Charakter von statistischen Maßen, in denen die im Datenmaterial nur amorph enthaltenen Informationen konzentriert sind.

Die Spezifikation ist ein Prozeß, der sich in drei Phasen vollzieht:

1. Auswahl bzw. Festlegung eines bestimmten Funktionstyps,
2. Bestimmung der numerischen Werte der Koeffizienten der Funktion,
3. Prüfung der Güte der mit der Funktion erreichten Anpassung.

Diesem Untersuchungsablauf folgt die weitere Gliederung des Kapitels.

8.2 Wahl der Regressionsfunktion im einfachen Ansatz

Vorausgesetzt sei ein Datensatz $D_n^{(2)} = \{(x_i, y_i) \mid i = 1, \ldots, n\}$ eines bivariaten quantitativen Merkmals. Zwischen den Komponenten X und Y bestehe eine fachlich begründete Dependenzbeziehung. Im folgenden sei stets unterstellt, daß in dieser Beziehung Y das abhängige Merkmal ist.[1]

Im Kontext der Regressionsanalyse wird üblicherweise ein Merkmal als **Variable** bezeichnet. Eine Regression ist in dieser Terminologie eine funktionale Beziehung zwischen Variablen, von denen

- das unabhängige X **Regressor**   oder   **erklärende Variable**,
- das abhängige Y **Regressand**   oder   **Zielvariable**

benannt wird.

Definition 8.1: Regressionsfunktion, Regressionswert

Eine Funktion $\hat{y} = g(x)$ für $x \in M_X$ [2] heißt **Regressionsfunktion** (von Y bezüglich X), wenn sie der Punktwolke des Datensatzes $D_n^{(2)}$ von (X, Y) im Streuungsdiagramm unter Berücksichtigung sachlogischer und formalstatistischer Vorgaben 'möglichst gut' angepaßt[3] ist.

Die Funktionswerte $\hat{y}$ heißen **Regressionswerte**.

Die Regressionsfunktion kennzeichnet die **Regression von Y auf X**.

□

---

[1] Eine Fallunterscheidung zwischen einerseits: 'Y abhängig von X' und andererseits: 'X abhängig von Y' ist wenig sinnvoll. Da man in der Symbolzuordnung frei ist, kann man mit Y stets das als abhängig identifizierte Merkmal bezeichnen.

[2] $M_X \,\hat{=}\,$ **Meßbereich** von X: ein Intervall mit etwa den Grenzwerten, die der Messung der Spannweite gemäß Def. 4.1 [S. 45] zugrunde liegen.

[3] Diese Formulierung bedarf der Präzisierung; sie folgt in 8.3 (Satz 8.1 [S. 105]).

Anmerkungen:

a) Die Regressionswerte unterscheiden sich durch die Schreibweise $\hat{y}$ von den Meßwerten y des Regressanden Y. Nur in besonders gelagerten *Ausnahmefällen* hängt Y streng funktional von X ab, so daß $y_i = \hat{y}_i = g(x_i)$ für $i = 1, \ldots, n$ (s. Abb. 8.1 A [S. 103]).

b) In aller Regel bedeutet *statistische Abhängigkeit* in einem einfachen Regressionsansatz, daß die Variable Y bis zu einem gewissen Grad von X abhängt, im übrigen aber noch andere, im Regressionsansatz nicht enthaltene Einflußfaktoren vorhanden sind.[1]

Symptomatisch für statistische Abhängigkeit der Regressionsvariablen ist die mehr oder weniger diffuse Punktwolke im Streuungsdiagramm (s. Abb. 8.1 C [S. 103]).

c) Der Definitionsbereich M_X der Regressionsfunktion wird auf das Intervall begrenzt, in dem die Regression durch das Datenmaterial gestützt ist. Hiermit soll der Unsitte begegnet werden, Regressionskurven als überall gültig anzusehen und Extrapolationen vorzunehmen, die sich meistens als unsinnig erweisen.

Eine Funktion $g(x)$ wird erst dadurch, daß sie gewisse Kriterien der Anpassung erfüllt, zur Regressionskurve. Sie ist in doppelter Hinsicht zu spezifizieren:

1. Es ist der Typ der Funktion angemessen festzulegen, und

2. müssen die Koeffizienten des ausgewählten Typs zielgerichtet bestimmt werden.

Der zweite Punkt wird Gegenstand von 8.3 sein.

Aus der Vielzahl der Funktionstypen, die schon für einfache Regressionsanalysen verwendet wurden, seien hier nur wenige, rechentechnisch problemlose[2] Vertreter aufgeführt:

Lineare Funktion (Gerade): $\quad\hat{y} = a + b\,x$

Quadratisches Polynom (Parabel): $\quad\hat{y} = a + b\,x + c\,x^2$

Potenzfunktion: $\quad\hat{y} = a\,x^b$

  Dieselbe in linearisierter Form: $\quad\underbrace{\log \hat{y}}_{\hat{y}^*} = \underbrace{\log a}_{a^*} + b \cdot \log x$

Exponentialfunktion: $\quad\hat{y} = a\,b^x$

  Dieselbe in linearisierter Form: $\quad\underbrace{\log \hat{y}}_{\hat{y}^*} = \underbrace{\log a}_{a^*} + \underbrace{(\log b)}_{b^*} \cdot x$

Die Entscheidung für einen bestimmten Funktionstyp kann vor allem unter drei Aspekten getroffen werden:

– Der Untersuchungsgegenstand gibt den Typ vor.

Beispiel 8.1 :

Vorgabe einer Regressionsgeraden für die Analyse des Konsumverhaltens privater Haushalte, um in dem Koeffizienten b die marginale Konsumquote zu erhalten.

Vorgabe einer Potenzfunktion für die Analyse des Nachfrageverhaltens von Haushalten (sog. Engelsche Kurve), um in b die Einkommenselastizität zu erhalten. ○

---

[1] Weitere Gründe können die Vorgabe einer unangemessenen Regressionsfunktion oder Fehler bei der Messung von X oder/und Y sein.

[2] Potenz- und Exponentialfunktion können in der linearisierten Form wie lineare Funktionen behandelt werden. Ein Beispiel ist der exponentielle Trend in 11.3.2. Die Koeffizientenbestimmung bei quadratischen Polynomen erfolgt in analoger Erweiterung des in 8.3 gezeigten Verfahrens.

8.3 Bestimmung der Regressionsfunktion in einem einfachen linearen Ansatz 103

– Der Datensatz zeigt im Streuungsdiagramm ein so eindeutiges Profil, daß von daher der Funktionstyp festgelegt ist (s. Abb. 8.1 A und B).

Abb. 8.1: Streuungsdiagramme verschiedener Datensätze

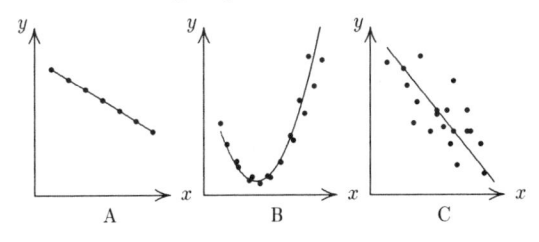

A: streng linearer Zusammenhang ($r_{XY} = -1$)

B: profilierter parabolischer Zusammenhang

C: etwas diffuser linearer Zusammenhang

D: zu diffus, keine Regressionsrechnung vertretbar

E: } X und Y sind nicht
F: } korreliert

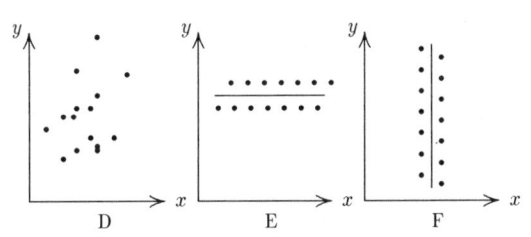

Ein gleich deutlicher Hinweis ist ein absolut hoher Korrelationskoeffizient zwischen X und Y: es muß dann ein linearer Zusammenhang bestehen.

– Ist die Punktwolke im Streuungsdiagramm nicht besonders profiliert, eher etwas diffus, so entscheidet man sich für eine 'möglichst einfache' Regressionsfunktion, in der Regel für eine Gerade (s. Abb. 8.1 C).

Die Beachtung dieser drei Aspekte führt im sozioökonomischen Bereich verhältnismäßig häufig zu linearen oder wenigstens linearisierbaren Ansätzen.

Insofern ist die Beschränkung, im Rahmen der 'Elementaren Regressionsanalyse' nur einfache lineare Regressionen zu analysieren, hinreichend begründet.

8.3 Bestimmung der Regressionsfunktion in einem einfachen linearen Ansatz

Zu dem bivariaten quantitativen Merkmal (X, Y) liege ein Datensatz $D_n^{(2)} = \{(x_i, y_i) | i = 1, \ldots, n\}$ vor. Gesucht wird eine Regressionsgerade von Y auf X, also eine Gerade, die sich dem Datensatz 'möglichst gut' anpaßt.

Die Lage einer in diesem Sinne 'potentiellen' linearen Regressionsfunktion

$$\hat{y} = a + b\,x \qquad \text{für } x \in M_X$$

in $\mathbb{R}^2$ wird durch die (zunächst noch freien) Koeffizienten $a, b \in \mathbb{R}$ determiniert.

Abb. 8.2:

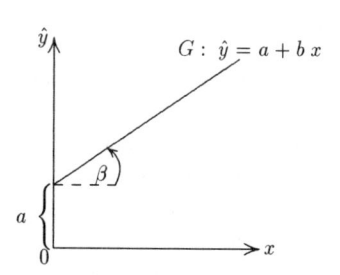

Der Niveaukoeffizient a gibt die Höhenlage der Geraden G an der Stelle $x = 0$ an. Eine Veränderung von a bewirkt eine Niveauverschiebung von G.
Der Steigungskoeffizient b hängt gemäß $b = \tan\beta$ vom Steigungswinkel β ab. Die Umkehrfunktion $\beta = \tan^{-1} b = \arctan b$ ermöglicht es, zu einem ermittelten Wert b den Steigungswinkel von G zu bestimmen. $b > 0$ ($b < 0$) indiziert positive (negative) Steigung von G.

$G: \hat{y} = a + bx$

Die 'Anpassung' einer potentiellen Regressionsfunktion vollzieht sich darin, daß Niveau- und Steigungskoeffizient im Hinblick auf das Ziel 'möglichst gut' numerisch spezifiziert werden.

Diese allgemein gehaltene Zielformulierung aus Def. 8.1 [S. 101] ist aber offensichtlich unzureichend für ein objektives, d.h. von subjektiven Einschätzungen weitgehend unabhängiges statistisches Verfahren. Hierzu bedarf es:

a) einer Operationalisierung der Anpassungseigenschaft, zu verstehen als Lage einer Geraden zu einer Punktwolke im Streuungsdiagramm, und

b) eines Optimierungskriteriums, aus dem die numerische Spezifikation der Koeffizienten der Funktionsgleichung der Regressionsgeraden hergeleitet werden kann.

Beides leistet die sog. **Methode der kleinsten Quadrate**,[1] die sowohl in der deskriptiven als auch induktiven Statistik von grundsätzlicher Bedeutung ist.

Abb. 8.3:

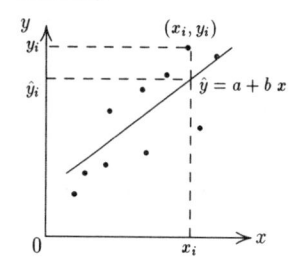

Ihr **Operationalisierungsprinzip** ist die Erfassung der Summe Q der quadrierten vertikalen Abstände zwischen den einzelnen Punkten (x_i, y_i) und den Geradenwerten $(x_i, \hat{y}_i)$:

$$Q = \sum_{i=1}^{n}(y_i - \hat{y}_i)^2$$
$$= \sum_{i=1}^{n}(y_i - a - b\,x_i)^2.$$

Offensichtlich hängt der Wert der Quadratsumme Q bei gegebenem Datensatz von der Lage der Geraden bzw. deren Koeffizienten ab. Je mehr sie die vorhandene Streuung nach beiden Seiten in sich 'ausgleicht', desto kleiner wird Q werden.

Dies führt unmittelbar zu dem Optimierungskriterium des Satzes 8.1.

---

[1] Sie geht auf den bekannten Göttinger Mathematiker Carl Friedrich Gauß (1777-1855) zurück. Da nicht Quadrate, sondern Quadratsummen minimiert werden (s. Satz 8.1) [S. 105], ist die Bezeichnung nicht korrekt, aber üblich.

8.3 Bestimmung der Regressionsfunktion in einem einfachen linearen Ansatz

Satz 8.1: Kriterium der kleinsten Quadrate (KQ[1] -Kriterium)
Zur numerischen Bestimmung der Koeffizienten der Regressionsfunktion $\hat{y} = a + bx$ wird die Quadratsumme Q als Funktion von a und b minimiert:

$$\min_{a,b} : Q(a,b) = \sum_{i=1}^{n}(y_i - a - b\,x_i)^2.$$

△

Anmerkungen:

a) Die Erfassung der Abstandsquadrate in Q ist in Analogie zu sehen zu der Messung der Streuung eines Merkmals durch das Maß der Varianz. Die Verwendung der Summe der *linearen* absoluten Abstände brächte zwei Nachteile mit sich:
 1) die Regressionsgerade wäre nicht notwendig eindeutig bestimmt,
 2) das Kriterium des Satzes 8.1 [S. 105] wäre mathematisch nur schwer zu vollziehen.

b) Die nach dem KQ-Kriterium gewonnenen Regressionskoeffizienten sind in die Definition der linearen KQ-Regressionsfunktion (Def. 8.2 [S. 106]) eingegangen. Wegen der allgemeinen Bedeutung der KQ-Methode wird die Ableitung hier in den wesentlichen Schritten wiedergegeben:

Notwendige Bedingung[2] für Minimum von $Q(a,b)$: partielle Ableitungen werden null.	$\dfrac{\partial Q}{\partial a} = -2\sum_i (y_i - a - b\,x_i) \stackrel{!}{=} 0$ $\dfrac{\partial Q}{\partial b} = -2\sum_i x_i(y_i - a - b\,x_i) \stackrel{!}{=} 0$	
Hieraus folgt direkt das System der **Normalgleichungen der einfachen linearen Regression**.	$\sum_i y_i = n\,a + b\sum_i x_i$ $\sum_i x_i\,y_i = a\sum_i x_i + b\sum_i x_i^2$	(1) (2)
Lösung des Systems nach b, dann nach a aus (1).	$b = \dfrac{\sum_i x_i\,y_i - n\,\bar{x}\,\bar{y}}{\sum_i x_i^2 - n\,\bar{x}^2}$ $a = \bar{y} - b\,\bar{x}$	(3)
Unter Bezugnahme auf die Formeln der Kovarianz und Varianz (7.1 a [S. 89] und 7.2 a [S. 90])	$b = \dfrac{s_{XY}}{s_X^2}\quad (s_X^2 > 0)$ $a = \bar{y} - b\,\bar{x}$	(4) (5)

c) Die Regressionskoeffizienten b und indirekt auch a sind in den Gleichungen (4) bzw. (5) als Funktionen von bekannten Maßen bivariater Verteilungen dargestellt. Dies

---
[1] KQ ≙ Kleinste Quadrate oder Kleinstquadrate.
[2] Die hinreichende Bedingung für ein Minimum ist erfüllt. Auf den Nachweis kann hier verzichtet werden.

versetzt uns in die Lage, ohne eine neue Ableitung die KQ-Regressionsfunktion auch für den Fall definieren zu können, daß das Datenmaterial in Form einer diskreten oder klassierten (quasi-)stetigen Häufigkeitsverteilung vorliegt.

Definition 8.2: Lineare KQ-Regressionsfunktion

Die lineare KQ-Regressionsfunktion

$$\hat{y} = a + b\,x \qquad \text{für } x \in M_X$$

wird bestimmt durch die Regressionskoeffizienten

$$b = \frac{s_{XY}}{s_X^2} \text{ (für } s_X^2 > 0\text{)} \quad \text{und} \quad a = \bar{y} - b\,\bar{x}$$

oder für b in detaillierter Form durch:

Bedingungen:
(X, Y) kardinal meßbar.

a)
$$b = \frac{\sum_{i=1}^{n}(x_i - \bar{x})(y_i - \bar{y})}{\sum_{i=1}^{n}(x_i - \bar{x})^2} = \frac{\sum_{i=1}^{n} x_i\,y_i - n\,\bar{x}\,\bar{y}}{\sum_{i=1}^{n} x_i^2 - n\,\bar{x}^2}$$

Datensatz von (X, Y):
$D_n^{(2)} = \{(x_i, y_i) | i = 1, \ldots, n\}$
mit $x_i = X(e_i)$, $y_i = Y(e_i)$,
$e_i \in M_n$.

b)
$$b = \frac{\sum_{j=1}^{J}\sum_{k=1}^{K}(x_j - \bar{x})(y_k - \bar{y})\,n_{jk}}{\sum_{j=1}^{J}(x_j - \bar{x})^2\,n_{j\cdot}}$$

$$= \frac{\sum_{j=1}^{J}\sum_{k=1}^{K} x_j\,y_k\,n_{jk} - n\,\bar{x}\,\bar{y}}{\sum_{j=1}^{J} x_j^2\,n_{j\cdot} - n\,\bar{x}^2}$$

mit $n_{jk} = n(x_j, y_k)$.

Bei Berechnungen aus klassierten Werten gilt das Ergebnis nur approximativ.

HV von (X, Y) mit x_j, y_k als diskreten Merkmalswerten oder

$x_j = \frac{1}{2}(x_j^* + x_{j-1}^*)$,

$y_k = \frac{1}{2}(y_k^* + y_{k-1}^*)$

als Klassenmittelpunkten.

□

Anmerkungen:

a) Die lineare KQ-Regressionsfunktion (KQ-Regressionsgerade) wird alternativ in zentrierter Form

$$\hat{y} = \bar{y} + b(x - \bar{x})$$
bzw. $\hat{y} - \bar{y} = b(x - \bar{x})$ für $x \in M_X$

verwendet. Hierdurch wird das Koordinatensystem mit seinem Ursprung in einer oder beiden Dimensionen in das Zentrum der Verteilung gerückt.

8.3 Bestimmung der Regressionsfunktion in einem einfachen linearen Ansatz

b) Aus $\hat{y} = a + bx$ folgt die Differenzengleichung $\Delta\hat{y} = b\,\Delta x$ bzw. $b = \dfrac{\Delta\hat{y}}{\Delta x}$ für $\Delta x \subset M_X$.

Der Steigungskoeffizient b gibt die *ausgeglichene* Veränderung der Variablen Y auf eine bestimmte Veränderung der Variablen X an.

c) Aus $b = s_{XY}/s_X^2$, $(s_X^2 > 0)$ folgt:

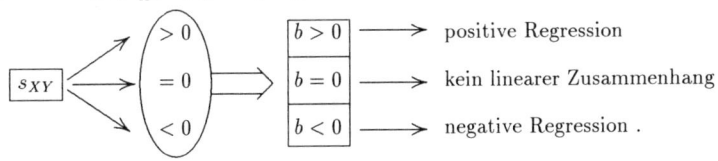

$$s_{XY} \begin{cases} > 0 \\ = 0 \\ < 0 \end{cases} \Longrightarrow \begin{cases} b > 0 \\ b = 0 \\ b < 0 \end{cases} \begin{array}{l} \longrightarrow \text{positive Regression} \\ \longrightarrow \text{kein linearer Zusammenhang} \\ \longrightarrow \text{negative Regression .} \end{array}$$

d) b ist gegenüber einer Parallelverschiebung (Translation) des Koordinatensystems invariant.

Dies gilt nicht für den Niveaukoeffizienten a.

e) Die Regressionskoeffizienten a und b stehen in der Regressionsgleichung ohne Dimensionsangabe. Für das *eigenständige* Steigungsmaß gilt in dieser Hinsicht:

$$\dim(b) = \frac{\dim(Y)}{\dim(X)}.$$

Wenn $\dim(Y) = \dim(X)$, ist b dimensionslos.

Analog gilt für das Niveaumaß: $\dim(a) = \dim(Y)$. Wenn der Koordinatenursprung erheblich außerhalb des Meßbereichs M_X liegt, hat a nur rechnerische, keine sachliche Bedeutung mehr. Dann sollte auch keine Dimensionsangabe erfolgen.

f) Eine Regressionsgerade, die durch den Koordinatenursprung (oder dessen unmittelbare Umgebung) verläuft, zeigt an, daß sich die beiden Variablen der Tendenz nach (approximativ) *proportional* verhalten.

g) Aus Def. 8.2 erhält man eine lineare KQ-Regressionsfunktion für die Abhängigkeit der Variablen X von Y, indem man überall x - und y - Größen austauscht.[1]

Regressionsbeziehungen sind nicht symmetrisch. Die beiden Regressionsgeraden sind nur dann identisch, wenn alle Meßpunkte auf einer Geraden liegen.

Satz 8.2: Eigenschaften der KQ-Regressionsgeraden von Y auf X

a) Die Regressionsgerade geht durch den Schwerpunkt $M = (\bar{x}, \bar{y})$ des ausgewerteten bivariaten Datenmaterials.[2]

b) Einzelne Meßpunkte (x_i, y_i), $i = 1, \ldots, n$, vorausgesetzt, ist die Summe der Regressi-

---

[1] Siehe hierzu auch die Fußnote [1] auf S. 101.
[2] Folgt aus $\hat{y} = \bar{y} + b(x - \bar{x})$, indem man $x = \bar{x}$ setzt.

onswerte $\hat{y}_i$ gleich der Summe der Meßwerte der Variablen Y:[1]

$$\sum_i \hat{y}_i = \sum_i y_i \quad \text{oder} \quad \sum_i (\hat{y}_i - y_i) = 0.$$

△

Beispiel 8.2: Privathaushalte nach Einkommen und Bildungsausgaben
Im Rahmen der laufenden Wirtschaftsrechnungen privater Haushalte fielen in einem Zählbezirk folgende Daten über Nettoeinkommen (Merkmal X) und Ausgaben für Bildung, Unterhaltung und Freizeit (Merkmal Y), jeweils Monatsdurchschnitte in DM (gerundet), an.

#	1	2	3	4	5	6	7	8	9	10	11	12
X	2150	4700	6400	4100	2400	7000	4300	2950	7400	3750	5250	6000
Y	110	440	520	420	190	660	280	200	660	340	500	450

Die Tendenz der Abhängigkeit der Variablen Y von X soll durch eine Regressionsfunktion beschrieben werden.

a) Anhand eines Streuungsdiagramms soll beurteilt werden, ob eine lineare Regressionsfunktion angemessen ist.
b) Die Regressionsfunktion soll nach der KQ-Methode bestimmt werden.
c) Welche Regressionswerte ergeben sich für x_i, $i = 1, \ldots, 12$? (Probe, daß $\sum \hat{y}_i = n \, \bar{y}$!)
d) Ein Haushalt habe ein Einkommen von DM 3400,-. Wie hoch würde man aufgrund einer Interpolation die Ausgaben für Bildung etc. schätzen[2]?

zu a) Gegen eine lineare Regressionsfunktion (Regressionsgerade) bestehen keine Bedenken.

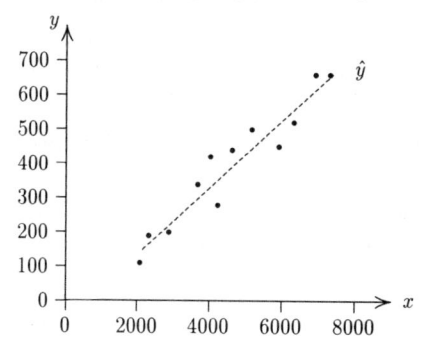

Abb. 8.4: Streuungsdiagramm zu Bsp. 8.2 a

---

[1] $\hat{y}_i = \bar{y} + b(x_i - \bar{x}) \Rightarrow \sum_i \hat{y}_i = n \, \bar{y} + b \sum_i (x_i - \bar{x}) = n \, \bar{y} + b \cdot 0 = \sum_i y_i$. Bei Berechnung der Regressionsgeraden aus einer Korrelationstabelle gilt analog: $\sum_j \hat{y}_j \, n_{j \cdot} = \sum_k y_k \, n_{\cdot k}$.

[2] 'Schätzen' ist hier als eine spezielle Form der deskriptiven Datenauswertung zu verstehen; sie sollte nicht mit dem Schätzbegriff der induktiven Statistik in Verbindung gebracht werden.

8.3 Bestimmung der Regressionsfunktion in einem einfachen linearen Ansatz

Arbeitstabelle zu b) und c):

i	x_i	y_i	$x_i\, y_i$ (in 1000)	x_i^2 (in 1000)	$\hat{y}_i$
1	2 150	110	236,5	4 622,5	148,886
2	4 700	440	2 068	22 090	397,500
3	6 400	520	3 328	40 960	563,242
4	4 100	420	1 722	16 810	339,003
5	2 400	190	456	5 760	173,260
6	7 000	660	4 620	49 000	621,740
7	4 300	280	1 204	18 490	358,502
8	2 950	200	590	8 702,5	226,883
9	7 400	660	4 884	54 760	660,738
10	3 750	340	1 275	14 062,5	304,879
11	5 250	500	2 625	27 562,5	451,123
12	6 000	450	2 700	36 000	524,244
$\sum$	56 400	4 770	25 708,5	298 820	4 770

$n = 12$
$\bar{x} = \dfrac{56\,400}{12} = 4700$
$\bar{y} = \dfrac{4\,770}{12} = 397,5$
$n\,\bar{x}\,\bar{y} = 22\,419\,000$
$n\,\bar{x}^2 = 265\,080\,000$

zu b)
$$b = \frac{\sum x_i\, y_i - n\,\bar{x}\,\bar{y}}{\sum x_i^2 - n\,\bar{x}^2} = \frac{25\,708\,500 - 22\,419\,000}{298\,820\,000 - 265\,080\,000} = 0,0975.$$

Der Steigungskoeffizient ist hier dimensionslos; er gibt das Verhältnis von tendenzieller Ausgabenänderung zu Einkommensänderung an.

$$a = \bar{y} - b\,\bar{x} = 397,5 - 0,0975 \cdot 4700 = -60,7291.$$

Die Aussage des Niveaukoeffizienten bezieht sich auf die Stelle $x = 0$, die weit außerhalb des Meßbereichs M_X liegt. a ist hier eine rechnerische, aber keine ökonomisch interpretierbare Größe. Aus diesem Grund wird keine Dimension für a angegeben.

Lineare KQ-Regressionsfunktion:

$$\hat{y} = 0,0975\,x - 60,73 \qquad \text{für } x \in M_X = [2\,150;\,7\,400].$$

In der (in bezug auf x) zentrierten Form, die den Koeffizienten a vermeidet, lautet die Regressionsfunktion:

$$\begin{aligned}\hat{y} &= \bar{y} + b\,(x - \bar{x}) \\ &= 397,5 + 0,0975\,(x - 4\,700) \qquad \text{für } x \in [2\,150;\,7\,400].\end{aligned}$$

zu c) s. Spalte 6 der Arbeitstabelle.

zu d) Einsetzen von $x = 3\,400$ in die KQ-Regressionsfunktion ergibt einen durch die Regressionsgerade interpolierten Regressionswert (Schätzwert) von

$$\hat{y}_{x=3\,400} = 270,77 \doteq 271 \text{ DM}.$$

○

Beispiel 8.3: Betriebe nach Beschäftigten und Inlandsumsatz

Zu der in Bsp. 6.2 a [S.77] erstellten Korrelationstabelle sollen

a) eine lineare KQ-Regressionsfunktion $\hat{y} = a + b\,x$ (alternativ in zentrierter Form),
b) die Regressionswerte $\hat{y}$ für die Klassenmittelpunkte x_j, $j = 1, \ldots, 5$, berechnet werden,
c) die KQ-Regressionsgerade mit der in Bsp. 6.3 [S. 82] ermittelten empirischen Regressionslinie von Y in bezug auf X in einem Diagramm verglichen werden.

Korrelationstabelle mit Klassenmitten
als Klassenrepräsentanten

x_j	3,5	y_k 6,5	10	14	$n_{j\cdot}$
25	4	2			6
35	4	9	2		15
50	2	6	5		13
70		3	6	1	10
90			2	4	6
$n_{\cdot k}$	10	20	15	5	50

Übernahme bekannter Werte:

$n = 50$
$\bar{x} = 51{,}3$ Beschäftigte
$\bar{y} = 7{,}7$ Mill. DM
$s_X^2 = 412{,}81$
$s_Y^2 = 9{,}66$ aus Bsp. 6.2 [S. 77]
$s_{XY} = 46{,}94$ aus Bsp. 7.2 [S. 94]

zu a): Da die Kovarianz und Varianz von X bereits bekannt sind, wird unmittelbar auf die allgemeine Definition von b zurückgegriffen:

$$b = \frac{s_{XY}}{s_X^2} \doteq \frac{46{,}94}{412{,}81} \doteq 0{,}114 \; \frac{\text{Mill. DM Inlandsumsatz}}{\text{Beschäftigte}}$$
$$= 114\,000 \text{ DM Inlandsumsatz je Beschäftigten.}$$

$$a = \bar{y} - b\,\bar{x} \doteq 7{,}7 - 0{,}1137 \cdot 51{,}3 \doteq 1{,}867 \quad \text{(ohne Dimensionsangabe)}.$$

Da klassiertes Datenmaterial verwendet wurde, gelten die Ergebnisse nur approximativ.

KQ-Regressionsfunktion:

$$\hat{y} = 1{,}867 + 0{,}114\,x$$
$$\text{oder} \quad \hat{y} = 7{,}7 + 0{,}114\,(x - 51{,}3) \quad \text{für } x \in M_X = [x_0^*, x_J^*] = [20;\,100]\,.$$

zu b und c): Einsetzen der Werte x_j, $j = 1,\ldots,5$, in die Regressionsfunktion (mit den gerundeten Werten) und Übernahme der Werte $\bar{y}_j$ für die empirische Regressionslinie aus Bsp. 6.3 c [S. 82]:

Abb. 8.5: Regressionsgerade und -linie.

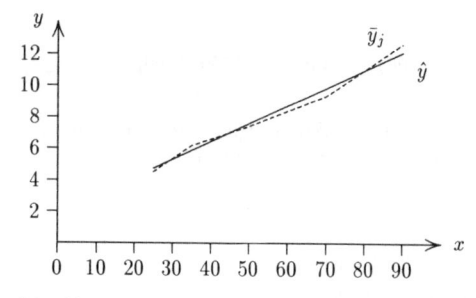

x_j	$\hat{y}_j$	$\bar{y}_j$
25	4,72	4,5
35	5,86	$6{,}1\overline{6}$
50	7,57	7,38
70	9,85	9,35
90	12,13	$12{,}\overline{6}$

Die Abweichungen zwischen Regressionsgerade und Regressionslinie sind in diesem Fall relativ gering. Die empirische Regression nimmt einen Streuungsausgleich für jede Merkmalsklasse von X vor und erzielt eine insgesamt bessere Anpassung an das Datenmaterial. Dafür hat die KQ-Regressionsgerade den Vorteil, die Tendenz der Abhängigkeit einheitlich für den gesamten Meßbereich in einem einzigen Koeffizienten zu beschreiben.

○

8.4 Messung der Anpassungsgüte eines einfachen Regressionsansatzes

Die Methode der kleinsten Quadrate stellt eine 'möglichst gute' Anpassung des ausgewählten Funktionstyps an das vorliegende Datenmaterial sicher. Dies sagt aber noch nichts über die **Güte der Anpassung** aus.

Im Streuungsdiagramm unterscheiden sich gute und weniger gute Anpassung durch das Ausmaß der Streuung der Meßpunkte um die Regressionskurve: je größer die Streuung, desto geringer im allgemeinen die Anpassungsgüte.

Abb. 8.6: Streuungsdiagramme verschiedener Datensätze

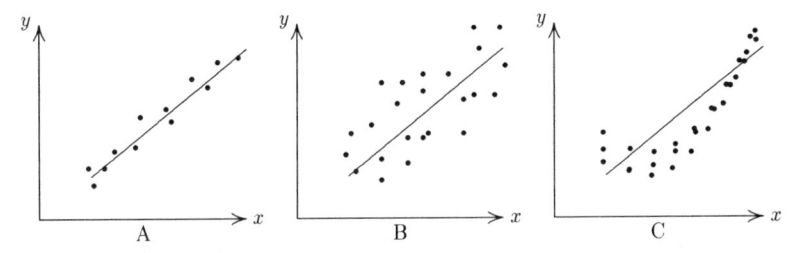

Das Anpassungsproblem ist unter zwei Aspekten zu sehen:
a) Geringe Anpassungsgüte ist in dem gegebenen Datenmaterial begründet, wie in Abb. 8.6 das Diagramm B im Vergleich zu Diagramm A zeigt. Ist der Statistiker mit der Güte seiner Regressionsanalyse nicht zufrieden, kann er z.b. versuchen, qualifiziertere Daten zu bekommen. Geht es ihm darum, das Verhalten von Y zu erklären, kann er probieren, ob er mit einer anderen Regressorvariablen (Z) eine höhere Anpassungsgüte nachweisen kann.
b) Unbefriedigende Anpassungsgüte kann auch darin begründet sein, daß der Analyse eine ungeeignete Regressionsfunktion zugrundegelegt wurde. Diagramm C zeigt diese Situation: hier wäre mit einem quadratischen Polynom eine erheblich höhere Anpassungsgüte zu erzielen.

Vergleichsbasis für derartige Überlegungen sollte ein objektives Gütemaß mit einer normierten Meßskala sein.

Abb. 8.7:

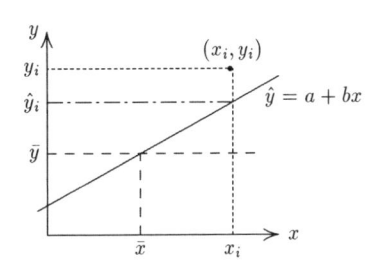

Die Konstruktion des dominierenden Gütemaßes beruht auf einem Streuungszerlegungssatz. Der Einfachheit halber wird wiederum ein Datensatz einzelner Meßwertpunkte (x_i, y_i), $i = 1, \ldots, n$, und eine lineare KQ-Regressionsfunktion vorausgesetzt.

Wie in Abb. 8.7 veranschaulicht, läßt sich an der Stelle $x = x_i$, $i = 1, \ldots, n$, folgende Zerlegung der Abweichung $y_i - \bar{y}$ in bezug auf die Regressionsgerade vornehmen:

$$(y_i - \bar{y}) = (\hat{y}_i - \bar{y}) + (y_i - \hat{y}_i)$$

$$\begin{bmatrix} \text{Abweichung von } \bar{y}, \\ \text{die von } X \text{ mög-} \\ \text{lichst erklärt wer-} \\ \text{den sollte} \end{bmatrix} \quad \begin{bmatrix} \text{Abweichung von } \bar{y}, \\ \text{die durch } \hat{y} = \\ a + b\,x \text{ tatsächlich} \\ \text{erklärt wird} \end{bmatrix} \quad \begin{bmatrix} \text{Abweichung von } \hat{y}_i, \\ \text{die als nicht erklärt} \\ \text{verbleibt} \end{bmatrix}.$$

Werden beide Seiten der Gleichung quadriert und anschließend die Summe über alle i, $i = 1, \ldots, n$ gebildet, so ergibt sich (in einer gewissen Analogie zu dem Varianzzerlegungssatz 4.2 [S. 53]):

Satz 8.3: Streuungszerlegungssatz

Gegeben sei ein quantitatives Merkmal (X, Y) mit dem Datensatz $\{(x_i, y_i) | i = 1, \ldots, n\}$, an den die lineare KQ-Regressionsfunktion $\hat{y} = a + b\,x$ angepaßt wurde.
Dann ergibt sich die Gesamtstreuung von Y als Summe der vom Regressor X erklärten Streuung und der nicht erklärten Streuung (Reststreuung) von Y:[1)]

$$\sum_{i=1}^{n}(y_i - \bar{y})^2 = \sum_{i=1}^{n}(\hat{y}_i - \bar{y})^2 + \sum_{i=1}^{n}(y_i - \hat{y}_i)^2 \,. \qquad \triangle$$

Anmerkung:

Die Aussage des Satzes behält ihre Gültigkeit, wenn die Regressionsfunktion nichtlinear, aber noch linear in den Koeffizienten ist (z.B. quadratisches Polynom); ferner schließt sie linearisierte Formen nichtlinearer Funktionen ein (z.B. Potenz- und Exponentialfunktion).

Aus Satz 8.3 folgt unmittelbar die relativierte Beziehung:

$$\frac{\sum_i(\hat{y}_i - \bar{y})^2}{\sum_i(y_i - \bar{y})^2} \quad + \quad \frac{\sum_i(y_i - \hat{y}_i)^2}{\sum_i(y_i - \bar{y})^2} \quad = \quad 1\,,$$

$$\begin{bmatrix} \textbf{Anteil} \text{ der durch die Re-} \\ \text{gressionsfunktion erklär-} \\ \text{ten Streuung an der ge-} \\ \text{samten Streuung von } Y \end{bmatrix} \qquad \begin{bmatrix} \textbf{Anteil} \text{ der nicht erklär-} \\ \text{ten Streuung an der ge-} \\ \text{samten Streuung von } Y \end{bmatrix}$$

[1)]Bei der Ableitung dieses Satzes ist nur der Nachweis, daß das bei der Quadrierung entstehende gemischte Produkt: $2\sum(\hat{y}_i - \bar{y})(y_i - \hat{y}_i)$ verschwindet, etwas umständlich.
Unter Verwendung der drei Beziehungen:
A: $(\hat{y}_i - \bar{y}) = b(x_i - \bar{x})$ (s. Anm. a zu Def. 8.2 [S. 106])
B: $(y_i - \hat{y}_i) = (y_i - \bar{y}) - (\hat{y}_i - \bar{y})$,   (Gl. zu Abb. 8.7),
C: $b\sum(x_i - \bar{x})^2 = \sum(x_i - \bar{x})(y_i - \bar{y})$ (s. Def. 8.2 a [S. 106]),
ergibt sich:

$$\sum \underbrace{(\hat{y}_i - \bar{y})}_{A}\underbrace{(y_i - \hat{y}_i)}_{B} = \sum b(x_i - \bar{x})\underbrace{\left[(y_i - \bar{y}) - (\hat{y}_i - \bar{y})\right]}_{A} = \sum b(x_i - \bar{x})(y_i - \bar{y}) - b\underbrace{\sum b(x_i - \bar{x})^2}_{C} = 0.$$

8.4 Messung der Anpassungsgüte eines einfachen Regressionsansatzes

in der jeder variable Term auf das Intervall $[0;1]$ normiert ist.

Definition 8.3: Determinationskoeffizient

Der **Determinationskoeffizient** oder Bestimmtheitskoeffizient d wird bestimmt durch den Anteil der durch eine lineare (oder wenigstens in den Koeffizienten lineare) KQ-Regressionsfunktion $g(x)$ erklärten Streuung an der Gesamtstreuung von Y:

Bedingungen:

(X,Y) kardinal meßbar, einfache Regression von Y auf X.

a)
$$d \;=\; \frac{\sum\limits_{i=1}^{n}(\hat{y}_i - \bar{y})^2}{\sum\limits_{i=1}^{n}(y_i - \bar{y})^2} \;=\; \frac{\sum\limits_{i=1}^{n}\hat{y}_i^2 - n\,\bar{y}^2}{\sum\limits_{i=1}^{n} y_i^2 - n\,\bar{y}^2}$$

mit $\hat{y}_i = g(x_i)$

Datensatz von (X,Y):
$D_n^{(2)} = \{(x_i, y_i)\,|\,i = 1,\ldots,n\}$
mit $x_i = X(e_i)$, $y_i = Y(e_i)$,
$e_i \in M_n$.

b)
$$d \;=\; \frac{\sum\limits_{j=1}^{J}(\hat{y}_j - \bar{y})^2 \, n_{j\bullet}}{\sum\limits_{k=1}^{K}(y_k - \bar{y})^2 \, n_{\bullet k}} \;=\; \frac{\sum\limits_{j=1}^{J}\hat{y}_j^2 \, n_{j\bullet} - n\,\bar{y}^2}{\sum\limits_{k=1}^{K} y_k^2 \, n_{\bullet k} - n\,\bar{y}^2}$$

mit $\hat{y}_j = g(x_j)$

Bei Berechnung aus klassierten Werten gilt das Ergebnis nur approximativ.

HV von (X,Y) mit x_j, y_k als diskreten Merkmalswerten oder
$$x_j = \frac{1}{2}(x_j^* + x_{j-1}^*)\,,$$
$$y_k = \frac{1}{2}(y_k^* + y_{k-1}^*)$$
als Klassenmittelpunkten.

□

Anmerkungen:

a) Der Determinationskoeffizient ist ein geeignetes Maß für die Anpassungsgüte linearer und linearisierter Formen nichtlinearer Regressionsfunktionen, ferner für Funktionen, die nichtlinear in den Variablen, aber linear in den Koeffizienten sind (vgl. Anm. zu Satz 8.3 [S. 112]).

b) Der Wertebereich von d ist das Intervall $[0;1]$.

Ein Wert $d = z$ besagt, daß $100 \cdot z$ % der Streuung der Variablen Y durch die Regressionsfunktion erklärt werden. Wenn $d = 1$, liegen alle Meßpunkte auf der Regressionsfunktion.

c) Eine Alternative zu den Formeln in Def. 8.3 a und b bieten die nachstehenden Formeln unter der Voraussetzung, daß die Regressionsfunktion vom Typ $\hat{y} = a + b\,x$ ist:[1]

(a) $\quad d \;=\; \dfrac{a\sum\limits_{i=1}^{n} y_i + b\sum\limits_{i=1}^{n} x_i\, y_i - n\,\bar{y}^2}{\sum\limits_{i=1}^{n} y_i^2 - n\,\bar{y}^2}\;,$

(b) $\quad d \;=\; \dfrac{a\sum\limits_{k=1}^{K} y_k\, n_{\cdot k} + b\sum\limits_{j=1}^{J}\sum\limits_{k=1}^{K} x_j\, y_k\, n_{jk} - n\,\bar{y}^2}{\sum\limits_{k=1}^{K} y_k^2\, n_{\cdot k} - n\,\bar{y}^2}\;.$

Satz 8.4: Zusammenhang zwischen Korrelations- und Regressionsmaßen

Gegeben sei die Verteilung eines bivariaten quantitativen Merkmals (X, Y), ferner eine *lineare Regressionsfunktion* $\hat{y} = \bar{y} + b(x - \bar{x})$, die nach der KQ-Methode bestimmt wurde. s_X und s_Y seien positiv.

Dann bestehen zwischen dem Bravais-Pearson-Korrelationskoeffizienten r_{XY}, dem Steigungskoeffizienten b und dem Determinationskoeffizienten d folgende Beziehungen:[2]

a) $\quad b \;=\; r_{XY}\,\dfrac{s_Y}{s_X} \quad$ oder $\quad r_{XY} = b\,\dfrac{s_X}{s_Y}\;,$

b) $\quad d \;=\; b^2\,\dfrac{s_X^2}{s_Y^2}\;,$

und daraus sich ergebend:

c) $\quad d \;=\; r_{XY}^2 \;=\; \dfrac{s_{XY}^2}{s_X^2\, s_Y^2}\;.$

Der Determinationskoeffizient ist gleich dem Quadrat des Korrelationskoeffizienten von Bravais-Pearson.

$\triangle$

Anmerkungen:

a) Der Korrelationskoeffizient r_{XY} und der Determinationskoeffizient d sind vom Ansatz her recht unterschiedlich konstruierte Maße.

---

[1] Herleitung des Zählers von a mit Hilfe der Beziehungen:
A: $\hat{y} = a + b\,x$ [Regressionsgerade],
B: $\sum \hat{y} = \sum y$ [Satz 8.2 S. 107],
C: $a\sum x + b\sum x^2 = \sum x\,y$ [Anm. b zu Satz 8.1 S. 105: 2. Normalgleichung],

$$\sum \hat{y}^2 \;=\; \sum \hat{y}\,\underbrace{\hat{y}}_{A} \;=\; \sum \hat{y}(a + b\,x) \;=\; a\sum\underbrace{\hat{y}}_{B} + b\sum x\,\underbrace{\hat{y}}_{A} \;=\; a\sum y + b\sum x(a + b\,x)$$

$$=\; a\sum y + b\underbrace{\left[a\sum x + b\sum x^2\right]}_{C} \;=\; a\sum y + b\sum x\,y.$$

[2] s. Def. 7.2 [S. 90], Def. 8.2 [S. 106] und Def. 8.3 [S. 113] in Verbindung mit Anm. a.

8.4 Messung der Anpassungsgüte eines einfachen Regressionsansatzes

r_{XY} beruht auf der Kovarianz und mißt - symmetrisch - ausschließlich die Stärke des linearen Zusammenhanges zwischen zwei Variablen, wobei noch positive und negative Korrelation unterschieden wird.

d erfaßt die Güte der Anpassung einer - asymmetrischen - Regressionsfunktion an ein Datenmaterial, indem es die durch die Regression erklärte Streuung des Regressanden zu dessen Gesamtstreuung in Beziehung setzt. Dabei ist das Maß d nicht auf lineare Funktionen beschränkt.

Wenn aber eine *lineare* Regressionsfunktion verwendet wird, dann läuft die Messung der Anpassungsgüte auf eine Messung der Stärke des linearen Zusammenhangs hinaus. Insofern kann es eigentlich nicht überraschen, daß *in diesem Fall* zwischen den beiden Maßen ein enger Zusammenhang besteht.

b) Bei der Regressions- und Korrelationsrechnung geht es im Prinzip um die Messung von Zusammenhangseigenschaften statistischer Merkmale. Der Statistiker muß sich dabei stets des Unterschieds zwischen *formalen* und *sachlichen* Zusammenhängen bewußt sein. Mit statistischen Mitteln lassen sich nur *formale* Zusammenhänge quantifizieren. Auswertungsergebnisse dieser Art lassen aber *nicht* den Schluß zu, daß zwischen den betreffenden Merkmalen auch ein sachlicher oder - mehr noch - ein kausaler Zusammenhang bestehen muß. Über das Rechenergebnis hinausgehende Interpretationen müssen sachlogisch abgestützt sein.

Beispiel 8.4: Privathaushalte nach Einkommen und Bildungsausgaben

Für die in Bsp. 8.2 [S. 108] bestimmte Regressionsgerade soll auf zwei verschiedenen Wegen die Güte der Anpassung an den gegebenen Datensatz (s. Arbeitstabelle) berechnet werden.

i	x_i	y_i	y_i^2	$\hat{y}_i^2$
1	2 150	110	12 100	22 167,141
2	4 700	440	193 600	158 006,250
3	6 400	520	270 400	317 242,049
4	4 100	420	176 400	114 922,809
5	2 400	190	36 100	30 019,106
6	7 000	660	435 600	386 560,348
7	4 300	280	78 400	128 523,525
8	2 950	200	40 000	51 475,796
9	7 400	660	435 600	436 574,700
10	3 750	340	115 600	92 951,341
11	5 250	500	250 000	203 511,560
12	6 000	450	202 500	274 832,003
	56 400	4 770	2 246 300	2 216 786,627

Übernahme bekannter Werte:

$n = 12$
$\bar{x} = 4\,700$
$\bar{y} = 397{,}5$
$\sum x_i^2 = 298\,820$
$n\,\bar{x}^2 = 265\,080\,000$
$\sum x_i\,y_i = 25\,708\,500$
$a = -60{,}7291$
$b = 0{,}0975$

Neuer Wert:

$n\,\bar{y}^2 = 1\,896\,075$

1. Weg: $\displaystyle d = \frac{\sum_i \hat{y}_i^2 - n\,\bar{y}^2}{\sum_i y_i^2 - n\,\bar{y}^2} = \frac{2\,216\,786{,}627 - 1\,896\,075}{2\,246\,300 - 1\,896\,075} = 0{,}916\,,$

2.Weg: $\quad d = \dfrac{a \sum\limits_{i} y_i + b \sum\limits_{i} x_i\, y_i - n\, \bar{y}^2}{\sum\limits_{i} y_i^2 - n\, \bar{y}^2}$

$= \dfrac{(-60{,}7291) \cdot 4\,770 + 0{,}0975 \cdot 25\,708\,500 - 1\,896\,075}{2\,246\,300 - 1\,896\,075} = 0{,}916\,.$

Die Regressionsgerade von Y auf X erklärt rd. 91,6 % der Gesamtstreuung des Merkmals Y.

○

Beispiel 8.5: Betriebe nach Beschäftigten und Inlandsumsatz
Anknüpfend an die in Bsp. 6.2 a [S. 77] erstellte Korrelationstabelle, an den in Bsp. 7.2 [S. 94] ermittelten Korrelationskoeffizienten und an die in Bsp. 8.3 [S. 109] spezifizierte lineare Regressionsfunktion soll deren Anpassungsgüte auf möglichst einfachem Weg gemessen werden.

Da die Voraussetzungen des Satzes 8.4 [S. 114] erfüllt sind, rechnet man kurz:

$$d = r_{XY}^2 \doteq (0{,}743)^2 \doteq 0{,}55\,.$$

Rd. 55 % der Gesamtstreuung des abhängigen Merkmals Y werden durch die lineare Regression erklärt.

○

Übungsaufgaben zu Kapitel 8: 28 – 33

9 Verhältniszahlen

9.1 Überblick

Die Intention, charakteristische Eigenschaften wie Lage oder Streuung von Häufigkeitsverteilungen mit Hilfe von Zahlenwerten zu beschreiben, hat zur Konstruktion von statistischen Verteilungsmaßen geführt.

In ähnlicher Weise können ganz allgemein interessierende Sachverhalte operationalisiert werden, indem Mengen von Einheiten statistischer Untersuchungsmassen aufgrund von Meßvorschriften **Kennzahlen** zugeordnet werden. Solche meist absoluten Kennzahlen, wie etwa die Anzahl der Einheiten einer (Teil)masse oder die Summe der Meßwerte eines bei diesen Einheiten erfaßten Merkmals, sind bereits für sich aussagefähig.

Beispiel 9.1:
Anzahl der Beschäftigten im Produzierenden Gewerbe,
Höhe des Volkseinkommens in einer Volkswirtschaft.

○

Allerdings hängen absolute Zahlenwerte im jeweiligen Kontext nicht nur funktional von dominierenden Einflußfaktoren, sondern auch von Größe und Struktur der zugrundeliegenden Masse ab. Ein unmittelbarer Vergleich absoluter numerischer Meßgrößen, die noch dazu in verschiedenen Maßeinheiten vorliegen können, übersteigt vielfach das vorhandene Vorstellungsvermögen.

In der statistischen Praxis werden daher zweckmäßigerweise solche sachlogisch verbundenen Kennzahlen ins Verhältnis gesetzt und die daraus resultierenden **Quotienten** zusätzlich oder vorrangig als Datensatz ausgewertet.

Beispiel 9.2:
Aus Angaben über die absolute Höhe des Volkseinkommens werden Pro-Kopf-Einkommen berechnet.

○

Definition 9.1: Verhältniszahl, Berichtsgröße, Bezugsgröße
Der Quotient aus zwei statistischen Kennzahlen heißt **Verhältniszahl**.
Die Zählergröße wird als **Berichtsgröße**, die Nennergröße als **Bezugs- oder Basisgröße** bezeichnet.

□

Anmerkungen:
a) Die sachgerechte Bildung von Verhältniszahlen setzt generell voraus, daß die konstitutiven Kennzahlen in einem sinnvollen Zusammenhang stehen.
b) In Abhängigkeit von der Relation, in der die Berichtsgröße zur Bezugsgröße steht, werden drei Klassen von Verhältniszahlen unterschieden: **Gliederungszahlen, Beziehungszahlen** und **Meßzahlen**. Auch Indexzahlen können i.w.S. als Verhältniszahlen aufgefaßt werden.[1]

---
[1] s. Kapitel 10.

c) Die Zuordnung zu einer dieser Klassen hängt davon ab, ob die beiden ins Verhältnis zu setzenden Kennzahlen sachlich gleich oder verschiedenartig sind, ferner, ob sie in ihrem Zeit- und/oder Raumbezug übereinstimmen.

Abb. 9.1: Beispiele für Klassen von Verhältniszahlen[1)]

Berichtsgröße	Bezugsgröße	Verhältniszahl
Wertschöpfung des Produzierenden Gewerbes	Wertschöpfung der Volkswirtschaft insgesamt	Gliederungszahl
Wertschöpfung des Produzierenden Gewerbes	Anzahl der Beschäftigten im Produzierenden Gewerbe	Beziehungszahl
Wertschöpfung des Produzierenden Gewerbes im Berichtsjahr	Wertschöpfung des Produzierenden Gewerbes im Vorjahr	Meßzahl des zeitlichen Vergleichs
Wertschöpfung in den neuen Bundesländern	Wertschöpfung im früheren Bundesgebiet	Meßzahl des räumlichen Vergleichs

Statistische Verhältniszahlen dienen grundsätzlich der Beschreibung der Struktur einer statistischen Masse und deren Veränderung im Zeitablauf sowie der vergleichenden Darstellung von Strukturunterschieden und Strukturveränderungen verschiedener Massen.

9.2 Gliederungszahlen

Voraussetzung:
Eine statistische Masse M werde in disjunkte Teilmassen M_i $(i = 1, \ldots, r)$ vollständig zerlegt.

Definition 9.2: Gliederungszahl

Das Verhältnis der Kennzahl Z für eine Teilmasse M_i zu der entsprechenden Kennzahl für die gesamte Masse M heißt **Gliederungszahl**:

$$g_i = \frac{Z(M_i)}{Z(M)}, \quad i = 1, \ldots, r.$$

□

Anmerkungen:

a) Gliederungszahlen als Quotienten sachlich gleichartiger Kennzahlen sind dimensionslos.

b) In der Praxis werden Gliederungszahlen gewöhnlich prozentual angegeben in der Form: $100 \cdot g_i \%$. Sie heißen häufig **Quoten** oder **Anteilswerte**.

[1)] Auf die zeitliche und räumliche Abgrenzung der Kennzahlen wurde, soweit zur Unterscheidung nicht erforderlich, verzichtet.

9.3 Beziehungszahlen

c) Relative Häufigkeiten $g_i = \dfrac{n_i}{\sum_i n_i}$ und relative Merkmalswerte $g_i = \dfrac{x_i}{\sum_i x_i}$ können aus dieser Sicht als **Gliederungszahlen** aufgefaßt werden.

Beispiel 9.3 :

$$\text{Erwerbslosenquote} = \dfrac{\text{Anzahl der Erwerbslosen}}{\text{Anzahl der Erwerbspersonen}} \cdot 100\,\%,$$

$$\text{Lohnquote} = \dfrac{\text{Bruttoeinkommen aus unselbständiger Arbeit}}{\text{Volkseinkommen}} \cdot 100\,\%.$$ ○

d) Die Menge der Gliederungszahlen $\{g_1, \ldots, g_r\}$ mit $g_i \geq 0$ und $\sum_{i=1}^{r} g_i = 1$ beschreibt die **Struktur** einer statistischen Masse bezüglich der Kennzahl Z.

Beispiel 9.4 :

Notenverteilung von 200 Klausuren (Bsp. 2.2 [S. 17]). ○

e) $\{g_1, \ldots, g_r\}$ fungiert bei der Konstruktion vieler aggregierter Maßzahlen als Gewichtungssystem.

9.3 Beziehungszahlen

9.3.1 Begriff der Beziehungszahl

Voraussetzungen:

$M = \{e_i | i = 1, \ldots, n\}$ Statistische Masse,
$U(e_i) = u_i \,;\, V(e_i) = v_i$ Statistische Kennzahlen.

Definition 9.3: Beziehungszahl

Zwei Kennzahlen u_i und v_i, die in einem sinnvollen sachlogischen Zusammenhang stehen und den gleichen Zeit-Raum-Bezug aufweisen, werden derselben Einheit einer statistischen Masse $e_i \in M$ zugeordnet.

Das Verhältnis $b_i = \dfrac{u_i}{v_i}$ heißt dann **Beziehungszahl** für die Einheit e_i, $i = 1, \ldots, n$. □

Beispiel 9.5:

$$\text{Bevölkerungsdichte} = \dfrac{\text{Bevölkerung eines Gebietes}}{\text{Fläche dieses Gebietes in km}^2}.$$ ○

Beispiel 9.6:

$$\text{Geburtenrate} = \dfrac{\text{Anzahl der Lebendgeborenen in einem Kalenderjahr}}{\text{Jahresdurchschnittlicher Bevölkerungsstand}} \cdot 1000.$$ ○

Beispiel 9.7:

$$\text{Pro-Kopf-Einkommen} = \dfrac{\text{Volkseinkommen in DM}}{\text{Bevölkerung}}.$$ ○

Beispiel 9.8:

a) Kapitalintensität $= \dfrac{\text{Kapitaleinsatz}}{\text{Arbeitseinsatz}}$,

b) Arbeitsintensität $= \dfrac{\text{Arbeitseinsatz}}{\text{Kapitaleinsatz}}$.

Beispiel 9.9:

Variationskoeffizient $= \dfrac{\text{Standardabweichung}}{\text{Arithmetisches Mittel}}$.

Anmerkungen:

a) Beziehungszahlen werden in den beiden Dimensionen von U und V ausgewiesen. Nur im Falle gleicher Dimensionen ist eine Beziehungszahl dimensionslos (Bsp. 9.9).

b) Mit $b_i = \dfrac{u_i}{v_i}$ ist auch $\dfrac{1}{b_i} = \dfrac{v_i}{u_i}$ eine Beziehungszahl (Bsp. 9.8 a und b). Welche der beiden Komponenten als Zähler- bzw. Nennergröße gewählt wird, ist mehr eine Frage der Zweckmäßigkeit.

c) Die sachliche Abgrenzung der beiden Kennzahlen sollte der jeweiligen Problemstellung angemessen sein. Hinsichtlich eines interessierenden Sachverhaltes können unterschiedliche Bezugsgrößen in Betracht kommen.

Beispiel 9.10 :

Arbeitsproduktivität wird als Produktionsergebnis je Beschäftigten, je Beschäftigtenstunde, je Arbeiter oder je Arbeiterstunde operationalisiert.

d) Die in der älteren Literatur übliche Unterteilung von Beziehungszahlen in **Verursachungszahlen** und **Entsprechungszahlen** ist bei vielen Anwendungen problematisch. Eine Verursachungszahl liegt eindeutig dann vor, wenn eine (zeitraumbezogene) Bewegungsmasse zu der sie hervorbringenden (zeitpunktbezogenen) Bestandsmasse in Beziehung gesetzt wird. Das gilt für demographische Raten (Bsp. 9.6 [S. 119]). Hier werden bei der Abgrenzung der verursachenden Bezugsgröße unbeteiligte Teilmassen weitgehend ausgeschaltet.

Je enger der sachlogische Zusammenhang zwischen Berichts- und Bezugsgröße ist, desto aussagefähiger wird die Beziehungszahl.

e) Beziehungszahlen können als arithmetische Mittelwerte aufgefaßt werden, die ohne Kenntnis der konkreten Häufigkeitsverteilung bestimmt werden: Im Durchschnitt entfallen b Einheiten von Kennzahl U auf eine Einheit von Kennzahl V (Hypothese der gleichmäßigen Verteilung).

Gliederungszahlen dürfen nicht fälschlicherweise als Verursachungszahlen interpretiert werden.

Beispiel 9.11:

Verteilung der Arbeitsunfälle (in Prozent) nach Wochentagen in einem Betrieb.

9.3.2 Lagemaße für Beziehungszahlen

Aufgrund bestimmter Meßvorschriften werden den Einheiten e_i ($i = 1, \ldots, n$) einer statistischen Masse Beziehungszahlen b_i zugeordnet. Das entspricht einer Transformation der beiden Datensätze $D_n = \{u_i | i = 1, \ldots, n\}$ und $D_n = \{v_i | i = 1, \ldots, n\}$ in den neuen Datensatz $D_n = \{b_i | i = 1, \ldots, n\}$. Hiermit geht eine Daten- und Informationsreduktion einher, die für die statistische Auswertung von prinzipieller Bedeutung ist.

Beispiel 9.12:
Liegen für verschiedene Regionen lediglich Daten über die Bevölkerungsdichten in Einwohner je km^2 vor, so lassen sich daraus keine Rückschlüsse mehr auf die Größe der betreffenden Bevölkerungen und Gebiete ziehen.

○

Der Übergang von der extensiven Darstellung zu einer intensiven Beschreibung des interessierenden Sachverhalts vollzieht sich in der Abbildung einer Menge von Beziehungszahlen in die Menge $\mathbb{R}$ durch ein statistisches Maß.

Als **Lagemaß** kann hier grundsätzlich ein gewogenes Mittel entweder in der Form des **arithmetischen Mittels** oder des **harmonischen Mittels** angewendet werden. Ausschlaggebend für die Wahl des adäquaten Lagemaßes ist dabei im konkreten Anwendungsfall die Beschaffenheit des dem Datensatz zugeordneten **Gewichtungssystems**.

Das arithmetische Mittel als das für kardinal meßbare Merkmale skalen- und informationsgerechte Lagemaß wurde bereits bei der Darstellung der Klasse der Lagemaße in Kapitel 3 entwickelt. Das harmonische Mittel blieb dabei allerdings - ebenso wie das geometrische Mittel - bewußt ausgeklammert, da diese beiden Maße speziellen Anwendungsfällen vorbehalten sind und auch nicht in das dort entwickelte System passen.

Definition 9.4: Harmonisches Mittel, harmonischer Mittelwert

	Bedingung
Das (ungewogene) **harmonische Mittel** $\bar{x}_H$ ist *generell* bestimmt durch:	X kardinal meßbar.
$$\bar{x}_H = \frac{1}{\frac{1}{n}\sum_{i=1}^{n}\frac{1}{x_i}}$$	Datensatz von X: $D_n = \{x_i | i = 1, \ldots, n\}$ mit $x_i = X(e_i)$ für alle $x_i \neq 0$.

Ein konkreter Wert des Maßes $\bar{x}_H$ heißt **harmonischer Mittelwert**.

□

Anmerkung:
Das harmonische Mittel ist gleich dem reziproken Wert des arithmetischen Mittels aus den reziproken Meßwerten $\left(\frac{1}{x_i}\right)$.

Hauptanwendungsgebiet für das harmonische Mittel ist die Kennzeichnung der Niveaulage einer Menge von Beziehungszahlen.

Definition 9.5: Gewogene Mittelwerte von Beziehungszahlen

Gewichte	Harmonisches Mittel	Arithmetisches Mittel
Gliederungszahlen in der Dimension der Zählergröße der Beziehungszahl: $$g_i(u) = \frac{u_i}{\sum_{i=1}^{n} u_i}$$	$$\bar{b}_H = \frac{1}{\sum_{i=1}^{n} \frac{1}{b_i} g_i(u)} = \frac{\sum_{i=1}^{n} u_i}{\sum_{i=1}^{n} \frac{1}{b_i} u_i}$$	—
Gliederungszahlen in der Dimension der Nennergröße der Beziehungszahl: $$g_i(v) = \frac{v_i}{\sum_{i=1}^{n} v_i}$$	—	$$\bar{b} = \sum_{i=1}^{n} b_i g_i(v) = \frac{\sum_{i=1}^{n} b_i v_i}{\sum_{i=1}^{n} v_i}$$

□

Anmerkungen:

a) Das harmonische Mittel kann informationsgerecht durch ein entsprechendes arithmetisches Mittel ersetzt werden, wenn das Gewichtungssystem $\{g_i(u)|i = 1, \ldots, n\}$ durch $\{g_i(v)|i = 1, \ldots, n\}$ substituiert wird.

Beide Maße führen (abgesehen von Rundungsfehlern) auf das gleiche numerische Resultat: $\bar{b}_H = \bar{b}$.

b) Wenn die Ursprungswerte für die beiden Kenngrößen U und V, also die vollständigen Datensätze $D_n = \{u_i | i = 1, \ldots, n\}$ und $D_n = \{v_i | i = 1, \ldots, n\}$ gesondert vorliegen, kann das Lagemaß unmittelbar aus den aggregierten Einzelwerten berechnet werden:

$$\frac{\sum_{i=1}^{n} u_i}{\sum_{i=1}^{n} v_i} = \bar{b}_H = \bar{b} \ .$$

Beispiel 9.13: Bevölkerungsstatistische Angaben für das frühere Bundesgebiet und die neuen Länder.

Ausgangsdaten nach dem Stand vom 30. 06. 1992 (gerundete Zahlen):

Gebiet		Einwohner in 1000	Fläche in 1000 km²	Einwohner je km²
i		u_i	v_i	b_i
1	Früheres Bundesgebiet	64740	249	260
2	Neue Länder	15660	108	145
	Summe	80400	357	

Quelle: Statistisches Bundesamt

9.4 Meßzahlen

Zu bestimmen sei die Bevölkerungsdichte Deutschlands. Hierfür stehen drei verschiedene Varianten zur Verfügung.

Arbeitstabelle für Hilfswerte (weitergeführt mit gerundeten Zahlen):

i	$b_i = \dfrac{u_i}{v_i}$	$g_i(u) = \dfrac{u_i}{\sum u_i}$	$g_i(v) = \dfrac{v_i}{\sum v_i}$	$b_i\, g_i(v)$	$\dfrac{g_i(u)}{b_i}$
1	260	0,8052	0,6975	181,3500	0,00310
2	145	0,1948	0,3025	43,8625	0,00134
$\sum$		1	1	225,2125	0,00444

1. Berechnung aus den aggregierten Ursprungsdaten u_i und v_i:

$$\bar{b} = \frac{\sum_{i=1}^{2} u_i}{\sum_{i=1}^{2} v_i} = \frac{80400000}{357000} \doteq 225 \ [\text{Einwohner je } km^2],$$

2. Arithmetischer Mittelwert aus Beziehungszahlen b_i mit den Flächenanteilen $g_i(v)$ als Gewichten:

$$\bar{b} = \sum_{i=1}^{2} b_i g_i(v) \doteq 225 \ [\text{Einwohner je } km^2],$$

3. Harmonischer Mittelwert aus Beziehungszahlen b_i mit den Einwohneranteilen $g_i(u)$ als Gewichten:

$$\bar{b}_H = \frac{1}{\sum_{i=1}^{2} \dfrac{1}{b_i} g_i(u)} = \frac{1}{0{,}00444} \doteq 225 \ [\text{Einwohner je } km^2].$$

$\bigcirc$

9.4 Meßzahlen

9.4.1 Begriff der Meßzahl

Meßzahlen sind Verhältniszahlen, die dem zeitlichen oder räumlichen Vergleich von sachlich gleichartigen Merkmalen dienen.

Definition 9.6: Meßzahl

Das Verhältnis der Kennzahl für eine Menge von statistischen Einheiten zu der entsprechenden Kennzahl für eine andere Menge von Einheiten, die sich nur in ihrem zeitlichen oder räumlichen Bezug voneinander unterscheiden, heißt **Meßzahl**[1] des zeitlichen bzw. räumlichen Vergleichs.

$\square$

---

[1] Die ähnlichen Begriffe 'Meßzahl' und 'Meßwert' (s. Def. 1.11 [S. 11]) müssen unbedingt auseinandergehalten werden.

Beispiel 9.14: Meßzahl für den zeitlichen Preisvergleich:

$$\frac{\text{Preis für Erdöl [in DM je t] 1992}}{\text{Preis für Erdöl [in DM je t] 1984}}.$$

Beispiel 9.15: Meßzahl für den räumlichen Preisvergleich:

$$\frac{\text{Kaufwert für Bauland [in DM je m}^2\text{] in Großstadt B}}{\text{Kaufwert für Bauland [in DM je m}^2\text{] in Großstadt A}}.$$

Hauptanwendungsgebiet für Meßzahlen sind Zeitreihen, die für vergleichende Untersuchungen zweckentsprechend transformiert werden.

Definition 9.7: Zeitreihe[1]

Unter einer **Zeitreihe** versteht man eine nach einer Zeitvariablen t geordnete Folge von Meßwerten eines kardinal meßbaren Merkmals X:

$$\{x_t \mid t = 0, \ldots, T\}.$$

Die diskrete Zeitvariable bezeichnet bei Bestandsgrößen Zeitpunkte, bei Bewegungsgrößen Zeiträume (Perioden) bzw. deren Mittelpunkte.

Die Zeitreihe heißt **äquidistant**, wenn die Werte der diskreten Zeitvariablen konstante Abstände aufweisen.

Anmerkung:

Sozioökonomische Zeitreihen sind regelmäßig äquidistante Zeitreihen mit Jahren, Quartalen, Monaten etc. als Intervallen.[2]

Eine Zeitreihe von Meßwerten beschreibt die absolute Entwicklung eines Merkmals X im Zeitablauf.

Beispiel 9.16:

Entwicklung der Wertschöpfung eines Wirtschaftsbereiches von 1985 bis 1992.

Da **absolute** Veränderungen bei Zeitreihen mit Meßwerten auf unterschiedlich hohem Niveau anschaulich nur schwer zu vergleichen sind, bildet man **relative** Größen, indem Meßwerte zu einem bestimmten Bezugswert derselben Reihe ins Verhältnis gesetzt werden.

Definition 9.8: Meßzahl mit konstanter bzw. variabler Bezugszeit

Das Verhältnis aus dem Meßwert eines Merkmals X zur Zeit t zu dem entsprechenden Wert zur Zeit t_0 heißt **Meßzahl** für die Berichtszeit t zur Bezugszeit (Basiszeit) t_0.

Bei Meßzahlen mit **konstanter** Bezugszeit werden alle Werte einer Zeitreihe auf den entsprechenden Wert derselben Bezugszeit t_0 bezogen:

$$m_{t_0,t} = \frac{x_t}{x_{t_0}} \quad t = 0, \ldots, T \text{ mit } x_{t_0} \neq 0.$$

---

[1] s. auch Kapitel 11

[2] Die Tatsache, daß die Kalendereinheiten nicht unbedingt gleich lang sind, bleibt oft unberücksichtigt.

9.4 Meßzahlen

Bei Meßzahlen mit **variabler** Bezugszeit wird jeder Wert einer Zeitreihe auf den entsprechenden Wert zur Bezugszeit $t-1$ bezogen:

$$m_{t-1,t} = \frac{x_t}{x_{t-1}} \quad t=1,\ldots,T \text{ mit } x_{t-1} \neq 0 \;.$$

$\square$

Anmerkungen:

a) Der Werte x_{t_0} und x_{t-1} werden als Basiswert bzw. Bezugswert bezeichnet. Die Begriffe Basis*zeit* und Basis*wert* sind zu unterscheiden. Der Begriff 'Basis' sollte nicht unspezifiziert verwendet werden.

b) Meßzahlen als Quotienten aus Werten einer Zeitreihe sind dimensionslos. Sie werden in der Praxis mit 100 multipliziert und als Prozentzahlen ausgewiesen, wobei i.d.R. das Prozentzeichen fortgelassen wird: $100 m_{t_0,t}\%$.

Beispiel 9.17 :

Für $t_0 = 0$ erhält man aus der

Zeitreihe	x_0,	x_1,	$\ldots$,	x_T
die Meßzahlenreihe	$\frac{x_0}{x_0}=1$,	$\frac{x_1}{x_0}=m_{0,1}$,	$\ldots$,	$\frac{x_T}{x_0}=m_{0,T}$
bzw.	100,	$100 m_{0,1}$,	$\ldots$,	$100 m_{0,T}$.

$\bigcirc$

c) Als konstante Basiszeit muß nicht die Ausgangszeit $t_0 = 0$ gewählt werden; in formaler Hinsicht kommt jeder Zeitindex in Betracht. Um aber als Folge der Wahl einer Basiszeit eine Über- oder Unterzeichnung der Reihenentwicklung zu vermeiden, sollte bei ökonomischen Anwendungen möglichst eine Periode mit durchschnittlicher Merkmalsausprägung ('Normaljahr') gewählt werden, die nicht zu weit zurückliegt.

Beispiel 9.18: Entwicklung der Wertschöpfung eines Wirtschaftsbereiches von 1985 bis 1992.

Ausgangsdaten und Berechnung von Meßzahlen mit *konstanter* Basisperiode	Jahr	Wertschöpfung in Mill. DM	Meßzahlen[1]	
	t	x_t	$m_{85,t}=\frac{x_t}{x_{85}}$	$m_{90,t}=\frac{x_t}{x_{90}}$
	1985	18,4	1,000	0,786
	1986	19,3	1,049	0,825
	1987	21,0	1,141	0,897
	1988	20,0	1,087	0,855
	1989	21,7	1,179	0,927
	1990	23,4	1,272	1,000
	1991	24,8	1,348	1,060
	1992	22,8	1,239	0,974

---

[1] Unter Verwendung der verkürzten Schreibweise: $m_{1985,t} = m_{85,t}$.

Anmerkungen:

a) Die Meßzahlen $100\, m_{85,t}$ und $100\, m_{90,t}$ messen die prozentuale Veränderung der Wertschöpfung für die Berichtsjahre 1985 bis 1992 jeweils gegenüber dem Basisjahr 1985 bzw. 1990.

b) Die Meßzahl $m_{85,90} = \frac{23{,}4}{18{,}4} = 1{,}272 \mathrel{\widehat{=}} 127{,}2\%$ beispielsweise zeigt für den Zeitraum von 1985 bis 1990 eine Zunahme *auf* 127,2 Prozent oder *um* 27,2 Prozent an.

c) Ein Vergleich der beiden Meßzahlen $m_{85,90} = 127{,}2\%$ und $m_{85,91} = 134{,}8\%$ untereinander weist dagegen für 1991 gegenüber 1990 eine Zunahme um $134{,}8 - 127{,}2 = 7{,}6$ **Prozentpunkte** aus.

d) $m_{90,92} = 97{,}4\%$ besagt, daß die entsprechende Größe von 1990 bis 1992 um 2,6% gesunken ist.

○

9.4.2 Umbasierung und Verkettung von Meßzahlen

Mitunter stellt sich das Problem, eine vorliegende Meßzahlenreihe zur Basiszeit t_0 umzustellen auf eine *neue* Basiszeit t_1, um sie in ihrer Entwicklung mit anderen Reihen zu dieser Basiszeit direkt vergleichen zu können.

Definition 9.9: Umbasierung von Meßzahlen
Die Umstellung einer Folge von Meßzahlen zur Basiszeit t_0 auf eine äqivalente Folge zur Basiszeit t_1 heißt **Umbasierung**.

□

Die (neuen) Meßzahlen $m_{t_1,t}$ können *ohne* Rückgriff auf die originären Zeitreihenwerte direkt aus den (alten) Meßzahlen $m_{t_0,t}$ berechnet werden nach:

Satz 9.1: Umbasierungsformel für Meßzahlen
Die Umbasierung einer Folge von Meßzahlen zur Basiszeit t_0 in Meßzahlen zur Basiszeit t_1 erfolgt nach der **Umbasierungsformel**:

$$m_{t_1,t} = \frac{m_{t_0,t}}{m_{t_0,t_1}} \qquad t = 0, 1, 2, \ldots$$

△

Anmerkungen:

a) Die zur Umbasierung inverse Operation heißt **zeitliche Verkettung**. Die Meßzahlen m_{t_0,t_1} und $m_{t_1,t}$ können über t_1 *multiplikativ* zu der Meßzahl $m_{t_0,t}$ verkettet werden:

$$m_{t_0,t_1} \cdot m_{t_1,t} = m_{t_0,t} \,.$$

Meßzahlen erfüllen ex definitione diese Eigenschaft der **Zirkularität**. Für eine Folge von T Meßzahlen mit variabler Basiszeit gilt allgemein:

$$m_{0,1} \cdot m_{1,2} \cdot \ldots \cdot m_{T-1,T} = m_{0,T} \,.$$

b) Meßzahlen erfüllen die Eigenschaft der **Reversibilität** (**Zeitumkehrkriterium**):

$$m_{t_1,t_0} = \frac{1}{m_{t_0,t_1}} \,.$$

9.4 Meßzahlen

Das folgt unmittelbar aus der Eigenschaft der Zirkularität für $t = t_0$ zusammen mit $m_{t_0,t_0} = 1$ (Eigenschaft der **Identität**).

c) Meßzahlen erfüllen die Eigenschaft der **sachlichen Verkettung** (**Faktorumkehrkriterium**).

Voraussetzung:
Aus Zeitreihen von Meßwerten für die ökonomisch relevanten Merkmale **Preis** $p^{(i)}$, **Menge** $q^{(i)}$ und **Wert** $v^{(i)}$ für ein Gut i ($i = 1, \ldots, n$) werden die entsprechenden Meßzahlen für die Berichtszeit t ($t = 0, 1, 2, \ldots$) zur Basiszeit 0 (allgemein: t_0) gebildet:

$$m_{0,t}(p^{(i)}) = \frac{p_t^{(i)}}{p_0^{(i)}} \qquad \text{Preismeßzahl,}$$

$$m_{0,t}(q^{(i)}) = \frac{q_t^{(i)}}{q_0^{(i)}} \qquad \text{Mengenmeßzahl,}$$

$$m_{0,t}(v^{(i)}) = \frac{v_t^{(i)}}{v_0^{(i)}} \qquad \text{Wertmeßzahl.}$$

Analog zu der bekannten Relation:

$$p_t^{(i)} \cdot q_t^{(i)} = v_t^{(i)} \quad i = 1, \ldots, n \; , \quad t = 0, 1, 2, \ldots$$

sind auch die korrespondierenden Meßzahlen *multiplikativ verknüpft*:

$$m_{0,t}(p^{(i)}) \cdot m_{0,t}(q^{(i)}) = m_{0,t}(v^{(i)}) \; .$$

Beispiel 9.19: Entwicklung der Wertschöpfung.
Ausgehend von Bsp. 9.18 [S. 125] sollen Meßzahlen zum Basisjahr 1990 durch Umbasierung aus den (bereits vorliegenden) Meßzahlen zum Basisjahr 1985 berechnet werden.
Über die Relation $m_{90,t} = \dfrac{m_{85,t}}{m_{85,90}}$ erhält man:

$$m_{90,85} = \frac{1{,}000}{1{,}272} = 0{,}786 \; , \qquad m_{90,86} = \frac{1{,}049}{1{,}272} = 0{,}825 \; , \qquad \ldots$$

○

In der empirischen Wirtschaftsforschung benötigt man relativ häufig Datensätze, die längere Zeitreihen umfassen. Dabei kommt es vor, daß man für den gleichen interessierenden Sachverhalt unter leicht geänderten Modalitäten über zwei Meßzahlenfolgen verfügt, die sich auf getrennte Zeitabschnitte mit verschiedenen Basisperioden erstrecken. Diese Meßzahlenfolgen können zu einer *durchgehenden* Folge verknüpft werden, wenn sie sich wenigstens für eine Periode überlappen.

Definition 9.10: Verkettung von Meßzahlenfolgen
Gegeben seien die Meßzahlenfolgen $\{m_{0,t} \,|\, t = 0, 1, \ldots, t_1\}$ und $\{m_{t_1,t} \,|\, t = t_1, t_1+1, \ldots\}$. Die Verknüpfung der beiden Folgen zu einer durchgehenden Folge entweder zur Basiszeit 0 oder zur Basiszeit t_1 heißt **Verkettung der Meßzahlenfolgen**.

□

Satz 9.2: Verkettungsformel für Meßzahlenfolgen

a) Die **verkettete Meßzahlenfolge** zur Basiszeit 0 ergibt sich als *Fortführung* der alten Meßzahlenreihe:
$$m_{0,t} = \begin{cases} m_{0,t} & \text{für } t = 0, 1, \ldots, t_1 \\ m_{0,t_1} m_{t_1,t} & \text{für } t = t_1 + 1, t_1 + 2, \ldots \end{cases}$$

b) Die **verkettete Meßzahlenfolge** zur Basiszeit t_1 ergibt sich als *Rückrechnung* der neuen Meßzahlenreihe:
$$m_{t_1,t} = \begin{cases} \dfrac{m_{0,t}}{m_{0,t_1}} & \text{für } t = 0, 1, \ldots, t_1 - 1 \\ m_{t_1,t} & \text{für } t = t_1, t_1 + 1, t_1 + 2, \ldots \end{cases}$$

△

Abb. 9.2: Schematische Darstellung der Verkettung von zwei Meßzahlenfolgen

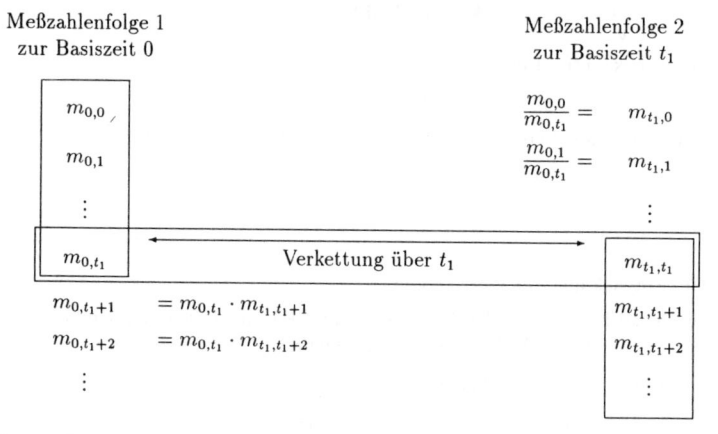

Meßzahlenfolge 1 zur Basiszeit 0

Meßzahlenfolge 2 zur Basiszeit t_1

$m_{0,0}$		$\dfrac{m_{0,0}}{m_{0,t_1}} =$	$m_{t_1,0}$
$m_{0,1}$		$\dfrac{m_{0,1}}{m_{0,t_1}} =$	$m_{t_1,1}$
⋮		⋮	
m_{0,t_1}	Verkettung über t_1		m_{t_1,t_1}
m_{0,t_1+1}	$= m_{0,t_1} \cdot m_{t_1,t_1+1}$		m_{t_1,t_1+1}
m_{0,t_1+2}	$= m_{0,t_1} \cdot m_{t_1,t_1+2}$		m_{t_1,t_1+2}
⋮			⋮

Anmerkung:

Man kann entweder die Folge 2 an Folge 1 anschließen ('vorrechnen') oder die Folge 1 an die Folge 2 anschließen ('zurückrechnen').

Beispiel 9.20: Preismeßzahlen für zwei ähnliche Qualitätsabstufungen eines Gutes.

Verkettung der Meßzahlenfolgen über Werte des Jahres 1982

Jahr	$m_{80,t}$		$m_{82,t}$
1980		1	$(\frac{1}{1,140} =)$ 0,877
1981		1,065	$(\frac{1,065}{1,140} =)$ 0,934
1982		1,140 ↔	1
1983	$(1,14 \cdot 1,15 =)$	1,311	1,150
1984	$(1,14 \cdot 1,24 =)$	1,414	1,240
1985	$(1,14 \cdot 1,30 =)$	1,482	1,300

○

9.4.3 Wachstumsmaße

Meßzahlen mit variabler Bezugszeit dienen hauptsächlich als Wachstumsmaße, d.h. der statistischen Erfassung von Veränderungs- und Wachstumsvorgängen in Zeitreihen.

Definition 9.11: Zuwachsfaktor, Zuwachs- oder Wachstumsrate
Vorausgesetzt sei eine äquidistante Zeitreihe $\{x_t | t = 0, \ldots, T\}$ des Merkmals X.
a) Die Meßzahl
$$m_{t-1,t} = \frac{x_t}{x_{t-1}}$$
heißt **Zuwachsfaktor** von X für den Zeitraum (die Periode) $[t-1, t]$, $t = 1, \ldots, T$.
b) Die modifizierte Meßzahl
$$w_{t-1,t} = \frac{x_t - x_{t-1}}{x_{t-1}} = m_{t-1,t} - 1$$
heißt **Zuwachs- oder Wachstumsrate** von X für $[t-1, t]$, $t = 1, \ldots, T$.

□

Anmerkungen:
a) Die Maße $m_{t-1,t}$ und $w_{t-1,t}$ messen relative Veränderungen von X in der Zeit. Sie stehen in der Beziehung:
$$m_{t-1,t} = 1 + w_{t-1,t} \quad \text{für } t = 1, \ldots, T.$$

$w_{t-1,t}$ kann positive oder negative Werte annehmen, wodurch eine Zunahme bzw. Abnahme des Wertes x_{t-1} in $[t-1, t]$ signalisiert wird.

Die Werte von $m_{t-1,t}$ sind entsprechend größer oder kleiner 1; letztere haben dann die Bedeutung eines Schrumpfungsfaktors.

b) Die Maße $w_{t-1,t}$ und $m_{t-1,t}$ sind dimensionslos.

In der Praxis werden sie häufig prozentual ausgewiesen, z.B. $w_{t-1,t} \cdot 100\%$.

Rechenoperationen mit Wachstumsmaßen, die Multiplikation und Potenzieren (nebst Umkehroperationen) einschließen, sollten sich grundsätzlich auf deren Dezimalbruch-Form stützen.

Beispiel 9.21:
Die prozentuale Zuwachsrate eines Wertes x_t für das Zeitintervall $[t, t+1]$ sei mit $p = 5\%$ unterstellt.

Daraus folgt für die Zuwachsrate w:
$$w_{t,t+1} = \frac{p}{100} = 0{,}05$$
und für den Wert x_{t+1}:
$$x_{t+1} = m_{t,t+1} \cdot x_t = (1 + w_{t,t+1}) x_t = 1{,}05 \cdot x_t.$$

○

Die relative Gesamtveränderung von X im Zeitraum $[0, T]$ ergibt sich aus der zeitlichen Verkettung[1] der Zuwachsfaktoren für die Folge der Perioden $[t-1, t]$, $t = 1, \ldots, T$:

$$\begin{aligned} m_{0,T} &= m_{0,1} \cdot m_{1,2} \cdot \ldots \cdot m_{T-1,T} \\ &= (1+w_{0,1}) \cdot (1+w_{1,2}) \cdot \ldots \cdot (1+w_{T-1,T}) \,. \end{aligned}$$

Zielgröße für die weitere Untersuchung von Wachstumsvorgängen ist üblicherweise die **durchschnittliche Wachstumsrate**, die man über eine Mittelung der Zuwachsfaktoren errechnet.

Wir führen zu diesem Zweck ein neues Lagemaß ein.

Definition 9.12: Geometrisches Mittel, geometrischer Mittelwert

	Bedingung:
Das (ungewogene) **geometrische Mittel** $\bar{x}_G$ ist *generell* bestimmt durch:	X kardinal meßbar.
$$\bar{x}_G = \sqrt[n]{x_1 x_2 \ldots x_n} = \sqrt[n]{\prod_{i=1}^{n} x_i}$$	Datensatz von X: $D_n = \{x_i \mid i = 1, \ldots, n\}$ mit $x_i = X(e_i) > 0$.
Ein konkreter Wert des Maßes $\bar{x}_G$ heißt **geometrischer Mittelwert**.	

□

Anmerkungen:

a) Der Logarithmus des geometrischen Mittels entspricht dem arithmetischen Mittel aus den logarithmierten Daten:

$$\log \bar{x}_G = \frac{1}{n} \sum_{i=1}^{n} \log x_i = \overline{\log x} \,.$$

b) Bei gleichem Datensatz gilt: $\bar{x}_G \leq \bar{x}$.

c) Aus Def. 9.12 folgt ferner: $\prod_{i=1}^{n} x_i = \bar{x}_G^n$ oder $\prod_{i=1}^{n} \frac{x_i}{\bar{x}_G} = 1$.

Dies spiegelt eine Art 'Ersatzwerteigenschaft'[2] von $\bar{x}_G$ für eine Menge *multiplikativ* verknüpfter Meßwerte x_i.

Da die 'zeitliche Verkettung' der Zuwachsfaktoren multiplikativer Natur ist, stellt das geometrische Mittel das adäquate Maß zur Bestimmung eines durchschnittlichen Zuwachsfaktors dar.

---

[1] s. Anm. a zu Satz 9.1 [S. 126].
[2] vgl. Anm. a zu Def. 3.5 [S. 39]. Eine andere Beziehung hierfür ist 'Einseigenschaft'.

9.4 Meßzahlen

Definition 9.13: Zuwachskoeffizient, durchschnittliche Zuwachs- oder Wachstumsrate
Das geometrische Mittel aus den Zuwachsfaktoren $m_{t-1,t}$ für $t = 1, \ldots, T$:
$$\bar{m} = \sqrt[T]{m_{0,1} \cdot m_{1,2} \cdot \ldots \cdot m_{T-1,T}} = \sqrt[T]{m_{0,T}}$$
heißt **Zuwachskoeffizient** für den Zeitraum $[0, T]$.
$\bar{w} = \bar{m} - 1$ heißt **durchschnittliche Zuwachs- oder Wachstumsrate** pro Periode. □

Anmerkungen:

a) Die Berechnung und Mittelung von Wachstumsraten in Verbindung mit entsprechenden Zuwachsfaktoren erlaubt verschiedene Modalitäten. Einen zusammenfassenden Überblick soll die Abb. 9.3 ermöglichen.

Abb. 9.3: Schema zur Berechnung von Wachstumsraten
(Die Pfeile kennzeichnen die möglichen Rechenschritte.)

Daten für den Zeitraum $[t-1, t]$ $t = 1, \ldots, T$	Lagemaß für den Zeitraum $[0, T]$
Zuwachsfaktoren ────────→	Zuwachskoeffizient
= Meßzahlen mit variabler Basiszeit	= Geometrisches Mittel von Meßzahlen
$m_{t-1,t} = \dfrac{x_t}{x_{t-1}}$	$\bar{m} = \sqrt[T]{m_{0,1} \cdot m_{1,2} \cdot \ldots \cdot m_{T-1,T}}$
Zuwachs- oder Wachstumsraten	Durchschnittliche Zuwachs- oder Wachstumsrate pro Periode
$w_{t-1,t} = m_{t-1,t} - 1$	$\bar{w} = \bar{m} - 1$

b) Wenn von einem Wachstumsvorgang der Anfangswert x_0 und der Endwert x_T bekannt sind, so ergeben sich Gesamtzuwachsfaktor und -rate aus:
$$m_{0,T} = (1 + w_{0,T}) = \frac{x_T}{x_0} \; ; \quad w_{0,T} = \frac{x_T - x_0}{x_0} \, .$$
Die relative Gesamtveränderung kann mit variierenden Zuwachsraten in den einzelnen Perioden $[t-1, t]$, $t = 1, \ldots, T$, zustandegekommen sein:
$$(1 + w_{0,1}) \cdot (1 + w_{1,2}) \cdot \ldots \cdot (1 + w_{T-1,T}) = (1 + w_{0,T}) \, .$$
Werden aber für die Periodenfolge konstante Zuwachsraten unterstellt, so sind diese gleich der durchschnittlichen Zuwachsrate $\bar{w}$ (Ersatzwerteigenschaft von $\bar{w}$), d.h. es muß gelten:
$$\begin{aligned}(1 + \bar{w})^T &= (1 + w_{0,T}) &= m_{0,T} \\ 1 + \bar{w} &= \sqrt[T]{1 + w_{0,T}} &= \sqrt[T]{m_{0,T}} = \bar{m} \\ \bar{w} &= \bar{m} - 1.\end{aligned}$$

Satz 9.3: Wachstumsfunktion

Ein Wachstumsvorgang habe den Anfangswert x_0 und die konstante Perioden-Zuwachsrate $\bar{w}$.

Dann ergibt sich der Wert x_t aus der **Wachstumsfunktion**

$$x_t = x_0 \cdot \bar{m}^t = x_0(1 + \bar{w})^t \qquad \text{für } t = 1, 2, \ldots$$

△

Beispiel 9.22: Lebendgeborene in der Bundesrepublik Deutschland von 1986 bis 1991.

Ausgangsdaten und Berechnung der durchschnittlichen Wachstumsrate pro Jahr:

Jahr	Lebendgeborene			
	in 1000	Veränderung gegenüber dem Vorjahr		
		Zuwachsfaktor	Zuwachsrate	
t	x_t	$m_{t-1,t}$	$w_{t-1,t}$	$100 w_{t-1,t}\%$
1986	626,0			
1987	642,0	1,026	0,026	2,6
1988	677,3	1,055	0,055	5,5
1989	681,5	1,006	0,006	0,6
1990	727,2	1,067	0,067	6,7
1991	722,3	0,993	−0,007	−0,7

Quelle: Statistisches Bundesamt

Die Meßzahl $m_{86,91} = \dfrac{722,3}{626} = 1{,}154$ setzt sich multiplikativ zusammen aus den Zuwachsfaktoren:

$$m_{86,87} \cdot m_{87,88} \cdot m_{88,89} \cdot m_{89,90} \cdot m_{90,91} = m_{86,91}$$
$$1{,}026 \cdot 1{,}055 \cdot 1{,}006 \cdot 1{,}067 \cdot 0{,}993 = 1{,}154.$$

Zuwachskoeffizient (=geometrisches Mittel):

$$\bar{m} = \sqrt[5]{1{,}026 \cdot 1{,}055 \cdot 1{,}006 \cdot 1{,}067 \cdot 0{,}993} = \sqrt[5]{1{,}154}$$
$$\bar{m} = 1{,}029.$$

Durchschnittliche Wachstumsrate pro Jahr:

$$\bar{w} = \bar{m} - 1 = 1{,}029 - 1 = 0{,}029 = 2{,}9\%.$$

○

Übungsaufgaben zu Kapitel 9: 18 − 23, 35

10 Indexzahlen

10.1 Überblick

Indizes spielen in vielen Bereichen der angewandten Wirtschaftsstatistik eine große Rolle. Sie gehören in der empirischen Wirtschaftsforschung zu den wichtigsten **Indikatoren** der kurzfristigen Konjunkturbeobachtung.

Beispiel 10.1:
Preisindex für die Lebenshaltung der privaten Haushalte,
Index der Nettoproduktion für das Produzierende Gewerbe.
○

In methodischer Hinsicht stellen Indizes Meßfunktionen dar, die ebenso wie Meßzahlen dem zeitlichen oder räumlichen Vergleich sachverwandter Merkmale dienen. Während aber eine aus einer Zeitreihe abgeleitete Meßzahlenfolge relative Veränderungen eines einzelnen Merkmals im Vergleich zur Basiszeit darstellt, beruhen Indexzahlen auf einer Menge von unabhängigen Zeitreihen, die als ein **Aggregat** aufgefaßt werden.

Beispiel 10.2:
Entwicklung des Preises einer Menge von Gütern, die gedanklich zu einem *Güterbündel* (**Warenkorb**) zusammengefaßt werden.
○

Ein Index hat in diesem Zusamenhang die Aufgabe, für eine bestimmte Beobachtungsperiode die durchschnittliche relative Veränderung eines derartigen Aggregats in bezug auf eine Vergleichsperiode summarisch in einer einzigen Kennzahl zum Ausdruck zu bringen. Ähnlich wie bei Meßzahlen werden Indizes auch für den räumlichen Vergleich gebildet, was hier jedoch ausgeklammert bleibt.

Beispiel 10.3:
Kaufkraftparitäten zum Zwecke des Preisvergleichs zwischen zwei Ländern mit verschiedenen Währungen.
○

10.2 Konstruktion von Indizes

Voraussetzungen:

$x_t^{(i)}$ Meßwert eines kardinal meßbaren Merkmals $X^{(i)}$ (z.B. Preis eines Gutes i), $i=1,\ldots,n$, zur Zeit t, $t=0,\ldots,T$.

$m_{0,t}^{(i)} = \dfrac{x_t^{(i)}}{x_0^{(i)}}$ Meßzahl in bezug auf das Merkmal $X^{(i)}$ (z.B. Preismeßzahl für das Gut i) für die Berichtszeit t zur (konstanten) Basiszeit $t_0 = 0$.
Bei der Basiszeit (Berichtszeit) kann es sich um Zeitpunkte oder Perioden handeln.

$\{m_{0,t}^{(i)} | i = 1,\ldots,n;\ t = 0,\ldots,T\}$ **Meßzahlensystem**.

$g_t^{(i)}$ — Gewichtungsfaktor oder -koeffizient in bezug auf das Merkmal $X^{(i)}$ zur Zeit t, $t = 0, \ldots, T$.

$\{g_t^{(i)} | i = 1, \ldots, n; \ t = 0, \ldots, T\}$ — Gewichtungs- oder **Wägungssystem** (-schema)

mit $g_t^{(i)} \geq 0$ und $\sum_{i=1}^{n} g_t^{(i)} = 1$.

Die Konstruktion von Indizes zur globalen Messung von Niveauveränderungen eines Aggregats von Meßzahlen beruht methodisch auf der Mittelung dieser Meßzahlen, also auf einem Lagemaß. Dabei wird heute von einem sehr allgemeinen Ansatz ausgegangen.

Definition 10.1: Index

Ein Maß, das aus der Verknüpfung eines Meßzahlensystems $\{m_{0,t}^{(i)}\}$ mit einem Gewichtungssystem $\{g_t^{(i)}\}$ resultiert, wird als **Index** bezeichnet.

□

Anmerkung:

Hierbei wird davon ausgegangen, daß 'Index' ein Maß bezeichnet, '**Indexzahlen**' sind dann Realisationen eines Maßes. Dieser Sprachgebrauch ist allerdings nicht einheitlich. Vielfach werden die beiden Begriffe auch ohne erkennbare Konzeption verwendet.

Im folgenden werden speziell solche Indizes behandelt, die gewogene Mittel von Meßzahlen des *zeitlichen* Vergleichs darstellen. Sie werden in der Literatur auch als *dynamische* Mittel charakterisiert.

Beispiel 10.4:

Ein Preisindex ordnet jeder Berichtszeit eine Kennzahl zu, die die durchschnittliche relative Veränderung der Preise aller Güter eines Warenkorbes im Vergleich zur Basiszeit mißt.

○

Abb. 10.1: Schematische Übersicht zur Mittelung von Meßzahlen zu Indexzahlen

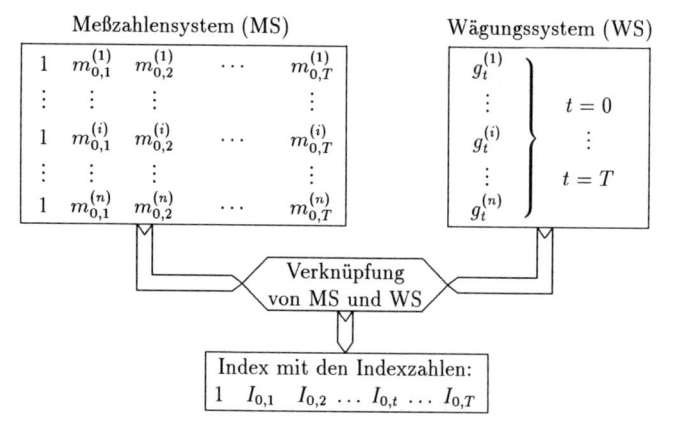

Meßzahlensystem (MS)				Wägungssystem (WS)	
1 $m_{0,1}^{(1)}$	$m_{0,2}^{(1)}$	$\cdots$	$m_{0,T}^{(1)}$	$g_t^{(1)}$	
$\vdots$ $\vdots$	$\vdots$		$\vdots$	$\vdots$	$t=0$
1 $m_{0,1}^{(i)}$	$m_{0,2}^{(i)}$	$\cdots$	$m_{0,T}^{(i)}$	$g_t^{(i)}$	$\vdots$
$\vdots$ $\vdots$	$\vdots$		$\vdots$	$\vdots$	$t=T$
1 $m_{0,1}^{(n)}$	$m_{0,2}^{(n)}$	$\cdots$	$m_{0,T}^{(n)}$	$g_t^{(n)}$	

Verknüpfung von MS und WS

Index mit den Indexzahlen:
1 $I_{0,1}$ $I_{0,2}$ $\ldots$ $I_{0,t}$ $\ldots$ $I_{0,T}$

10.2 Konstruktion von Indizes

Anmerkungen:

a) Ein Index reduziert eine mehrdimensionale Meßzahl (Menge von Meßzahlen) auf eine eindimensionale Indexzahl.

b) Die Indexzahl $I_{0,t}$ resultiert in dem Meßzahlensystem aus der Mittelung im *Querschnitt mehrerer* Meßzahlenreihen.

Im Unterschied dazu beruht das geometrische Mittel auf der Mittelung im *Längsschnitt einer* Meßzahlenreihe.[1]

c) Das Wägungssystem bringt die *relative Bedeutung* der einzelnen Meßzahlen in dem Meßzahlensystem zum Ausdruck (z.B. die ökonomische 'Gewichtung' der einzelnen Güter für die zu messende durchschnittliche Preisentwicklung des gesamten Warenkorbes).

d) In Abb. 10.1 wird eine Folge von sachlich gleichartigen Indexzahlen $I_{0,t}$ ($t = 0, \ldots, T$) erzeugt, die auch als **Indexreihe** bezeichnet werden kann. Diese Reihe heißt mitunter ebenfalls 'Index'.

e) Bei praktisch-statistischen Anwendungen werden Indexzahlen ähnlich wie Meßzahlen üblicherweise in der Form: $100 I_{0,t}$ % ausgewiesen, wobei das Prozentzeichen auch fortgelassen wird. Gebräuchlich ist die Angabe der einzelnen Indexzahlen zusammen mit dem Hinweis auf die Basis(zeit).

Beispiel 10.5 :

Jahr	Preisindex (1985 $\widehat{=}$ 100)
1989	110
1990	115
1991	118

○

Aus der Spezifizierung des **Gewichtungssystems** in Def. 10.1 [S. 134], die ein zentrales Problem der Indextheorie darstellt, resultiert eine Vielzahl von unterschiedlichen **Indextypen**, von denen im Hinblick auf wirtschaftsstatistische Anwendungen vorwiegend zwei Ansätze Bedeutung erlangt haben.

Definition 10.2: Index vom Typ Laspeyres

Das arithmetische Mittel aus zeitlichen Meßzahlen unter Verwendung eines Gewichtungsschemas aus der *Basiszeit* 0 der Meßzahlen heißt Index vom **Typ Laspeyres** (I_{La}) für die Berichtszeit t zur Basiszeit 0:

$$I_{La;0,t} = \sum_{i=1}^{n} m_{0,t}^{(i)} g_0^{(i)} \quad t = 0, 1, 2, \ldots .$$

□

---

[1] s. Def. 9.13 [S. 131]

Definition 10.3: Index vom Typ Paasche

Das harmonische Mittel aus zeitlichen Meßzahlen unter Verwendung eines Gewichtungsschemas aus der *Berichtszeit t* der Meßzahlen heißt Index vom **Typ Paasche** (I_{Pa}) für die Berichtszeit t zur Basiszeit 0:

$$I_{Pa;o,t} = \frac{1}{\sum_{i=1}^{n} \frac{1}{m_{0,t}^{(i)}} g_t^{(i)}} \qquad t = 0, 1, 2, \ldots .$$

Anmerkung: □

Wenn das Gewichtungssystem den gleichen Zeitbezug wie die Nennergröße (Zählergröße) der Meßzahlen aufweist, ist das arithmetische (harmonische) Mittel das adäquate Lagemaß (vgl. Def. 9.5 [S. 122], Mittelwerte von Beziehungszahlen).

10.3 Preis- und Mengenindizes nach Laspeyres und nach Paasche

Die Anwendung der Index-Konzeption auf die für Ökonomen grundlegenden Merkmale 'Preise', 'Mengen' und 'Werte' (hauptsächlich in der Ausprägung von Ausgaben, Umsätzen oder Kosten) führte zur Konstruktion der allgemein bekannten Meßfunktionen: **Preisindex, Mengenindex** und **Wertindex**. Diese Maße haben ganz generell die Aufgabe, im Zeitablauf für ausgewählte Warenkörbe durchschnittliche relative Preis-, Mengen- und Wert*veränderungen* zu messen. In der Kombination der ökonomischen Merkmale mit den gebräuchlichen Indextypen nach Laspeyres und Paasche läßt sich schließlich ein ganzes System von wirtschaftsstatistisch relevanten Indizes ableiten.

Aus der Messung der interessierenden Merkmale bezüglich aller Güter eines spezifizierten Warenkorbes erhält man **Datensätze**, die die Informationsbasis für die Berechnung konkreter Indexzahlen abgeben. Für praktische Berechnungen stehen im Hinblick auf den unterschiedlichen Informationsgehalt des jeweiligen Datensatzes zwei **Indexformen** zur Verfügung, die inhaltlich äquivalent sind:

a) **Mittelwertform**

Die Datensätze enthalten für alle Güter Preis-, Mengen- bzw. Wert*meßzahlen* sowie Wertanteile als Gewichtungsfaktoren.

Die Indexzahlen werden dann als *gewogene Mittelwerte* berechnet (vgl. Def. 10.1 [S. 134]).

b) **Aggregatform**

Die Datensätze enthalten für alle Güter die einzelnen *absoluten* Preise und Mengen.

Die Indexzahlen werden dann als *Meßzahlen* aus *aggregierten Ursprungswerten* berechnet.

Voraussetzungen:

Gegeben sei ein **Warenkorb** mit den Gütern i, $i = 1, \ldots, n$.

$$\left. \begin{array}{ll} p_t^{(i)} & \text{Preis} \\ q_t^{(i)} & \text{Menge} \\ p_t^{(i)} q_t^{(i)} = v_t^{(i)} & \text{Wert} \end{array} \right\} \begin{array}{l} \text{des Gutes } i, \quad i = 1, \ldots, n, \\ \text{zur Zeit } t, \quad t = 0, 1, 2, \ldots . \end{array}$$

10.3 Preis- und Mengenindizes nach Laspeyres und nach Paasche

$$m_{0,t}\left(p^{(i)}\right) = \frac{p_t^{(i)}}{p_0^{(i)}} \quad \text{Preismeßzahl}$$

$$m_{0,t}\left(q^{(i)}\right) = \frac{q_t^{(i)}}{q_0^{(i)}} \quad \text{Mengenmeßzahl}$$

$$m_{0,t}\left(v^{(i)}\right) = \frac{v_t^{(i)}}{v_0^{(i)}} \quad \text{Wertmeßzahl}$$

$\Biggr\}$ von Gut i für die Berichtszeit t zur Basiszeit 0.

$$g_t^{(i)} = \frac{p_t^{(i)} q_t^{(i)}}{\sum_{i=1}^{n} p_t^{(i)} q_t^{(i)}} \quad \text{Wertanteil von Gut } i \text{ am Gesamtwert des Warenkorbes zur Zeit } t.$$

10.3.1 Berechnungsformeln

Definition 10.4: Preisindizes nach Laspeyres[1] und nach Paasche[2] für die Berichtszeit $t = 0, 1, 2, \ldots$ zur Basiszeit 0

Der **Preisindex nach Laspeyres** ist bestimmt durch:

Bedingungen:

a)
$$I_{La;0,t}^p = \frac{\sum_{i=1}^{n} \left(\frac{p_t^{(i)}}{p_0^{(i)}}\right) p_0^{(i)} q_0^{(i)}}{\sum_{i=1}^{n} p_0^{(i)} q_0^{(i)}} \quad \text{Mittelwertform}$$

Datensätze:
$$D = \left\{ \frac{p_t^{(i)}}{p_0^{(i)}} \middle| \begin{array}{l} i = 1, \ldots, n; \\ t = 0, 1, 2, \ldots \end{array} \right\}.$$

Gewichtungsschema:
$$G_0 = \left\{ g_0^{(i)} \middle| i = 1, \ldots, n \right\}.$$

b)
$$I_{La;0,t}^p = \frac{\sum_{i=1}^{n} p_t^{(i)} q_0^{(i)}}{\sum_{i=1}^{n} p_0^{(i)} q_0^{(i)}} \quad \text{Aggregatform}$$

Datensätze:
$$D = \left\{ p_t^{(i)} \middle| \begin{array}{l} i = 1, \ldots, n; \\ t = 0, 1, 2, \ldots \end{array} \right\}.$$

Gewichtungsschema:[3]
$$G_0 = \left\{ q_0^{(i)} \middle| i = 1, \ldots, n \right\}.$$

---

[1] Etienne Laspeyres (1834-1913), Geheimer Hofrat und Professor für Volkswirtschaftslehre an der Universität Gießen.
[2] Hermann Paasche (1851-1922), deutscher Nationalökonom und Statistiker.
[3] Das Mengensystem $\{q^{(i)} \mid i = 1, 2, \ldots, n\}$ soll hier und im folgenden ebenfalls als Gewichtungsschema aufgefaßt werden. Das gilt analog für das Preissystem $\{p^{(i)} \mid i = 1, 2, \ldots, n\}$ in Def. 10.5 [S. 139] (vgl. auch Def. 10.6 [S. 143]).

Der **Preisindex nach Paasche** ist bestimmt durch:

Bedingungen:

a)
$$I^p_{Pa;0,t} = \frac{\sum_{t=1}^{n} p_t^{(i)} q_t^{(i)}}{\sum_{i=1}^{n} \frac{1}{\left(\frac{p_t^{(i)}}{p_0^{(i)}}\right)} p_t^{(i)} q_t^{(i)}}$$ Mittelwertform

Datensätze:
$$D = \left\{ \frac{p_t^{(i)}}{p_0^{(i)}} \middle| \begin{array}{l} i = 1, \ldots, n; \\ t = 0, 1, 2, \ldots \end{array} \right\}.$$

Gewichtungsschema:
$$G_t = \left\{ g_t^{(i)} \middle| \begin{array}{l} i = 1, \ldots, n; \\ t = 0, 1, 2, \ldots \end{array} \right\}.$$

b)
$$I^p_{Pa;0,t} = \frac{\sum_{i=1}^{n} p_t^{(i)} q_t^{(i)}}{\sum_{i=1}^{n} p_0^{(i)} q_t^{(i)}}$$ Aggregatform

Datensätze:
$$D = \left\{ p_t^{(i)} \middle| \begin{array}{l} i = 1, \ldots, n; \\ t = 0, 1, 2, \ldots \end{array} \right\}.$$

Gewichtungsschema:
$$G_t = \left\{ q_t^{(i)} \middle| \begin{array}{l} i = 1, \ldots, n; \\ t = 0, 1, 2, \ldots \end{array} \right\}.$$

□

Anmerkungen:

a) Ein Preisindex soll die *Preisveränderung* für die Gesamtheit der Güter eines Warenkorbes im Durchschnitt unter Ausschaltung von Mengenveränderungen messen.

b) Mittelwert- und Aggregatform stimmen formal bei jedem der beiden Indextypen überein, wenn die Gewichte in der Mittelwertform Wertanteile der einzelnen Güter am Gesamtwert des Warenkorbes (in der Basis- bzw. Berichtszeit) darstellen.

c) Die Aggregatform läßt sich im Vergleich zur Mittelwertform bei der Indexkonstruktion von einer anderen Idee leiten.

Beim *Laspeyres-Preisindex* werden dieselben Mengen des Warenkorbes der Basisperiode $\left\{ q_0^{(i)} \middle| i = 1, \ldots, n \right\}$ zum einen mit den Preisen dieser Periode und zum anderen rein rechnerisch mit den Preisen der Berichtsperiode bewertet. Da die einmal festgelegten *Mengen* der Basisperiode *konstant* gehalten werden, ist ein Unterschied zwischen der fiktiven Wertsumme $\sum p_t^{(i)} q_0^{(i)}$ und der beobachteten Wertsumme $\sum p_0^{(i)} q_0^{(i)}$ allein auf Preisveränderungen der Güter zwischen der Basiszeit und der Berichtszeit zurückzuführen.

Dagegen werden beim *Paasche-Preisindex* die Mengen des Warenkorbes der jeweiligen Berichtsperiode $\left\{ q_t^{(i)} \middle| i = 1, \ldots, n \right\}$ einmal mit den aktuellen Preisen und zum Vergleich mit den alten Preisen bewertet.

Ein Mengenindex soll die durchschnittliche *Mengenveränderung* der Güter eines Warenkorbes unter Ausschaltung von Preisveränderungen messen.

Die Konstruktion und Interpretation von Mengenindizes erfolgt analog zu den Überlegungen für Preisindizes. Formal erhält man die entsprechenden Indizes, indem man in Def. 10.4 [S. 137] die Merkmale 'Preis' und 'Menge' vertauscht.

10.3 Preis- und Mengenindizes nach Laspeyres und nach Paasche

Definition 10.5: Mengenindizes nach Laspeyres und nach Paasche für die Berichtszeit $t = 0, 1, 2, \ldots$ zur Basiszeit 0

Der **Mengenindex nach Laspeyres** ist bestimmt durch:

Bedingungen:

a)
$$I^q_{La;0,t} = \frac{\sum_{i=1}^{n}\left(\frac{q_t^{(i)}}{q_0^{(i)}}\right) p_0^{(i)} q_0^{(i)}}{\sum_{i=1}^{n} p_0^{(i)} q_0^{(i)}} \quad \text{Mittelwertform}$$

Datensätze:
$$D = \left\{ q_t^{(i)} \middle| \begin{array}{l} i = 1,\ldots,n; \\ t = 0,1,2,\ldots \end{array} \right\}.$$

Gewichtungsschema:
$$G_0 = \left\{ g_0^{(i)} \middle| i = 1,\ldots,n \right\}.$$

b)
$$I^q_{La;0,t} = \frac{\sum_{i=1}^{n} q_t^{(i)} p_0^{(i)}}{\sum_{i=1}^{n} q_0^{(i)} p_0^{(i)}} \quad \text{Aggregatform}$$

Datensätze:
$$D = \left\{ q_t^{(i)} \middle| \begin{array}{l} i = 1,\ldots,n; \\ t = 0,1,2,\ldots \end{array} \right\}.$$

Gewichtungsschema:
$$G_0 = \left\{ p_0^{(i)} \middle| i = 1,\ldots,n \right\}.$$

Der **Mengenindex nach Paasche** ist bestimmt durch:

Bedingungen:

a)
$$I^q_{Pa;0,t} = \frac{\sum_{i=1}^{n} p_t^{(i)} q_t^{(i)}}{\sum_{i=1}^{n} \frac{1}{\left(\frac{q_t^{(i)}}{q_0^{(i)}}\right)} p_t^{(i)} q_t^{(i)}} \quad \text{Mittelwertform}$$

Datensätze:
$$D = \left\{ q_t^{(i)} \middle| \begin{array}{l} i = 1,\ldots,n; \\ t = 0,1,2,\ldots \end{array} \right\}.$$

Gewichtungsschema:
$$G_t = \left\{ g_t^{(i)} \middle| \begin{array}{l} i = 1,\ldots,n; \\ t = 0,1,2,\ldots \end{array} \right\}.$$

b)
$$I^q_{Pa;0,t} = \frac{\sum_{i=1}^{n} q_t^{(i)} p_t^{(i)}}{\sum_{i=1}^{n} q_0^{(i)} p_t^{(i)}} \quad \text{Aggregatform}$$

Datensätze:
$$D = \left\{ q_t^{(i)} \middle| \begin{array}{l} i = 1,\ldots,n; \\ t = 0,1,2,\ldots \end{array} \right\}.$$

Gewichtungsschema:
$$G_t = \left\{ p_t^{(i)} \middle| \begin{array}{l} i = 1,\ldots,n; \\ t = 0,1,2,\ldots \end{array} \right\}.$$

□

Beispiel 10.6: Preise und Mengen für die drei Güter eines (fiktiven) Warenkorbes in den Jahren 1980 $\hat{=}$ 0 und 1985 $\hat{=}$ 1.

Ausgangsdaten:

Nr.	Gut Mengeneinheit (ME)	Preis (in DM/ME)		Menge (in ME)	
		1980 $\hat{=}$ 0	1985 $\hat{=}$ 1	1980 $\hat{=}$ 0	1985 $\hat{=}$ 1
i		$p_0^{(i)}$	$p_1^{(i)}$	$q_0^{(i)}$	$q_1^{(i)}$
1	Fleisch — kg	14,50	18,85	5	4
2	Brot — Stück	2,00	2,00	8	4
3	Wein — l	6,00	4,50	10	15

Es sind die Preis- und Mengenindexzahlen in der Aggregatform nach Laspeyres und nach Paasche für das Berichtsjahr 1985 $\hat{=}$ 1 zum Basisjahr 1980 $\hat{=}$ 0 zu berechnen.

Eine *ungewogene* Mittelwertbildung über eine einfache Addition der Mengen und Preise verbietet sich schon deshalb, weil die Güter in unterschiedlichen Mengeneinheiten und Preisdimensionen notiert sind.

Auswertung: Berechnung der vier Wertsummen

i	$p_0^{(i)}q_0^{(i)}$	$p_1^{(i)}q_1^{(i)}$	$p_0^{(i)}q_1^{(i)}$	$p_1^{(i)}q_0^{(i)}$
1	72,50	75,40	58,00	94,25
2	16,00	8,00	8,00	16,00
3	60,00	67,50	90,00	45,00
$\sum$	148,50	150,90	156,00	155,25

Preisindexzahl nach Laspeyres:

$$I_{La;0,1}^p = \frac{\sum_{i=1}^{3} p_1^{(i)} q_0^{(i)}}{\sum_{i=1}^{3} p_0^{(i)} q_0^{(i)}} = \frac{155,25}{148,50} = 1,045 = 104,5\% \, ,$$

Preisindexzahl nach Paasche:

$$I_{Pa;0,1}^p = \frac{\sum_{i=1}^{3} p_1^{(i)} q_1^{(i)}}{\sum_{i=1}^{3} p_0^{(i)} q_1^{(i)}} = \frac{150,90}{156,00} = 0,967 = 96,7\% \, ,$$

Mengenindexzahl nach Laspeyeres:

$$I_{La;0,1}^q = \frac{\sum_{i=1}^{3} q_1^{(i)} p_0^{(i)}}{\sum_{i=1}^{3} q_0^{(i)} p_0^{(i)}} = \frac{156,00}{148,50} = 1,051 = 105,1\% \, ,$$

Mengenindexzahl nach Paasche:

$$I_{Pa;0,1}^q = \frac{\sum_{i=1}^{3} q_1^{(i)} p_1^{(i)}}{\sum_{i=1}^{3} q_0^{(i)} p_1^{(i)}} = \frac{150,90}{155,25} = 0,972 = 97,2\% \, .$$

Es ergibt sich die - nur scheinbar widersprüchliche - Aussage, daß die Preise im Durchschnitt zum einen, gemessen am Warenkorb des Jahres 1980, um 4,5% gestiegen und zum anderen, gemessen am Warenkorb des Jahres 1985, um 3,3% gesunken sind. Das Ausmaß der Preisänderung hängt von dem gewählten Standard-Warenkorb ab!

○

10.3 Preis- und Mengenindizes nach Laspeyres und nach Paasche

Beispiel 10.7: Preise und Mengen für die drei Güter eines (fiktiven) Warenkorbes.
Aus den Daten des Bsp. 10.6 [S. 139] sind für die drei Güter des Warenkorbes zunächst Preis- und Mengenmeßzahlen und sodann in der Mittelwertform die Preisindexzahl nach Laspeyres und die Mengenindexzahl nach Paasche zu berechnen.

Daten und Auswertung[1]:

i	$\dfrac{p_1^{(i)}}{p_0^{(i)}}$	$\dfrac{q_1^{(i)}}{q_0^{(i)}}$	$p_0^{(i)} q_0^{(i)}$	$\dfrac{p_1^{(i)}}{p_0^{(i)}} p_0^{(i)} q_0^{(i)}$	$p_1^{(i)} q_1^{(i)}$	$\dfrac{p_1^{(i)} q_1^{(i)}}{\dfrac{q_1^{(i)}}{q_0^{(i)}}}$
1	1,30	0,80	72,50	94,25	75,40	94,25
2	1,00	0,50	16,00	16,00	8,00	16,00
3	0,75	1,50	60,00	45,00	67,50	45,00
$\sum$	·	·	148,50	155,25	150,90	155,25

Preisindexzahl nach Laspeyres (Mittelwertform):

$$I^p_{La;0,1} = \frac{\sum_{i=1}^{3} \dfrac{p_1^{(i)}}{p_0^{(i)}} p_0^{(i)} q_0^{(i)}}{\sum_{i=1}^{3} p_0^{(i)} q_0^{(i)}} = \frac{155{,}25}{148{,}50} = 1{,}045 = 104{,}5\% \;.$$

Mengenindexzahl nach Paasche (Mittelwertform):

$$I^q_{Pa;0,1} = \frac{\sum_{i=1}^{3} p_1^{(i)} q_1^{(i)}}{\sum_{i=1}^{3} \dfrac{1}{\dfrac{q_1^{(i)}}{q_0^{(i)}}} p_1^{(i)} q_1^{(i)}} = \frac{150{,}90}{155{,}25} = 0{,}972 = 97{,}2\% \;.$$

○

10.3.2 Eigenschaften von Laspeyres- und Paasche-Indizes

Jede Indexkonstruktion soll ein Maß erzeugen, daß eine sachlich sinnvolle und formal angemessene Aggregation von Einzelgrößen zu einer Gesamtgröße vornimmt. Die formal-mathematischen Eigenschaften derartiger Maße werden an Hand von einzelnen **Testkriterien (Proben)** und in neuerer Zeit auch auf der Grundlage von vorgegebenen Axiomensystemen beurteilt. Probleme der praktischen Anwendbarkeit und der ökonomischen Interpretierbarkeit bleiben in diesem Zusammenhang weitgehend außer Betracht. *Wünschenswerte Eigenschaften*, die Meßzahlen bezüglich eines einzelnen Gutes weiteres erfüllen[2], werfen im Hinblick auf die Konstruktion von Indexzahlen für Güterbündel Probleme auf. Gerade die in der statistischen Praxis angewandten Indizes vom Typ Laspeyres und Paasche erfüllen wichtige Testkriterien *nicht*:

---
[1] Die Arbeitstabelle vereinfacht sich, wenn *unmittelbar* die Ausgabenanteile in der Form

$g^{(i)} = \dfrac{p^{(i)} q^{(i)}}{\sum_{i=1}^{n} p^{(i)} q^{(i)}}$ gegeben sind.

[2] vgl. Anm. zu Satz 9.1 [S. 126]

a) Indizes vom Typ Laspeyres und Paasche erfüllen *nicht* die Eigenschaft der **Reversibilität** (**Zeitumkehrkriterium**): Es gilt:

$$I_{t,0} \neq \frac{1}{I_{0,t}}.$$

b) Beide Indizes erfüllen *nicht* die Eigenschaft der **Zirkularität**, die die formale Grundlage für die Umbasierung und Verkettung von Folgen von Indexzahlen darstellt. Es gilt nämlich:

$$I_{0,t_1} \cdot I_{t_1,t} \neq I_{0,t}.$$

Beispiel 10.8 :

Aus der zeitlichen Verkettung von sachlich gleichartigen Preisindexzahlen nach Laspeyres resultiert *kein* Laspeyres-Index:

$$I^p_{La;0,1} \cdot I^p_{La;1,2} \neq I^p_{La;0,2}. \qquad \circ$$

c) Indizes vom Typ Laspeyres und Paasche erfüllen *nicht* die Eigenschaft der **sachlichen Verkettung** (**Faktorumkehrkriterium**)[1].

d) Dagegen gelten die grundlegenden, aber weniger restriktiven Kriterien auch für Indizes vom Typ Laspeyres und Paasche.

Beispiel 10.9 :

In der Formulierung speziell für Preisindexzahlen gilt:

1. $I^p = 1$, falls $p_t^{(i)} = p_0^{(i)}$ für alle Güter $i = 1,\ldots,n$.
    Kriterium der **Identität** (Normierung).

2. $I^p = \lambda$, falls $p_t^{(i)} = \lambda p_0^{(i)}$ für alle Güter $i = 1,\ldots,n$.
    Kriterium der **Proportionalität**.

3. Die Indizes sind unabhängig von der gewählten Maßeinheit, in der die Preisnotierung in der Basis- und Berichtszeit erfolgt.
    Kriterium der **Dimensionalität** bzw. der **Kommensurabilität**. $\qquad \circ$

10.4   Indizes nach Lowe und nach Fisher

Diese Indizes versuchen, die extremen Gewichtungsansätze von Laspeyres und Paasche zu überwinden. Sie bleiben aber mehr von theoretischem Interesse. Für die Praxis haben sie kaum Bedeutung, da sie nur schwer zu handhaben und für die Allgemeinheit nicht anschaulich sind.

Der **Preisindex (Mengenindex) nach Lowe** in der Aggregatform verwendet als Gewichte arithmetische Mittelwerte aus den entsprechenden Mengen (Preisen) *aller* Perioden zwischen der Basis- und der Berichtszeit.

---

[1] vgl. aber Satz 10.2 [S. 146]

10.4 Indizes nach Lowe und nach Fisher

Definition 10.6: Index nach Lowe[1)] für die Berichtszeit $t = 0, 1, 2, \ldots$ zur Basiszeit 0

Bedingungen:

a) Der **Preisindex nach Lowe** ist bestimmt durch:

$$I^p_{Lo;0,t} = \frac{\sum_{i=1}^{n} p_t^{(i)} \bar{q}^{(i)}}{\sum_{i=1}^{n} p_0^{(i)} \bar{q}^{(i)}} \quad \text{Aggregatform}$$

Datensätze:
$$D = \left\{ p_t^{(i)} \middle| \begin{array}{l} i = 1, \ldots, n; \\ t = 0, 1, 2, \ldots \end{array} \right\}.$$

Gewichtungsschema:
$$G = \{\bar{q}^{(i)} | i = 1, \ldots, n\}$$
mit
$$\bar{q}^{(i)} = \frac{q_0^{(i)} + q_1^{(i)} + \ldots + q_t^{(i)}}{t+1}.$$

Bedingungen:

b) Der **Mengenindex nach Lowe** ist bestimmt durch:

$$I^q_{Lo;0,t} = \frac{\sum_{i=1}^{n} q_t^{(i)} \bar{p}^{(i)}}{\sum_{i=1}^{n} q_0^{(i)} \bar{p}^{(i)}} \quad \text{Aggregatform}$$

Datensätze:
$$D = \left\{ q_t^{(i)} \middle| \begin{array}{l} i = 1, \ldots, n; \\ t = 0, 1, 2, \ldots \end{array} \right\}.$$

Gewichtungsschema:
$$G = \{\bar{p}^{(i)} | i = 1, \ldots, n\}$$
mit
$$\bar{p}^{(i)} = \frac{p_0^{(i)} + p_1^{(i)} + \ldots + p_t^{(i)}}{t+1}.$$

□

Anmerkung:

Falls das Gewichtungsschema über dem gesamten Zeitraum konstant gehalten wird, erfüllt der Lowe-Index im Gegensatz zu den meisten gebräuchlichen Indizes auch das **Zirkularitätskriterium**.

Beispiel 10.10: Preise und Mengen für die drei Güter eines (fiktiven) Warenkorbes. Gegeben sind die Daten aus Bsp. 10.6 [S. 139]. Zu berechnen sei die Preisindexzahl nach Lowe.

Ausgangsdaten und Auswertung:

i	$p_0^{(i)}$	$p_1^{(i)}$	$q_0^{(i)}$	$q_1^{(i)}$	$\bar{q}^{(i)} = \dfrac{q_0^{(i)} + q_1^{(i)}}{2}$	$p_0^{(i)} \bar{q}^{(i)}$	$p_1^{(i)} \bar{q}^{(i)}$
1	14,50	18,85	5	4	4,5	65,25	84,83
2	2,00	2,00	8	4	6	12,00	12,00
3	6,00	4,50	10	15	12,5	75,00	56,25
$\sum$	.	.	.	.	.	152,25	153,08

Preisindexzahl nach Lowe:

$$I^p_{Lo;0,1} = \frac{\sum_{i=1}^{3} p_1^{(i)} \bar{q}^{(i)}}{\sum_{i=1}^{3} p_0^{(i)} \bar{q}^{(i)}} = \frac{153{,}08}{152{,}25} = 1{,}005 = 100{,}5\,\%\,.$$

○

[1)] Die Indexformel des englischen Statistikers Joseph Lowe aus dem Jahre 1823 begründet eines der ältesten Indexkonzepte überhaupt.

Definition 10.7: Index nach Fisher[1] für die Berichtszeit $t = 0, 1, 2, \ldots$ zur Basiszeit 0
Der **Index nach Fisher** ist gleich dem **geometrischen Mittel** aus den sich entsprechenden Indizes nach Laspeyres und nach Paasche.

a) Der **Preisindex nach Fisher** ist bestimmt durch:
$$I^p_{Fi;0,t} = \sqrt{I^p_{La;0,t} \cdot I^p_{Pa;0,t}}.$$

b) Der **Mengenindex nach Fisher** ist bestimmt durch:
$$I^q_{Fi;0,t} = \sqrt{I^q_{La;0,t} \cdot I^q_{Pa;0,t}}.$$

□

Anmerkungen:

a) Die multiplikativ verknüpften Laspeyres- und Paasche-Indizes beruhen auf denselben Warenkörben.

b) Die Indexzahl nach Fisher liegt größenmäßig stets zwischen den beiden Indexzahlen nach Laspeyres und Paasche.

c) Der Index nach Fisher wird in der Literatur auch als '**Ideal-Index**' bezeichnet, da er eine ganze Reihe von wünschenswerten theoretischen Eigenschaften aufweist.

Im Gegensatz zu den Indizes nach Laspeyres und Paasche[2] genügt er dem Testkriterium der **Reversibilität (Zeitumkehrkriterium)** und der **sachlichen Verkettung (Faktorumkehrkriterium)**[3]. Allerdings ist auch beim Fisher-Index *keine* **Zirkularität** gegeben.

Beispiel 10.11: Preise und Mengen für die drei Güter eines (fiktiven) Warenkorbes
Gegeben sind die Daten aus Bsp. 10.6 [S. 139]. Zu berechnen seien die Preis- und Mengenindexzahlen nach Fisher.

Preisindexzahl nach Fisher:
$$I^p_{Fi;0,1} = \sqrt{I^p_{La;0,1} \cdot I^p_{Pa;0,1}} = \sqrt{1{,}045 \cdot 0{,}967} = 1{,}005 = 100{,}5\%\,.$$

Mengenindexzahl nach Fisher:
$$I^q_{Fi;0,1} = \sqrt{I^q_{La;0,1} \cdot I^q_{Pa;0,1}} = \sqrt{1{,}051 \cdot 0{,}972} = 1{,}011 = 101{,}1\%\,.$$

○

10.5 Wertindex

Ein Wertindex mißt die relative *Veränderung des* (tatsächlichen) *Wertes* eines Warenkorbes gegenüber der Basisperiode. Werte können in diesem Zusammenhang als Ausgaben, Umsätze oder Kosten aufgefaßt werden.

---
[1] Irving Fisher (1867-1947), amerikanischer Nationalökonom und Statistiker.
[2] vgl. zu den Eigenschaften Kapitel 10.3.2
[3] vgl. Satz 10.1 [S. 146]

10.5 Wertindex

Definition 10.8: Wertindex für die Berichtszeit $t = 0, 1, 2, \ldots$ zur Basiszeit 0

Der **Wertindex** ist bestimmt durch:

$$I_{0,t}^v = \frac{\sum_{i=1}^{n} p_t^{(i)} q_t^{(i)}}{\sum_{i=1}^{n} p_0^{(i)} q_0^{(i)}}$$

Bedingungen:

Datensätze
$$D = \left\{ p_t^{(i)} \middle| \begin{array}{l} i = 1, \ldots, n; \\ t = 0, 1, 2, \ldots \end{array} \right\}$$
und
$$D = \left\{ q_t^{(i)} \middle| \begin{array}{l} i = 1, \ldots, n; \\ t = 0, 1, 2, \ldots \end{array} \right\}$$
oder
$$D = \left\{ v_t^{(i)} \middle| \begin{array}{l} i = 1, \ldots, n; \\ t = 0, 1, 2, \ldots \end{array} \right\}$$
mit $v_t^{(i)} = p_t^{(i)} q_t^{(i)}$.

□

Anmerkungen:

a) Der gleiche Wertindex in der Aggregatform ergibt sich formal auch als gewogenes arithmetisches (harmonisches) Mittel aus **Wertmeßzahlen** über den Laspeyres-Ansatz (Paasche-Ansatz) mit Wertanteilen aus der Basiszeit (Berichtszeit) als Gewichtungsschema:

$$I_{0,t}^v = \sum_{i=1}^{n} m_{0,t}\left(v^{(i)}\right) \cdot g_0^{(i)} = \frac{1}{\sum_{i=1}^{n} \frac{1}{m_{0,t}\left(v^{(i)}\right)} g_t^{(i)}}$$

$$\text{mit} \quad m_{0,t}\left(v^{(i)}\right) = \frac{v_t^{(i)}}{v_0^{(i)}} \quad \text{und} \quad g^{(i)} = \frac{v^{(i)}}{\sum_{i=1}^{n} v^{(i)}}.$$

b) Methodisch stellt der Wertindex in der Aggregatform eine einfache **Meßzahl** dar:

$$I_{0,t}^v = \frac{v_t}{v_0} \quad \text{mit} \quad v = \sum_{i=1}^{n} v^{(i)}.$$

c) Wertveränderungen eines Warenkorbes werden sowohl von Preis- als auch von Mengenveränderungen bewirkt.

Beispiel 10.12 :

Lebenshaltungs**kosten** der privaten Haushalte. ○

Die *Zerlegung der Wertveränderung* in eine reine Preis- und in eine reine Mengenkomponente ist ein ganz zentrales Indexproblem, da Preise und Mengen i.d.R. nicht als voneinander unabhängige Größen aufgefaßt werden können.

Unter der Voraussetzung sachlich gleicher Warenkörbe und bei übereinstimmendem Zeitbezug läßt sich ein **Wertindex als Produkt** aus einem Preis- und einem Mengenindex darstellen.

Satz 10.1: Sachliche Verkettung von Indizes nach Fisher
Der Index vom Typ Fisher erfüllt das **Faktorumkehrkriterium**:
$$I^p_{Fi;0,t} \cdot I^q_{Fi;0,t} = I^v_{0,t}.$$
△

Satz 10.2: Sachliche Verkettung von Indizes nach Laspeyres und nach Paasche
$$I^p_{La;0,t} \cdot I^q_{Pa;0,t} = I^p_{Pa;0,t} \cdot I^q_{La;0,t} = I^v_{0,t}.$$
△

Anmerkungen:
a) Indizes nach Laspeyres und nach Paasche erfüllen das **Faktorumkehrkriterium** nicht:
$$I^p_{La} \cdot I^q_{La} \neq I^v \quad ; \quad I^p_{Pa} \cdot I^q_{Pa} \neq I^v.$$
b) In ausführlicher Schreibweise[1)] lautet Satz 10.2:
$$\frac{\sum p_t q_0}{\sum p_0 q_0} \cdot \frac{\sum q_t p_t}{\sum q_0 p_t} = \frac{\sum p_t q_t}{\sum p_0 q_t} \cdot \frac{\sum q_t p_0}{\sum q_0 p_0} = \frac{\sum p_t q_t}{\sum p_0 q_0}.$$
Das Produkt aus Preis- und Mengenindex ergibt also nur dann den Wertindex, wenn der eine Index vom Typ Laspeyres und der andere Index vom Typ Paasche ist.

Beispiel 10.13: Preise und Mengen für die drei Güter eines (fiktiven) Warenkorbes
In Fortführung von Bsp. 10.6 [S. 139] ist die Wertindexzahl aus den Ursprungswerten zu berechnen.
$$I^v_{0,1} = \frac{\sum_{i=1}^{3} p_1^{(i)} q_1^{(i)}}{\sum_{i=1}^{3} p_0^{(i)} q_0^{(i)}} = \frac{150{,}90}{148{,}50} = 1{,}016 = 101{,}6\%.$$
○

Beispiel 10.14: Fortführung von Bsp. 10.13
Gegeben seien die Daten aus Bsp. 10.6 [S. 139] und 10.11 [S. 144]. Die entsprechende Wertindexzahl erhält man auch durch sachliche Verkettung von Preis- und Mengenindexzahlen
a)
$$I^v_{0,1} = I^p_{La;0,1} \cdot I^q_{Pa;0,1} = I^p_{Pa;0,1} \cdot I^q_{La;0,1}$$
$$I^v_{0,1} = 1{,}045 \cdot 0{,}972 = 0{,}967 \cdot 1{,}051 = 1{,}016 = 101{,}6\%,$$
b)
$$I^v_{0,1} = I^p_{Fi;0,1} \cdot I^q_{Fi;0,1}$$
$$I^v_{0,1} = 1{,}005 \cdot 1{,}011 = 1{,}016 = 101{,}6\%.$$
○

[1)] unter Vernachlässigung der Summations'indizes'

10.6 Praktische Probleme der Indexrechnung

Definition 10.9: Preisbereinigung[1])
Die Berechnung eines Mengenindex aus einem Wertindex durch Division durch einen Preisindex heißt **Preisbereinigung** oder **Deflationierung**.
Wird ein Wertindex durch einen entsprechenden Preisindex vom Typ Laspeyres (Paasche) dividiert, so ergibt sich ein Mengenindex vom Typ Paasche (Laspeyres):

$$\frac{I^v_{0,t}}{I^p_{La;0,t}} = I^q_{Pa;0,t} \quad ; \quad \frac{I^v_{0,t}}{I^p_{Pa;0,t}} = I^q_{La;0,t} \; .$$

□

Anmerkungen:

a) Die Deflationierung ist ökonomisch nur sinnvoll, wenn die Indizes die gleiche sachliche Abgrenzung der Warenkörbe und den gleichen Zeitbezug beinhalten.

a) Das Verfahren der Preisbereinigung bewirkt eine rechnerische *Ausschaltung* von Preisveränderungen zwischen Basis- und Berichtszeit. Die Preise werden also nicht 'ausgeschaltet', sondern künstlich konstant gehalten.

b) Die Division eines tatsächlichen Wertes der Berichtszeit t durch einen zugehörigen Paasche-Preisindex ergibt den fiktiven Wert:

$$\frac{\sum_{i=1}^{n} p_t^{(i)} q_t^{(i)}}{\frac{\sum_{i=1}^{n} p_t^{(i)} q_t^{(i)}}{\sum_{i=1}^{n} p_0^{(i)} q_t^{(i)}}} = \sum_{i=1}^{n} q_t^{(i)} p_0^{(i)} \; .$$

Diese preisbereinigte oder 'reale' Größe heißt **Volumen**. Sie bewertet aktuelle Mengen zu (konstanten) Preisen aus der Basiszeit.

Beispiel 10.15: Preisbereinigung von Aggregaten in der Volkswirtschaftlichen Gesamtrechnung.

$$\frac{\text{Privater Verbrauch 1990 bewertet zu laufenden Preisen (nominale Wertgröße)}}{\text{Paasche-Preisindex für den privaten Verbrauch 1990 (1985} \triangleq 100)} \cdot 100 = \begin{array}{l}\text{Privater Verbrauch 1990} \\ \text{bewertet zu Preisen von} \\ \text{1985 (reale Wertgröße)}\end{array}$$

$$\frac{1\,291 \text{ Mrd. DM}}{107{,}2} \cdot 100 \quad = \quad 1\,204 \text{ Mrd. DM.}$$

○

10.6 Praktische Probleme der Indexrechnung

In der wirtschaftsstatistischen Praxis findet überwiegend der Index vom **Typ Laspeyres** Anwendung. Auf den Paasche-Index wird nur ergänzend oder bei speziellen Problemen

---
[1])Satz 10.2 [S. 146] ist die Grundlage für die Preisbereinigung.

wie bei der Deflationierung zurückgegriffen. Die leichte Handhabung und anschauliche Interpretierbarkeit des Laspeyres-Index als Folge einer relativ einfachen Konstruktionsvorschrift, die von einem *gleichbleibenden* Gewichtungsschema aus der zurückliegenden Basisperiode ausgeht, machen seine praktische Bedeutung aus. Insofern ist der Laspeyres-Index vom Ansatz her dem Paasche-Index überlegen.

Abb. 10.2: Schematischer Vergleich von Laspeyres- und Paasche-Index anhand von Preisindexzahlen für aufeinanderfolgende Perioden

Periode	Preisindex nach	
	Laspeyres	Paasche
0	$I_{La;0,0} = 1$	$I_{Pa;0,0} = 1$
1	$I_{La;0,1} = \dfrac{\sum p_1 q_0}{\sum p_0 q_0}$	$I_{Pa;0,1} = \dfrac{\sum p_1 q_1}{\sum p_0 q_1}$
2	$I_{La;0,2} = \dfrac{\sum p_2 q_0}{\sum p_0 q_0}$	$I_{Pa;0,2} = \dfrac{\sum p_2 q_2}{\sum p_0 q_2}$
⋮	⋮	⋮

Anmerkungen:

a) Der Laspeyres-Index ermöglicht eine direkte **Vergleichbarkeit** einzelner Werte innerhalb einer Indexreihe untereinander (skizziert durch Pfeile in Abb. 10.2). Beim Paasche-Index mit wechselnder Gewichtung können dagegen die Indexzahlen der Berichtsperioden informationsgerecht nur auf die Basiszeit bezogen werden.

b) Für die Berechnung von Preisindexzahlen müssen beim Laspeyres-Index in den einzelnen Berichtsperioden nur die aktuellen Preise erhoben werden. Die laufende Erfassung von Preisen *und* Mengen für den Paasche-Index erfordert einen vergleichsweise höheren **Erhebungsaufwand**.

c) Allerdings wird beim Laspeyres-Index mit zunehmendem zeitlichen Abstand zwischen Basis- und Berichtszeit eine Aktualisierung des Gewichtungsschemas und damit eine **Umstellung** auf eine neue Basis erforderlich.

Im Hinblick auf praktische Anwendungen werden an Indizes noch zusätzliche Anforderungen gestellt. Dazu gehört auch die Zusammenfassung von Einzelindizes zu einem übergeordneten Gesamtindex.

10.6.1 Aggregation von Subindizes

Voraussetzung:

Ein Warenkorb mit den Gütern i, $i = 1, \ldots, n$, werde in m disjunkte Teilmengen $M^{(r)}$, $r = 1, \ldots, m$, zerlegt. Gegeben seien für diese Teilmengen:

Teil- oder Subindizes (Preis- bzw. Mengenindizes gleicher Indexkonstruktion):
$$I_{0,t}^{(r)} \qquad t = 0, 1, 2, \ldots$$

10.6 Praktische Probleme der Indexrechnung

sowie die **Gewichtungsfaktoren** (Wertanteile der Teilmengen $M^{(r)}$ am Gesamtwert des Warenkorbes):

$$g^{(r)} = \frac{v^{(r)}}{\sum_{r=1}^{m} v^{(r)}} \quad \text{mit} \quad v^{(r)} = \sum_{i \in M^{(r)}} p^{(i)} q^{(i)}.$$

Satz 10.3: Additionssatz für Subindizes

Der **aggregierte Gesamtindex** für die Berichtszeit t zur Basiszeit 0 ergibt sich als

Bedingungen:

a) gewogenes *arithmetisches Mittel* aus den *Laspeyres*-Subindizes der Teilmengen:

$$I_{La;0,t} = \sum_{r=1}^{m} I_{La;0,t}^{(r)} g_0^{(r)} = \frac{\sum_{r=1}^{m} I_{La;0,t}^{(r)} v_0^{(r)}}{\sum_{r=1}^{m} v_0^{(r)}}$$

Datensatz:
$D = \{I_{La;0,t}^{(r)} | r = 1, \ldots, m\}$.

Gewichtungsschema:
$G_0 = \{g_0^{(r)} | r = 1, \ldots, m\}$

mit $g_0^{(r)} = \dfrac{v_0^{(r)}}{\sum_r v_0^{(r)}}$.

b) gewogenes *harmonisches Mittel* aus den *Paasche*-Subindizes der Teilmengen:

$$I_{Pa;0,t} = \frac{1}{\sum_{r=1}^{m} \dfrac{1}{I_{Pa;0,t}^{(r)}} g_t^{(r)}} = \frac{\sum_{r=1}^{m} v_t^{(r)}}{\sum_{r=1}^{m} \dfrac{1}{I_{Pa;0,t}^{(r)}} v_t^{(r)}}$$

Datensatz:
$D = \{I_{Pa;0,t}^{(r)} | r = 1, \ldots, m\}$.

Gewichtungsschema:
$G_t = \left\{ g_t^{(r)} \middle| \begin{array}{l} r = 1, \ldots, m_i \\ t = 0, 1, 2, \ldots \end{array} \right\}$

mit $g_t^{(r)} = \dfrac{v_t^{(r)}}{\sum_r v_t^{(r)}}$.

△

Anmerkungen:

a) In sachlicher Hinsicht handelt es sich bei den Teilmengen um relativ homogene Güterbündel.

   Beispiel 10.16 :

   Der dem Preisindex für die Lebenshaltung der privaten Haushalte zugrundeliegende Warenkorb wird nach der Systematik der Einnahmen und Ausgaben der privaten Haushalte in einzelne Bedarfsgruppen (Nahrungsmittel, Bekleidung u.a.) unterteilt, für die auch gesondert Preisindizes berechnet werden. ○

b) Dieser Additionssatz entspricht dem Additionssatz für arithmetische Mittelwerte aus Teilmassen (vgl. Satz 3.1 [S. 41]).

c) Indextyp und Zeitbezug des Gewichtungsschemas legen - wie schon bei der Konstruktion von Indizes aus Meßzahlen - das adäquate Lagemaß fest.

Beispiel 10.17: Preisindex für die Lebenshaltung aller privaten Haushalte (1985 $\hat{=}$ 100), Bundesrepublik Deutschland (früheres Bundesgebiet).

Gegeben sind Preisindexzahlen (nach Laspyres) für einzelne Bedarfsgruppen für das Jahr 1992 sowie Ausgabenanteile im Basisjahr 1985.

Ausgangsdaten und Berechnung der Preisindexzahl für die Lebenshaltung insgesamt:

r	Bedarfsgruppe	Ausgabenanteil 1985 $g_{85}^{(r)}$	Preisindexzahl[1] nach Laspeyres (zur Basis 1985) 1992 $I_{85,92}^{(r)}$	$I_{85,92}^{(r)} g_{85}^{(r)}$
1	Nahrungsmittel	0,134	1,108	0,148
2	Andere Verbrauchs- und Gebrauchsgüter	0,432	1,084	0,468
3	Dienstleistungen und Reparaturen	0,250	1,229	0,307
4	Wohnungs- und Garagennutzung	0,184	1,237	0,228
	Lebenshaltung insgesamt	1,000		1,151

Quelle: Statistisches Bundesamt

Preisindex für die Lebenshaltung insgesamt:

$$I_{La;85,92}^{p} = \sum_{r=1}^{4} I_{La;85,92}^{(r)} g_{85}^{(r)} = 1{,}151 = 115{,}1\ \% \ .$$

○

10.6.2 Umbasierung und Verkettung von Indizes

Die Umbasierung und Verkettung von Indizes wirft Probleme auf. Die formale Übertragung der entsprechenden Sätze für Meßzahlen auf Laspeyres- und Paasche-Indizes ist aus indextheoretischer Sicht streng genommen nicht möglich, da beide Operationen die Bedingung der Zirkularität voraussetzen, die diese Indizes bekanntlich *nicht* erfüllen. Wenn in der Praxis dennoch analog zu Meßzahlen verfahren wird, ist bei der Interpretation der Rechenergebnisse grundsätzlich Vorsicht geboten. Allenfalls werden Näherungslösungen für an sich unbekannte Indexzahlen erreicht.

Voraussetzung für die **Umbasierung von Indexzahlen**:

Gegeben sei eine Folge von Indexzahlen $\{I_{t_0,t}|\ t=0,1,2,\ldots\}$, wobei alle $I_{t_0,t}$ den gleichen Konstruktionstyp aufweisen und sachlich gleiche ökonomische Inhalte abbilden. Analog zu Satz 9.1 [S. 126] für Meßzahlen gilt:

---

[1] Jahresdurchschnitt; verkürzte Schreibweise: $I_{1985,1992} = I_{85,92}$

10.6 Praktische Probleme der Indexrechnung

Satz 10.4: Umbasierungsformel für Indizes

Die Umbasierung einer Folge von Indexzahlen zur (alten) Basiszeit t_0 in Indexzahlen zur neuen Basiszeit t_1 erfolgt nach der **Umbasierungsformel**:

$$I^*_{t_1,t} = \frac{I_{t_0,t}}{I_{t_0,t_1}} \qquad t = 0, 1, 2, \ldots \ .$$

△

Anmerkungen:

a) Der neue Index $I^*_{t_1,t}$ weist *nicht* mehr den ursprünglichen Indextyp (nach Laspeyres oder Paasche) auf, sondern stellt eine Mischform dar, die im Zähler und Nenner jeweils Preise und Mengen aus verschiedenen Perioden enthält.

Die grundsätzlichen Probleme werden in Bsp. 10.18 für Laspeyres-Preisindizes dargestellt, gelten aber generell für alle Laspeyres- und Paasche-Indizes.

Beispiel 10.18 :

Ausgehend von hypothetischen Laspeyres-Preisindexzahlen für einen spezifischen Warenkorb zur Basisperiode 1985:

$$\left\{ I^p_{La;85,t} \mid t = 85, 86, \ldots \right\} \ ^{1)}$$

erhält man Preisindexzahlen zur neuen Basisperiode 1990 über den Ansatz:

$$(I^p)^*_{90,t} = \frac{I^p_{La;85,t}}{I^p_{La;85,90}} \qquad t = 85, 86, \ldots \ ,$$

speziell ergibt sich für das Berichtsjahr 1992:

$$(I^p)^*_{90,92} = \frac{I^p_{La;85,92}}{I^p_{La;85,90}} = \frac{\sum p_{92} q_{85}}{\sum p_{90} q_{85}} \neq I^p_{La;90,92} \ .$$

○

b) Während beim Laspeyres-Index immerhin noch ein 'reiner' Preisvergleich möglich ist, führt der gleiche Umbasierungsansatz beim Paasche-Index auf Rechenergebnisse, die ökonomisch kaum noch nachvollziehbar sind.

c) Das in der Praxis gebräuchliche Umbasierungsverfahren für (Laspeyres-)Indizes nach Satz 10.4 entspricht formal einer Multiplikation aller Indexzahlen mit einem konstantem Proportionalitätsfaktor:

$$I^*_{t_1,t} = \lambda I_{t_0,t} \quad \text{mit} \quad \lambda = \frac{1}{I_{t_0,t_1}} \qquad t = 0, 1, 2, \ldots \ .$$

Damit wird implizit, ohne Bezugnahme auf einen neuen Warenkorb, eine direkte **Proportionalität** zwischen altem und neuem Index unterstellt.

Die Neuberechnung von Laspeyres-Indizes im Zuge der **Aktualisierung** von Warenkörben und der damit verbundenen Umstellung auf eine neue Basiszeit führt zwangsläufig zu sachlichen Brüchen in den Indexreihen, die ähnlich wie bei Meßzahlen durch Verkettung von Teilreihen überbrückt werden sollen.

Voraussetzung für die **Verkettung von Folgen von Indexzahlen**:

---

[1] Hier wird für die Zeitreihe wieder eine verkürzte Schreibweise verwendet.

Gegeben seien die Folgen von Indexzahlen $\{I_{0,t}^* | t = 0, 1, \ldots, t_1\}$ und $\{I_{t_1,t}^{**} | t = t_1, t_1 + 1, \ldots\}$, die formal von gleichem Indextyp sind und sachlich gleiche Inhalte mit verwandten Warenkörben aufweisen.

Analog zu Satz 9.2 [S. 128] für Meßzahlen gilt:

Satz 10.5: Verkettungsformel für Indizes

a) Die **verkettete Indexzahlenfolge** zur Basiszeit 0 ergibt sich als *Fortführung* der *alten* Indexreihe:
$$I_{0,t} = \begin{cases} I_{0,t}^* & \text{für } t = 0, 1, \ldots, t_1 \\ I_{0,t_1}^* \cdot I_{t_1,t}^{**} & \text{für } t = t_1 + 1, t_1 + 2, \ldots \end{cases},$$

b) Die **verkettete Indexzahlenfolge** zur Basiszeit t_1 ergibt sich als *Rückrechnung* der *neuen* Indexreihe:
$$I_{t_1,t} = \begin{cases} \dfrac{I_{0,t}^*}{I_{0,t_1}^*} & \text{für } t = 0, 1, \ldots, t_1 - 1 \\ I_{t_1,t}^{**} & \text{für } t = t_1, t_1 + 1, t_1 + 2, \ldots \end{cases}$$

△

Anmerkungen:

a) Die erzeugte durchlaufende Indexreihe weist im Hinblick auf den Indextyp in t_1 einen **Bruch** auf, der markiert werden sollte.

b) Sowohl bei der Fortführung der alten als auch bei der Rückrechnung der neuen Indexreihe werden relative Veränderungen der einen Reihe rechnerisch auf die andere übertragen (Annahme der Proportionalität zwischen den beiden Indizes mit unterschiedlichen Warenkörben und Basiszeiten).

Übungsaufgaben zu Kapitel 10: **36 – 43**

11 Elementare Zeitreihenanalyse

11.1 Überblick

Auf der Grundlage von zeitabhängigen Datensätzen quantitativer Merkmale wurden in Kapitel 9 und 10 Meßzahlen und Indexzahlen eingeführt.[1] Im Unterschied zu diesen mehr noch komparativ-statistisch ausgerichteten Meßfunktionen faßt die Zeitreihenanalyse statistische Merkmale generell als Funktionen der Variablen 'Zeit' auf und versucht, in der Vergangenheit beobachtete dynamische **Entwicklungen** interessierender Sachverhalte, die sich in Zeitreihen manifestieren, mit Hilfe von Maßen zu beschreiben, zu erklären und über einen vorgegebenen Zeithorizont hinaus zukünftige Werte zu prognostizieren.

Zeitreihen stellen neben Querschnittsdaten die wichtigste Informationsbasis der empirischen Wirtschaftsforschung dar.

Beispiel 11.1:
Börsentäglich berechneter Wert des Deutschen Aktienindex.
Monatlich ausgewiesene Anzahl der Arbeitslosen.
Jährlich ermittelte Wachstumsrate des Bruttosozialprodukts.

○

Die Analyse ökonomischer Zeitreihen, die charakteristische Bewegungsmuster in empirischen Datensätzen aufdecken will, ist in dem hier zu behandelnden Rahmen unter mehreren Aspekten als **elementare** Zeitreihenanalyse einzustufen:
- Sie ist eine rein **deskriptive** Analyse beobachteter Datensätze ohne Anwendung wahrscheinlichkeitstheoretisch fundierter Modelle, die heute Zeitreihen als stochastische Prozesse auffassen.
- Es handelt sich um eine **univariate** Zeitreihenanalyse, die eine einzelne ökonomische Größe, herausgelöst aus einem mit anderen Variablen verbundenen System, allein als Funktion der Zeit erklärt.
- Die Analyse beruht auf dem traditionellen, seit den Anfängen der empirischen Konjunkturforschung verwendeten **Komponentenmodell**, das a priori Zeitreihen als Überlagerung aus formal und ökonomisch definierten Komponenten auffaßt, so daß eine Analyse i. S. einer *Komponentenzerlegung* überhaupt erst sinnvoll erscheint.

Einen ersten Hinweis auf in empirischen Zeitreihen enthaltene charakteristische Bewegungsmuster ergeben **Zeitreihendiagramme**, die i. d. R. Beobachtungswerte als Punkte in einer kartesischen Koordinatenebene darstellen, wobei auf der Abzisse der Wert der Zeitvariablen (Beobachtungszeit) und auf der Ordinate der zugehörige Merkmalswert abgebildet werden. Die lineare Verbindung durch einen Streckenzug wird als Graph der Zeitreihe bezeichnet. Zur Nachzeichnung der Intensität von Wachstumsprozessen kann für das Untersuchungsmerkmal zweckdienlich ein arithmetischer oder auch halblogarithmischer Maßstab gewählt werden.
Abb. 11.1 [S. 154] zeigt an einem 'klassischen' Beispiel, daß derartige Diagramme bereits im Vorfeld der Analyse auf ausgeprägte kurz- und mittelfristige Bewegungskomponenten hindeuten.

---
[1] Die entsprechenden Maße für den räumlichen Vergleich wurden weitgehend ausgeklammert.

Abb. 11.1: Graph der Zeitreihe 'Anzahl der Arbeitslosen in der Bundesrepublik Deutschland von 1973 bis 1992' (Quartalsdaten[1]) in Mill.).

Arbeitslose in Mill.

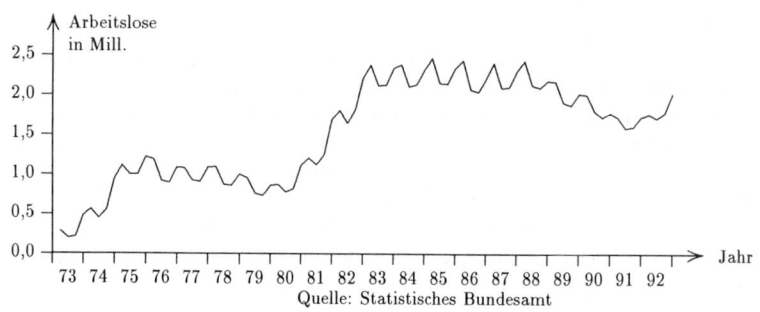

[Graph der Zeitreihe: Jahre 73–92, Werte von 0,0 bis 2,5 Mill.]

Quelle: Statistisches Bundesamt

11.2 Komponentenmodelle

Voraussetzungen:

t_i, $i = 1, \ldots, n$ Wert der (diskreten) Zeitvariablen t.
mit $t_1 < \ldots < t_n$ t_i bezeichnet einen Beobachtungszeitpunkt (bei Bestandsmassen) oder den Mittelpunkt eines Zeitintervalls oder einer Periode (bei Bewegungsmassen).

$Y(t)$ Kardinal meßbares Merkmal Y als Funktion der Zeit t.

$y(t_i) = y_i$, $i = 1, \ldots, n$ Meßwert von $Y(t)$ zur Zeit $t = t_i$.

Der Begriff Zeitreihe wurde bereits in Kapitel 9 eingeführt, die Definition kann in modifizierter Symbolik von dort übernommen werden.

Definition 11.1: Zeitreihe

Unter einer **Zeitreihe** versteht man eine nach einer Zeitvariablen t geordnete Folge von Meßwerten eines kardinal meßbaren Merkmals Y:

$$\{y(t_i) = y_i \mid i = 1, 2, \ldots, n\}.$$

Die Zeitreihe heißt **äquidistant**, wenn die Werte der diskreten Zeitvariablen konstante Abstände aufweisen: $t_i - t_{i-1} = $ const.   für $i = 2, \ldots, n$.   □

Anmerkungen:

a) Die Veränderung von $Y(t)$ in der Zeit heißt Bewegung der Zeitreihe.

b) $(t_n - t_1)$ wird auch als Beobachtungszeitraum oder Zeithorizont bezeichnet.

c) Zur Vereinfachung der Rechenoperationen ist es zweckmäßig, die Zeitwerte mit der Ordnung $t_1 < \ldots < t_n$ linear zu transformieren. Bei äquidistanten Zeitwerten wird die Datierung einer einfachen Numerierung entsprechen:

$t_i = i$ mit $i = 1, \ldots, n$ oder $t_i = t$ mit $t = 1, \ldots, n$,

z.B. $1985 \,\widehat{=}\, t_1 = 1$, $1986 \,\widehat{=}\, t_2 = 2$.

---

[1] Die Quartalsdaten wurden aus Monatsendwerten berechnet.

11.2 Komponentenmodelle

Bei nicht-äquidistanten Zeitwerten ist zu beachten, daß auch nach der Transformation die Abstände zwischen den ursprünglichen Zeitwerten erhalten bleiben,

z.B. $1985 \stackrel{\wedge}{=} t_1 = 1$, $1986 \stackrel{\wedge}{=} t_2 = 2$, $1988 \stackrel{\wedge}{=} t_3 = 4$.

Bei der Zeitreihenanalyse tritt in dem zweidimensionalen Merkmal (X, Y) mit dem bivariaten Datensatz $D_n^{(2)} = \{(x_i, y_i) | i = 1, \ldots, n\}$[1] an die Stelle der erklärenden Variablen X die Variable 'Zeit'.[2] Eine Messung von Y zu den Zeiten t_i, $i = 1, \ldots, n$, ergibt dann den **zeitlich geordneten Datensatz** $D_n^Z = \{(t_i, y_i) | i = 1, \ldots, n\}$.

Ausgangspunkt der traditionellen Zeitreihenanalyse ist die grundlegende Hypothese, daß die gemessenen Zeitreihenwerte (Ursprungswerte) im Prinzip aus der Überlagerung der folgenden vier **Bewegungskomponenten** hervorgegangen sind, die sowohl sachlich durch ökonomische Bestimmungsgründe als auch formal durch zugeordnete spezifische Bewegungsmuster charakterisiert werden:

- **Trendkomponente** $m(t)$
  Langfristige, gleichgerichtete Entwicklungsrichtung einer Zeitreihe, die als ökonomisches Wachstum i. w. S. interpretiert wird. Dabei kann es sich auch einfach um die durch den Mittelwert gemessene Niveaulage des Merkmals handeln.
- **Konjunkturkomponente** $k(t)$
  Mittelfristige, nicht notwendig regelmäßige zyklische Schwankungen, die als Abweichungen vom Trend gedeutet werden.
- **Saisonkomponente** $s(t)$
  Kurzfristige, jahreszeitlich bedingte zyklische Schwankungen mit einer Periodenlänge von (höchstens) einem Jahr.
- **Irreguläre oder Restkomponente** $u(t)$
  Kausal nicht zu erklärende zufallsabhängige Schwankungen mit dem Mittelwert null.

Nach der Vorstellung dieses **Komponentenmodells** gilt für jeden empirischen Zeitreihenwert:

$$y_i = f(m_i, k_i, s_i, u_i) , \quad i = 1, \ldots, n ,$$

wobei die indizierten Größen $m_i = m(t_i)$, $k_i = k(t_i)$, $s_i = s(t_i)$ und $u_i = u(t_i)$ den Wert der jeweiligen Komponente von $Y(t)$ zur Zeit t_i bezeichnen.

Aus der Zusammenfassung von Trend- und zyklischer Konjunkturkomponente, die bei nicht hinreichend langer Datenbasis praktisch schwer zu unterscheiden wären, zu einer **glatten Komponente** $g(t)$ resultiert das modifizierte Komponentenmodell:

$$y_i = f(g_i, s_i, u_i) \quad \text{mit } g_i = g(t_i) , \quad i = 1, \ldots, n .$$

Die praktische Identifikation einzelner Komponenten setzt Hypothesen über die Art ihrer **Verknüpfung** voraus.

---

[1] s. Kapitel 6 bis 8.
[2] Da die Variable 'Zeit' keine substantielle Information zur kausalen Erklärung von Y liefert, ist der Begriff 'univariate' Analyse gerechtfertigt.

Abb. 11.2: Schematische Darstellung der Überlagerung[1] der Zeitreihenkomponenten $g(t)$, $s(t)$ und $u(t)$

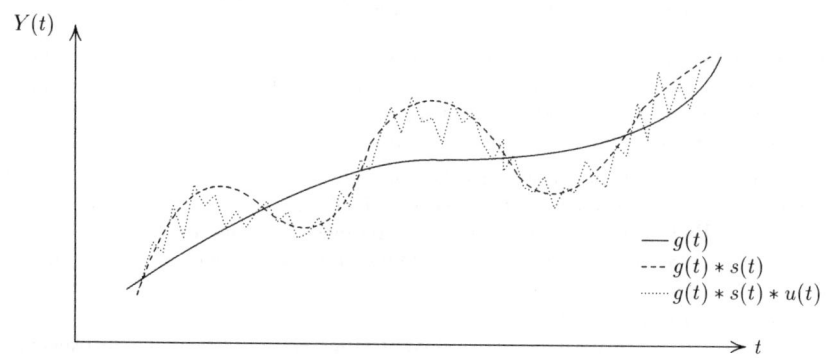

— $g(t)$
--- $g(t) * s(t)$
······ $g(t) * s(t) * u(t)$

Definition 11.2: Additive und multiplikative Verknüpfung
1. $y_i = g_i + s_i + u_i$, $i = 1, \ldots, n$, heißt **additives** Komponentenmodell.
2. $y_i = g_i \cdot s_i \cdot u_i$, $i = 1, \ldots, n$, heißt **multiplikatives** Komponentenmodell.

□

Anmerkungen:

a) Neben diesen 'reinen' Modellen sind auch Mischformen denkbar:
$y_i = (g_i \cdot s_i) + u_i$, $i = 1, \ldots, n$.

b) Die Art der Verknüpfung bildet das Zusammenwirken der beiden Komponenten g_i und s_i ab. Wenn die glatte Komponente keinen Einfluß auf die Intensität der Saisonschwankung ausübt, ist das additive Modell angemessen.

Dagegen entspricht das multiplikative Modell Saisonschwankungen, deren Amplitude sich proportional zur Bewegung der glatten Komponente verändert.

Um die verschiedenen Einflußfaktoren[2], die auf eine Zeitreihe einwirken, zu isolieren, werden im Rahmen der elementaren Zeitreihenanalyse die einzelen Komponenten *sukzessive* bestimmt. Damit sind sie nicht mehr unabhängig voneinander und können sinnvoll nur in Verbindung mit dem begründeten Zeitreihenmodell und den angewandten Auswertungsverfahren interpretiert werden.

Beispiel 11.2:

Die Beurteilung der langfristigen Entwicklung auf dem Arbeitsmarkt anhand der Zeitreihe der Anzahl der Arbeitslosen hängt auch von dem jeweiligen Verfahren zur Saisonbereinigung ab.

---

[1] Das Zeichen $*$ symbolisiert die additive oder multiplikative Verknüpfungsoperation.
[2] Konkrete Zeitreihen müssen nicht alle Komponenten enthalten. Jahresdaten können prinzipiell keine Saisonschwankungen aufweisen.

11.3 Bestimmung der glatten Komponente nach der Regressionsmethode

Die irreguläre Komponente wird prinzipiell als 'Rest'komponente 'identifiziert'.

Zur Bestimmung der **glatten** bzw. der **Trendkomponente**[1] werden hier zwei relativ einfache Verfahren vorgestellt:
- Nach der **Methode der kleinsten Quadrate** werden Trendfunktionen geschätzt[2] (**Regressionsmethode**).
- Mit Hilfe der **Methode der gleitenden Mittelwerte** werden Zeitreihen geglättet (**Filtermethode**).

11.3 Bestimmung der glatten Komponente nach der Regressionsmethode

Die Regressionsmethode beruht auf der Idee, daß die glatte Komponente der Zeitreihe für den gesamten Beobachtungszeitraum durch *eine* globale mathematische Funktion beschrieben werden kann. Das setzt in jedem Anwendungsfall eine a priori-Spezifikation des **Typs** dieser **Trendfunktion** voraus, die eine möglichst gute Approximation der glatten Komponente liefern soll. Gerade diese Entscheidung erweist sich als das gravierende Problem. Aus der Vielzahl glatter Funktionen sollen hier lediglich zwei mathematisch einfach zu handhabende Ansätze behandelt werden.

11.3.1 Lineare Trendfunktion

Definition 11.3: Lineare Trendfunktion, Trendbereinigung

	Bedingung:
Die **lineare Trendfunktion** $\hat{y}_i = a + b\,t_i$, $i = 1,\ldots,n$, wird nach der Methode der kleinsten Quadrate bestimmt durch die **Koeffizienten**:	Modell (1): Additives Komponentenmodell: $y_i = g_i + u_i$, $i = 1,\ldots,n$.
$b = \dfrac{\sum_{i=1}^{n} t_i\,y_i - n\,\bar{t}\,\bar{y}}{\sum_{i=1}^{n} t_i^2 - n\,\bar{t}^2}$	Datensatz: $D_n^Z = \{(t_i, y_i) \mid i = 1,\ldots,n\}$ mit $t_1 < \ldots < t_n$.
$a = \bar{y} - b\,\bar{t}$ mit $\bar{t} = \dfrac{1}{n}\sum_{i=1}^{n} t_i$	
Die **Trendbereinigung** erfolgt durch: $y_i - \hat{y}_i = y_i - a - b\,t_i$, $i = 1,\ldots,n$.	

□

---
[1] Im folgenden kann die glatte Komponente mit der Trendkomponente gleichgesetzt werden.
[2] Schätzen ist hier und im folgenden als eine Form deskriptiver Datenauswertung zu verstehen, die auf nicht unbedingt gesicherten Modellannahmen basiert (vgl. Fußnote zu Bsp. 8.2 [S. 108]).

Anmerkungen:

a) Das Modell enthält *keine* Saisonkomponente.

b) Eine lineare Trendfunktion ist angemessen, wenn bei äquidistanten Zeitwerten aufeinanderfolgende Beobachtungswerte annähernd *konstante Zuwächse* aufweisen: $\Delta y_i = y_i - y_{i-1} \doteq \text{const.}$ für $i = 2, \ldots, n$.

c) Der Trendkoeffizient b mißt die durchschnittliche absolute Veränderung von $g(t)$ pro Zeiteinheit:

$$\hat{g}_i - \hat{g}_{i-1} = b \quad \text{für} \quad i = 2, \ldots, n.$$

Für $b > 0$ ($b < 0$) spricht man von einem steigenden (fallenden) linearen Trend.

d) Die Ableitung der Koeffizienten erfolgt analog zu Satz 8.1 [S. 105] und Anm. b hierzu.

e) Trendbereinigung bedeutet die rechnerische Ausschaltung des Trends aus der Ursprungsreihe. Die trendbereinigte Zeitreihe gibt somit die Abweichungen vom Trend an. Sie beschreibt eine rein hypothetische Entwicklung unter der Annahme, daß *kein* Trend vorliegt.

f) Im Modell ohne Saisonkomponente erhält man eine Schätzung der **irregulären** Komponente durch:

$$y_i - \hat{g}_i = (g_i + u_i) - \hat{g}_i = \hat{u}_i, \quad i = 1, \ldots, n.$$

Beispiel 11.3: Anzahl der Erwerbstätigen (Jahresdurchschnitt in 1000) in der Bundesrepublik Deutschland von 1983 bis 1992.

Zu bestimmen sei:

a) die Gleichung der linearen Trendfunktion nach der Methode der kleinsten Quadrate und

b) die trendbereinigte Zeitreihe.

Zeitreihe und Arbeitstabelle zu a) und b):

	Jahr		Erwerbstätige (in 1000)	a)		b)	
i		t_i	y_i	$t_i y_i$	t_i^2	$\hat{g}_i$	$y_i - \hat{g}_i$
1	1983	1	26 347	26 347	1	26 011,8364	335,1636
2	1984	2	26 393	52 786	4	26 346,0727	46,9273
3	1985	3	26 593	79 779	9	26 680,3091	−87,3091
4	1986	4	26 960	107 840	16	27 014,5455	−54,5455
5	1987	5	27 157	135 785	25	27 348,7818	−191,7818
6	1988	6	27 369	164 214	36	27 683,0182	−314,0182
7	1989	7	27 741	194 187	49	28 017,2545	−276,2545
8	1990	8	28 495	227 960	64	28 351,4909	143,5091
9	1991	9	28 989	260 901	81	28 685,7273	303,2727
10	1992	10	29 115	291 150	100	29 019,9636	95,0364
$\sum$		55	275 159	1 540 949	385		0

Quelle: Statistisches Bundesamt, 'Wirtschaft und Statistik', verschiedene Jahrgänge.

11.3 Bestimmung der glatten Komponente nach der Regressionsmethode

a) $\hat{g}_i = a + b\,t_i$,

$$n = 10\,, \quad \bar{t} = \frac{1}{n}\sum_{i=1}^{n} t_i = \frac{55}{10} = 5{,}5\,, \quad \bar{y} = \frac{1}{n}\sum_{i=1}^{n} y_i = \frac{275\,159}{10} = 27\,515{,}9\,,$$

$$b = \frac{\sum_{i=1}^{n} t_i\,y_i - n\,\bar{t}\,\bar{y}}{\sum_{i=1}^{n} t_i^2 - n\,\bar{t}^2} = \frac{1\,540\,949 - 10\cdot 5{,}5\cdot 27\,515{,}9}{385 - 10\cdot 5{,}5^2} = 334{,}2364\,,$$

$$a = \bar{y} - b\,\bar{t} = 27\,515{,}9 - 334{,}2364\cdot 5{,}5 = 25\,677{,}6.$$

Lineare Trendfunktion:
$$\hat{g}_i = 25\,677{,}6 + 334{,}2364\,t_i \qquad \text{für } t_i = 1,\ldots,10 \quad \text{mit } t_1 = 1 \;\widehat{=}\; 1983.$$

Abb. 11.3: Graph der Ursprungswerte und der linearen Trendfunktion

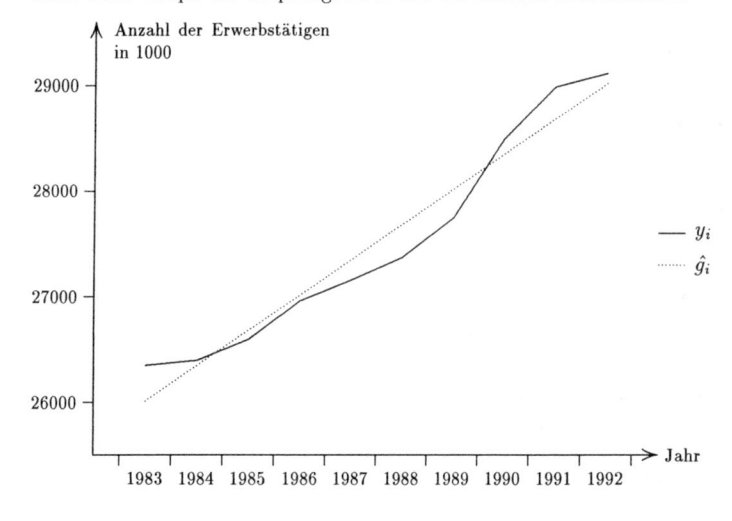

b) Trendbereinigung unter der Annahme eines additiven Komponentenmodells:
s. Arbeitstabelle.

11.3.2 Exponentielle Trendfunktion

Die exponentielle Trendfunktion dient der Beschreibung von Wachstumsprozessen.[1]

Definition 11.4: Exponentielle Trendfunktion, Trendbereinigung

Die **exponentielle Trendfunktion**
$\hat{g}_i = a\, b^{t_i}$, $i = 1, \ldots, n$, mit $b > 0$, wird nach der Methode der kleinsten Quadrate bestimmt durch die **Koeffizienten:**

$$b = 10^{\lg b} \quad \text{mit} \quad \lg b = \frac{\sum\limits_{i=1}^{n} t_i \lg y_i - \bar{t} \sum\limits_{i=1}^{n} \lg y_i}{\sum\limits_{i=1}^{n} t_i^2 - n\bar{t}^{\,2}}$$

$$a = 10^{\lg a} \quad \text{mit} \quad \lg a = \frac{1}{n}\sum_{i=1}^{n} \lg y_i - \bar{t}\, \lg b$$

$$\text{und} \quad \bar{t} = \frac{1}{n}\sum_{i=1}^{n} t_i$$

Bedingung:
Modell (2): Multiplikatives Komponentenmodell:
$y_i = g_i\, u_i$, $i = 1, \ldots, n$.

Datensatz:
$D_n^Z = \{(t_i, y_i) | i = 1, \ldots, n\}$
mit $t_1 < \ldots < t_n$.

Die **Trendbereinigung** erfolgt durch:
$$\frac{y_i}{\hat{g}_i} = \frac{y_i}{a\, b^{t_i}} \quad \text{oder}$$
$$\lg y_i - \lg \hat{g}_i = \lg y_i - \lg a - (\lg b)\, t_i , \qquad i = 1, \ldots, n .$$

□

Anmerkungen:

a) Das Modell enhält *keine* Saisonkomponente.

b) Eine exponentielle Trendfunktion ist angemessen, wenn bei äquidistanten Zeitwerten aufeinanderfolgende Beobachtungswerte annähernd *konstante Zuwachsfaktoren* aufweisen: $\dfrac{y_i}{y_{i-1}} \doteq \text{const.}$ für $i = 2, \ldots, n$.

In einem Diagramm mit halblogarithmischem Maßstab streuen die Zeitreihenwerte um eine Gerade.

c) Der Trendkoeffizient b entspricht dem Zuwachskoeffizienten. Für die durchschnittliche Wachstumsrate von $g(t)$ pro Zeiteinheit gilt:
$$\frac{\hat{g}_i - \hat{g}_{i-1}}{\hat{g}_{i-1}} = \frac{\hat{g}_i}{\hat{g}_{i-1}} - 1 = b - 1 \quad \text{für} \quad i = 2, \ldots, n.$$

Für $b > 1$ $(b < 1)$ spricht man von einem steigenden (fallenden) exponentiellen Trend.

---

[1] vgl. Kapitel 9.4.3 über Meßzahlen.

11.3 Bestimmung der glatten Komponente nach der Regressionsmethode

d) Die exponentielle Trendfunktion wird durch Logarithmieren zu einer linearen Funktion:

$$\lg \hat{g}_i = \lg a + (\lg b)\, t_i, \quad i = 1, \ldots, n.$$

Die Bestimmung der Koeffizienten $a^* = \lg a$ und $b^* = \lg b$ erfolgt analog zu Satz 8.1 [S. 105] und Anm. b hierzu.

Beispiel 11.4: Index des Auftragseingangs (1985 $\widehat{=}$ 100) für einen wachstumsintensiven Wirtschaftszweig von 1983 bis 1990 (Jahresdurchschnitt).
Zu berechnen seien a) die Gleichung der exponentiellen Trendfunktion[1]) nach der Methode der kleinsten Quadrate und b) die durchschnittliche Zuwachsrate der Auftragseingänge pro Jahr.

Zeitreihe und Arbeitstabelle zu a)

i	Jahr	$t_i = i$	Auftragseingang y_i	$\lg y_i$	$t_i \lg y_i$	t_i^2
1	1983	1	77,3	1,8882	1,8882	1
2	1984	2	88,7	1,9479	3,8958	4
3	1985	3	100	2	6	9
4	1986	4	115,1	2,0611	8,2443	16
5	1987	5	130,2	2,1146	10,5731	25
6	1988	6	151,9	2,1816	13,0896	36
7	1989	7	172,1	2,2358	15,6505	49
8	1990	8	198,8	2,2984	18,3873	64
$\sum$		36		16,7275	77,7285	204

a) $\hat{g}_i = a\, b^{t_i}$,

$$n = 8, \quad \bar{t} = \frac{1}{n}\sum_{i=1}^{n} t_i = \frac{36}{8} = 4{,}5,$$

$$\lg b = \frac{\sum_{i=1}^{n} t_i \lg y_i - \bar{t} \sum_{i=1}^{n} \lg y_i}{\sum_{i=1}^{n} t_i^2 - n\,\bar{t}^2} = \frac{77{,}7285 - 4{,}5 \cdot 16{,}7275}{204 - 8 \cdot 4{,}5^2} = \frac{2{,}4546}{42} = 0{,}0584,$$

$$\lg a = \frac{1}{n}\sum_{i=1}^{n} \lg y_i - \bar{t} \lg b = \frac{1}{8} \cdot 16{,}7275 - 4{,}5 \cdot 0{,}0584 = 1{,}8280,$$

$$b = 10^{\lg b} = 10^{0{,}0584} = 1{,}1440,$$
$$a = 10^{\lg a} = 10^{1{,}8280} = 67{,}2903.$$

Exponentielle Trendfunktion:
$$\hat{g}_i = 67{,}2903 \cdot 1{,}1440^{t_i} \quad \text{für } t_i = 1, \ldots, 8 \quad \text{mit } t_1 = 1 \widehat{=} 1983.$$

---
[1]) Die Quotienten aufeinanderfolgender Zeitreihenwerte sind annähernd konstant.

b) $b \doteq 1{,}144$
Durchschnittliche Zuwachsrate pro Jahr: $\bar{w} = b - 1 = 0{,}144 \,\widehat{=}\, 14{,}4\ \%$.

Mathematische Trendfunktionen können unter der Annahme, daß der Trend sich unverändert fortsetzt, in engen Grenzen und mit Vorsicht zur Prognose zukünftiger Zeitreihenwerte verwendet werden (**Trendextrapolation**).
Für einen Zeitwert $t_{n+\tau}$ mit $\tau = 1, 2, \ldots$ außerhalb des Zeithorizonts $[t_1, t_n]$ berechnet man $\hat{g}(t_{n+\tau})$.

Beispiel 11.5: Index des Auftragseingangs

Für den Datensatz aus Bsp. 11.4 erhält man für das Jahr 1991 den rechnerischen Prognosewert:

$$\hat{g}(t_i = 9) = 67{,}2903 \cdot 1{,}1440^9 = 225{,}9080.$$

11.4 Bestimmung der glatten Komponente nach der Filtermethode

Die Filtermethode löst sich von der Vorstellung, zur Beschreibung der glatten Komponente der Zeitreihe für den gesamten Zeithorizont des Datensatzes eine globale Funktion anzusetzen, und versucht, die empirische Zeitreihe quasi durch 'mechanische' Verfahren zu **glätten**.

In systemanalytischer Sicht wird eine gegebene Zeitreihe durch einen **Filter** in eine andere Zeitreihe transformiert. Dieser Vorgang der Filtration von 'störenden', die glatte Komponente überlagernden Schwankungen kann durch ein Input-Output-Schema veranschaulicht werden, bei dem der Input die empirische Zeitreihe $y(t)$ und der Output eine geglättete Zeitreihe $\tilde{g}(t)$ darstellt, die dann als Trend ausgegeben wird.

Abb. 11.4: Schematische Darstellung der Glättung

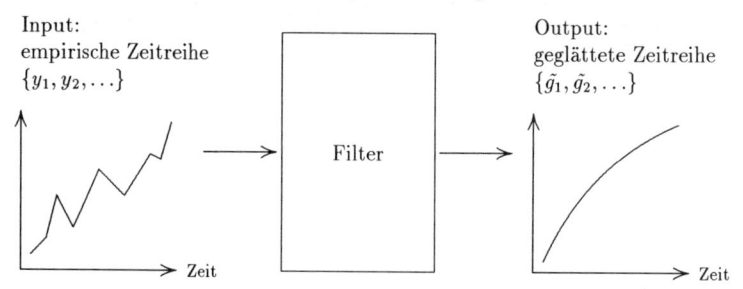

Input:
empirische Zeitreihe
$\{y_1, y_2, \ldots\}$

Filter

Output:
geglättete Zeitreihe
$\{\tilde{g}_1, \tilde{g}_2, \ldots\}$

Das Verfahren beruht auf der Überlegung, daß eine Zeitreihe von *lokalen* arithmetischen Mittelwerten, die sukzessive aus jeweils λ aufeinanderfolgenden Zeitreihenwerten berechnet werden, einen glatteren Verlauf zeigt als die Ursprungsreihe.

11.4 Bestimmung der glatten Komponente nach der Filtermethode

Dieser Filter heißt **gleitendes arithmetisches Mittel**. Die Anzahl der Werte λ bestimmt die Ordnung des gleitenden Mittels. λ heißt **Länge des Stützbereichs** oder **Stützparameter**.

Definition 11.5: Gleitender Mittelwert der Ordnung λ

Ein **gleitender Mittelwert** $\tilde{g}_i$ wird bestimmt durch:

Bedingung:
Additives Komponentenmodell:
$y_i = g_i + u_i$ oder
$y_i = g_i + s_i + u_i$
für $i = 1, \ldots, n$.

a) bei **ungerader** Ordnung $\lambda = 2k + 1$

$$\tilde{g}_i = \frac{y_{i-k} + y_{i-k+1} + \ldots + y_i + \ldots + y_{i+k-1} + y_{i+k}}{2k+1}$$

$$= \frac{1}{\lambda} \sum_{h=-k}^{k} y_{i+h}$$

für $i = k+1, \ldots, n-k; \quad k = \frac{\lambda - 1}{2},$

b) bei **gerader** Ordnung $\lambda = 2k$

$$\tilde{g}_i = \frac{\frac{1}{2} y_{i-k} + y_{i-k+1} + \ldots + y_i + \ldots + y_{i+k-1} + \frac{1}{2} y_{i+k}}{2k}$$

$$= \frac{1}{\lambda} \left(\frac{1}{2} y_{i-k} + \sum_{h=-(k-1)}^{k-1} y_{i+h} + \frac{1}{2} y_{i+k} \right)$$

für $i = k+1, \ldots, n-k; \quad k = \frac{\lambda}{2}.$

Datensatz:
$D_n^Z = \{(t_i, y_i) | i = 1, \ldots, n\}$
mit $t_1 < \ldots < t_n$.

□

Anmerkungen:

a) Unter der Voraussetzung äquidistanter Zeitwerte und annähernd **konstanter Zuwächse** der beobachteten Zeitreihenwerte im jeweils gewählten Stützbereich mit der Länge λ ($y_{i+\lambda} - y_i \doteq$ const.) wird die irreguläre Komponente mit Mittelwert null ausgeschaltet und ein annähernd **linearer** Verlauf der glatten Komponente geschätzt. Die zyklische Komponente darf also nur schwach ausgeprägt sein.

b) Der Filter ist auch geeignet, **regelmäßige zyklische Schwankungen** mit Mittelwert null zu identifizieren, wenn der Stützparameter λ gleich der Periodenlänge ist. Siehe Bsp. 11.6 [S. 164] für $\lambda = 5$ bei Jahresdaten und Bsp. 11.8 [S. 170] bei unterjährigen Daten mit Saisonschwankungen.

c) Mit steigender Ordnung der gleitenden Mittelwerte nimmt der Glättungseffekt des Filters zu, solange λ nicht größer wird als die Periodenlänge einer evtl. vorhandenen zyklischen Komponente (s. Bsp. 11.6 [S. 164]).

d) An den beiden Rändern der Zeitreihe können jeweils für k Werte keine gleitenden Mittelwerte berechnet werden, so daß die Reihe der $\tilde{g}_i$ gegenüber der ursprünglichen Zeitreihe y_i nur noch $n - 2k$ Werte aufweist. Damit geht auch der **aktuelle Rand** verloren, der für Diagnosen und Prognosen von Bedeutung ist.

e) Die optimale Wahl des Stützparameters λ ist das eigentliche Problem des Verfahrens.

f) Die **trendbereinigte** Zeitreihe erhält man modelladäquat als Differenzen:
$$y_i - \tilde{g}_i \quad \text{mit} \quad i = k+1, \ldots, n-k.$$

Abb. 11.5: Schematische Darstellung der Methode der gleitenden Mittelwerte

Gleitender Mittelwert	
der *ungeraden* Ordnung z.B.: $\lambda = 2k + 1 = 3 \Rightarrow k = 1$	der *geraden* Ordnung z.B.: $\lambda = 2k = 4 \Rightarrow k = 2$
y_1 $y_2 \leftarrow \cdots \quad \tilde{g}_2 = \dfrac{1}{3}(y_1 + y_2 + y_3)$ $y_3 \leftarrow \cdots \quad \tilde{g}_3 = \dfrac{1}{3}(y_2 + y_3 + y_4)$ $y_4 \leftarrow \cdots \quad \tilde{g}_4 = \dfrac{1}{3}(y_3 + y_4 + y_5)$ y_5 $\vdots$	y_1 y_2 $y_3 \leftarrow \cdots \quad \dfrac{1}{4}\left(\dfrac{1}{2}y_1 + y_2 + y_3 + y_4 + \dfrac{1}{2}y_5\right)$ $y_4 \leftarrow \cdots \quad \dfrac{1}{4}\left(\dfrac{1}{2}y_2 + y_3 + y_4 + y_5 + \dfrac{1}{2}y_6\right)$ $y_5 \leftarrow \cdots \quad \dfrac{1}{4}\left(\dfrac{1}{2}y_3 + y_4 + y_5 + y_6 + \dfrac{1}{2}y_7\right)$ y_6 y_7 $\vdots$
Der Mittelwert kann als Schätzwert jeweils dem mittleren Zeitpunkt des Stützbereichs zugeordnet werden, für den auch ein Zeitreihenwert vorliegt.	Würden nur jeweils vier aufeinanderfolgende Werte in die Berechnung der Mittelwerte eingehen, so erhielte man Schätzwerte, die keinem echten Beobachtungswert entsprechen. Um diesen unerwünschten Effekt zu vermeiden, werden $\lambda + 1$ Werte berücksichtigt, weshalb der erste und letzte Wert von diesen mit $1/2$ zu multiplizieren ist.

Beispiel 11.6: Jährliche Instandhaltungskosten in einem Kraftwerk von 1970 bis 1985 (fiktive Daten in 1000 DM) [s. Tabelle S. 165].

Zu bestimmen sei die glatte Komponente nach der Methode der gleitenden Mittelwerte
a) der Ordnung $\lambda = 3$,
b) $\lambda = 4$ und
c) $\lambda = 5$. Für den Fall $\lambda = 5$ ist auch die Trendbereinigung vorzunehmen.

11.4 Bestimmung der glatten Komponente nach der Filtermethode

Ursprungswerte, gleitende Mittelwerte und trendbereinigte Zeitreihe für $\lambda = 5$:

i	Jahr	Kosten (in 1000 DM) y_i	Gleitende Mittelwerte a) $\tilde{g}_i\,(\lambda = 3)$	b) $\tilde{g}_i\,(\lambda = 4)$	c) $\tilde{g}_i\,(\lambda = 5)$	c) $y_i - \tilde{g}_i\,(\lambda = 5)$
1	1970	2	·	·	·	·
2	1971	6	5,33	·	·	·
3	1972	8	8,33	7,50	7	+1
4	1973	11	9,00	8,38	8	+3
5	1974	8	8,67	8,88	9	−1
6	1975	7	8,67	9,50	10	−3
7	1976	11	10,33	10,75	11	0
8	1977	13	13,33	12,50	12	+1
9	1978	16	14,00	13,38	13	+3
10	1979	13	13,67	13,88	14	−1
11	1980	12	13,67	14,50	15	−3
12	1981	16	15,33	15,75	16	0
13	1982	18	18,33	17,50	17	+1
14	1983	21	19	18,38	18	+3
15	1984	18	18,67	·	·	·
16	1985	17	·	·	·	·

zu a) $\lambda = 2k+1 = 3$, $k = 1$: $\quad \tilde{g}_i = \dfrac{1}{3}\sum_{h=-1}^{1} y_{i+h}\quad$ für $i = 2,\ldots,15$,

z.B.: $\tilde{g}_2 = \dfrac{1}{3}(2+6+8) = 5{,}33$.

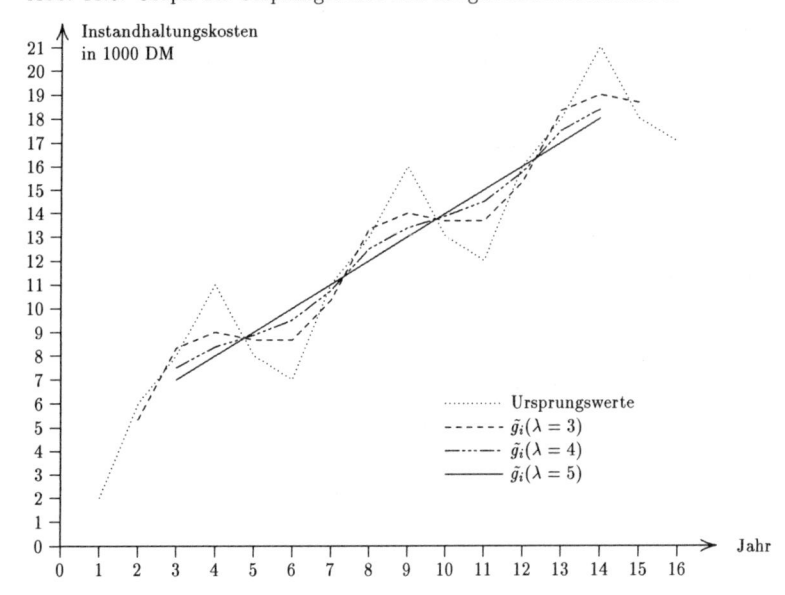

Abb. 11.6: Graph der Ursprungswerte und der gleitenden Mittelwerte

zu b) $\lambda = 2k = 4$, $k = 2$: $\tilde{g}_i = \dfrac{1}{4}\left(\dfrac{1}{2}y_{i-2} + \sum_{h=-1}^{1} y_{i+h} + \dfrac{1}{2}y_{i+2}\right)$ für $i = 3, \ldots, 14$,

z.B.: $\tilde{g}_3 = \dfrac{1}{4}\left(\dfrac{1}{2}2 + 6 + 8 + 11 + \dfrac{1}{2}8\right) = 7{,}5$.

Zweckmäßiger ist die Berechnung aus **gleitenden Summen**:

$$\tilde{g}_i = \dfrac{1}{8}\left(\sum_{h=-2}^{1} y_{i+h} + \sum_{h=-1}^{2} y_{i+h}\right),$$

z.B.: $\tilde{g}_3 = \dfrac{1}{8}((2+6+8+11) + (6+8+11+8)) = 7{,}5$.

zu c) $\lambda = 5$: Die (konstruierte) Zeitreihe setzt sich aus einem linearen Trend und einer zyklischen Komponente mit einer Periode von 5 Jahren zusammen. Für $\lambda = 5$ können diese Komponenten identifiziert werden.

○

11.5 Bestimmung der Saisonkomponente

Die Bestimmung der **Saisonkomponente** und anschließende Saisonbereinigung zur isolierten Darstellung langfristiger Entwicklungstendenzen erfolgt auf der Grundlage von Modellannahmen unter Auswertung von a priori-Wissen.

Saisonschwankungen sind jahreszeitlich bedingte, kurzfristige zyklische Schwankungen mit einer Periodenlänge von (höchstens) einem Jahr. Natürliche und gesellschaftlich-institutionelle Faktoren, auch Unregelmäßigkeiten des Kalenders gelten allgemeinhin als auslösende Determinanten. Dazu gehören beispielsweise Witterungseinflüsse, Zahlungstermine und die unterschiedliche Anzahl der Arbeitstage in den einzelnen Monaten.

Beispiel 11.7:

Die Arbeitslosigkeit im Baugewerbe ist tendenziell in den Wintermonaten höher als in den Sommermonaten.

○

Voraussetzung:

Additives Komponentenmodell[1)]

$$y_i = g_i + s_i + u_i, \quad i = 1, \ldots, n.$$

Die Bestimmung von s_i geht von unterjährigen Datensätzen mit äquidistanten Zeitwerten aus, die sich auf K **Jahresteile** oder **Saisonphasen** erstrecken.

Im Hinblick auf das hier darzustellende Schätzverfahren erscheint es zweckmäßig, für die ursprüngliche Zeitreihe y_i mit $i = 1, \ldots, n$ eine **Doppelindizierung** vorzunehmen:

$y_i \longrightarrow y_{jk}$, wobei $j = 1, \ldots, J$ das Jahr
und $k = 1, \ldots, K$ die Saisonphase innerhalb eines Jahres
bezeichnet.

[1)]Der entsprechende multiplikative Ansatz soll hier nicht behandelt werden.

11.5 Bestimmung der Saisonkomponente

Der Periodenlänge der Saisonschwankung entsprechend gilt bei Monats-, Quartals- bzw. Halbjahresdaten $K = 12$, $K = 4$ bzw. $K = 2$.

Die umindizierten Zeitreihenwerte können zur anschaulichen Aufdeckung verborgener Bewegungsmuster[1] in einer zweidimensionalen **Phasentabelle** dargestellt werden, die in den Zeilen die Jahre j und in den Spalten die **Saisonphasen** k (Monate, Quartale usw.) enthält, so daß nunmehr Zeitreihenwerte gleichnamiger Phasen untereinander stehen (s. Abb. 11.7).

Alle Zeitreihenwerte in einer Spalte k enthalten die (noch unbekannten) Werte der Saisonkomponente für diese Saisonphase k (z.B. Monat Januar oder 1. Quartal) in den einzelnen Jahren j: s_{jk}.

Abb. 11.7: Schematische Darstellung einer Zeitreihe in einer Phasentabelle

Jahr	Jahresteil/Saisonphase				
	1	2	$\cdots$	k	$\cdots$ K
1	y_{11}	y_{12}	$\cdots$	y_{1k}	$\cdots$ y_{1K}
2	y_{21}	y_{22}	$\cdots$	y_{2k}	$\cdots$ y_{2K}
$\vdots$	$\vdots$	$\vdots$		$\vdots$	$\vdots$
j	y_{j1}	y_{j2}	$\cdots$	y_{jk}	$\cdots$ y_{jK}
$\vdots$	$\vdots$	$\vdots$		$\vdots$	$\vdots$
J	y_{J1}	y_{J2}	$\cdots$	y_{Jk}	$\cdots$ y_{JK}

Definition 11.6: Saisonkoeffizient, Saisonnormale, konstante Saisonnormale

Der Wert der Saisonkomponente für die Phase k im Jahr j heißt **Saisonkoeffizient** s_{jk} mit $j = 1, \ldots, J$ und $k = 1, \ldots, K$.

Die Folge der Saisonkoeffizienten $\{s_{j1}, \ldots, s_{jK},\}$ heißt **Saisonnormale**.

Sind die Werte der Saisonkomponente für alle gleichnamigen Saisonphasen in jedem Jahr gleich, so spricht man von einer **konstanten** Saisonnormalen.[2]

Für die Saisonkoeffizienten gilt dann:

$$s_{jk} = s_k \quad \text{für alle } j \text{ und } k.$$

□

Anmerkungen:

a) Eine konstante Saisonnormale entspricht dem Bild einer zyklischen Schwankung, die sich in jedem Jahr in gleicher Weise wiederholt.

b) Bei einer **normierten** Saisonnormalen ist die Summe der Saisonkoeffizienten über eine Periode (Jahr) gleich null: $\sum_{k=1}^{K} s_k = 0$.

---

[1] Dadurch können z.B. Niveauverschiebungen leichter erkannt werden.
[2] In der ursprünglichen Indizierung gilt dann: $s_i = s_{i+K}$, $i = 1, 2, \ldots$.

Die unbekannten Saisonkoeffizienten werden hier unter der Annahme einer konstanten Saisonnormalen nach dem **Phasendurchschnittsverfahren** geschätzt, das Datensätze mit **trendbereinigten** Zeitreihenwerten voraussetzt.

Das Verfahren besteht in einer Abfolge von einzelnen **Rechenprozeduren:**

(1) **Bestimmung der glatten Komponente der Zeitreihe**
Die Annahme konstanter Periodenlänge der Saisonkomponente legt die Berechnung der gleitenden Mittelwerte der i.d.R. geradzahligen Ordnung $K^{1)}$ mit $K = 12$ bei Monats-, $K = 4$ bei Quartalsdaten nahe (vgl. Def. 11.5 [S. 163]). Eine Trennung der glatten Komponente in Trend- und mittelfristige zyklische Komponente ist in diesem Zusammenhang nicht erforderlich.

(2) **Trendbereinigung der Zeitreihe**
nach Anm. f zu Def. 11.5 [S. 163]: $d_i = y_i - \tilde{g}_i$. Die in der Reihe noch verbleibenden Komponenten sind approximativ:

$$d_i = (g_i + s_i + u_i) - \tilde{g}_i \doteq s_i + u_i.$$

Mit Schritt (2) ist die Vorraussetzung zur Anwendung des Phasendurchschnittsverfahrens erfüllt. Dieses Verfahren beruht im Prinzip auf der Berechnung von einfachen arithmetischen Mittelwerten aus allen Werten d_i in jeweils *gleichnamigen* Saisonphasen über die einbezogenen Jahre hin.
Zu diesem Zweck ist es erforderlich, die d-Werte analog zum Schema der Abb. 11.7 [S. 167] umzugruppieren.

(3) **Doppelindizierung der trendbereinigten Zeitreihenwerte und Aufstellung der Phasentabelle**
Die neue Indizierung

$$d_i \to d_{jk} \quad \text{für } j = 1, \dots, J \text{ und } k = 1, \dots, K$$

wird so durchgeführt, daß sich die in Abb. 11.8 dargestellte Phasentabelle ergibt.

Abb. 11.8: Phasentabelle der trendbereinigten Zeitreihenwerte d_{jk}

Jahr	Jahresteil/Saisonphase				
	1	2	$\cdots$	k	$\cdots$	K
1	d_{11}	d_{12}	$\cdots$	d_{1k}	$\cdots$	d_{1K}
2	d_{21}	d_{22}	$\cdots$	d_{2k}	$\cdots$	d_{2K}
$\vdots$	$\vdots$	$\vdots$		$\vdots$		$\vdots$
j	d_{j1}	d_{j2}	$\cdots$	d_{jk}	$\cdots$	d_{jK}
$\vdots$	$\vdots$	$\vdots$		$\vdots$		$\vdots$
J	d_{J1}	d_{J2}	$\cdots$	d_{Jk}	$\cdots$	d_{JK}

Die trendbereinigten Zeitreihenwerte einer Spalte enthalten – unter der Annahme einer konstanten Saisonnormalen ($s_{jk} = s_k$) – in jeder Zeile den zu bestimmenden konstanten Saisonkoeffizienten s_k sowie zufällige Restschwankungen:

$$d_{jk} = s_{jk} + u_{jk} = s_k + u_{jk}.$$

---

[1] K entspricht damit dem Stützparameter $\lambda = 2k$ in Def. 11.5 b [S. 163].

11.5 Bestimmung der Saisonkomponente

(4) Bestimmung der Saisonnormalen
Um die in den d_{jk}-Werten verbliebenen Restschwankungen möglichst weitgehend zu eliminieren, wendet man ein einfaches Ausgleichsverfahren auf die Spalten der Phasentabelle an.

Definition 11.7: Bestimmung der Saisonnormalen
Die Schätzwerte für konstante Saisonkoeffizienten werden nach dem **Phasendurchschnittsverfahren** bestimmt durch:
a) Berechnung der arithmetischen Mittelwerte für jede Phase k:

$$\bar{d}_k = \frac{1}{J^*} \sum_{j=1}^{J^*} d_{jk} \quad \text{für } k = 1, \ldots, K.$$

Die Werte $\bar{d}_k$ werden **Phasendurchschnitte** genannt.
b) **Normierung** der Phasendurchschnitte auf die Summe null:

$$\hat{s}_k = \bar{d}_k - \bar{\bar{d}} \quad \text{mit} \quad \bar{\bar{d}} = \frac{1}{K} \sum_{k=1}^{K} \bar{d}_k, \quad k = 1, \ldots, K.$$

Die Folge $\{\hat{s}_k | k = 1, \ldots, K\}$ stellt die geschätzte **Saisonnormale** dar. □

Anmerkungen:
a) Durch die Anwendung der Methode der gleitenden Mittelwerte in (1) gehen in der ursprünglichen Zeitreihe am Anfang und Ende jeweils $\frac{K}{2}$ Werte verloren.[1] J^* bezeichnet die Anzahl der noch für die Mittelwertbildung jeweils verfügbaren Jahresdaten.

b) Die Mittelwerte $\bar{d}_k$ sind bereits 'rohe' (nicht-normierte) Schätzwerte für s_k.

c) Für die *normierten* Saisonkoeffizienten gilt: $\sum_k \hat{s}_k = 0$.

d) Die geschätzte Saisonnormale beschreibt den Einfluß der Saisonkomponente auf die Entwicklung der Zeitreihe als phasentypische Abweichung von der glatten Komponente.

(5) Saisonbereinigung der Zeitreihe
Im additiven Modell erfolgt die Saisonbereinigung, d.h. die rechentechnische Eliminierung der Saisonkomponente aus der Ursprungsreihe, durch Abzug der zeitentsprechenden Saisonkoeffizienten:

$$y_{jk}^s = y_{jk} - \hat{s}_k \quad \text{für } j = 1, \ldots, J \text{ und } k = 1, \ldots, K.$$

Die **irreguläre Komponente** der Zeitreihe erhält man als 'Rest'komponente durch sukzessive 'Bereinigung':

$$\hat{u}_{jk} = y_{jk} - \tilde{g}_{jk} - \hat{s}_k.$$

Eine saisonbereinigte Zeitreihe y_{jk}^s beschreibt - vom Modellansatz her gesehen - den Verlauf der glatten Komponente; sie simuliert gleichsam die Entwicklung einer Zeitreihe in einer Umwelt, die keine Saisonschwankungen kennt.

---
[1] s. Anm. d zu Def. 11.5 [S. 163]

Beispiel 11.8: Anzahl der Arbeitslosen (in 1000) in der Bundesrepublik Deutschland vom 3. Quartal 1983 bis zum 2. Quartal 1987.

Zu bestimmen sei:
a) die Saisonnormale nach dem Phasendurchschnittsverfahren,
b) die saisonbereinigte Zeitreihe und
c) die Restkomponente.

Der Graph der Zeitreihe in Abb. 11.9 rechtfertigt ein Modell mit konstanter Saisonnormalen. Die glatte Komponente wird für die Quartalsdaten als gleitender Mittelwert der Ordnung $\lambda = K = 4$ geschätzt.
Zur Berechnung der Saisonnormalen siehe insbesondere Abb. 11.10 [S. 171]. Die Saisonbereinigung wird wegen der konstanten Saisonnormalen für *alle* Zeitreihenwerte vorgenommen.

Ursprungswerte und Ergebnisse der Komponentenzerlegung der Zeitreihe

i	Jahr	Quartal	j	k	y_i (y_{jk})	$\tilde{g}_i$ $(\tilde{g}_{jk})$	$d_i = y_i - \tilde{g}_i$ (d_{jk})	a) $\hat{s}_k$	b) $y_{jk} - \hat{s}_k$	c) $\hat{u}_{jk}$
1	1983	III	1	3	2130	.	.	$-123{,}75$	$2253{,}75$	.
2	1983	IV	1	4	2350	.	.	$62{,}50$	$2287{,}50$	.
3	1984	I	2	1	2390	$2246{,}25$	$143{,}75$	$186{,}25$	$2203{,}75$	$-42{,}50$
4	1984	II	2	2	2110	$2245{,}00$	$-135{,}00$	$-125{,}00$	$2235{,}00$	$-10{,}00$
5	1984	III	2	3	2140	$2252{,}50$	$-112{,}50$	$-123{,}75$	$2263{,}75$	$11{,}25$
6	1984	IV	2	4	2330	$2268{,}75$	$61{,}25$	$62{,}50$	$2267{,}50$	$-1{,}25$
7	1985	I	3	1	2470	$2276{,}25$	$193{,}75$	$186{,}25$	$2283{,}75$	$7{,}50$
8	1985	II	3	2	2160	$2280{,}00$	$-120{,}00$	$-125{,}00$	$2285{,}00$	$5{,}00$
9	1985	III	3	3	2150	$2280{,}00$	$-130{,}00$	$-123{,}75$	$2273{,}75$	$-6{,}25$
10	1985	IV	3	4	2350	$2267{,}50$	$82{,}50$	$62{,}50$	$2287{,}50$	$20{,}00$
11	1986	I	4	1	2450	$2245{,}00$	$205{,}00$	$186{,}25$	$2263{,}75$	$18{,}75$
12	1986	II	4	2	2080	$2216{,}25$	$-136{,}25$	$-125{,}00$	$2205{,}00$	$-11{,}25$
13	1986	III	4	3	2050	$2195{,}00$	$-145{,}00$	$-123{,}75$	$2173{,}75$	$-21{,}25$
14	1986	IV	4	4	2220	$2192{,}50$	$27{,}50$	$62{,}50$	$2157{,}50$	$-35{,}00$
15	1987	I	5	1	2410	.	.	$186{,}25$	$2223{,}75$	.
16	1987	II	5	2	2100	.	.	$-125{,}00$	$2225{,}00$	.

Quelle: Statistisches Bundesamt, 'Wirtschaft und Statistik', verschiedene Jahrgänge.

Abb. 11.9: Graph der Ursprungswerte und der saisonbereinigten Zeitreihe

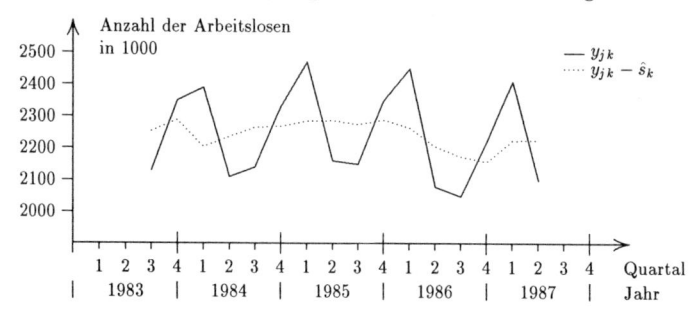

11.5 Bestimmung der Saisonkomponente

Abb. 11.10: Phasentabelle zur Berechnung der Saisonnormalen

Jahr j	d_{jk} Quartal k				$\sum$
	1	2	3	4	
1			·	·	
2	143,75	−135,00	−112,50	61,25	
3	193,75	−120,00	−130,00	82,50	
4	205,00	−136,25	−145,00	27,50	
5	·	·			
$\sum\limits_{j=1}^{J^*} d_{jk}$	542,50	−391,25	−387,50	171,25	
$\Downarrow^{1)}$					
$\bar{d}_k$	180,83	−130,42	−129,17	57,08	$\sum\limits_{k=1}^{K} \bar{d}_k = -21,67$
					$\Downarrow^{2)}$
					$\bar{\bar{d}} = -5,42$
$\hat{s}_k = \bar{d}_k - \bar{\bar{d}}$	186,25	−125,00	−123,75	62,50	$\sum\limits_{k=1}^{K} \hat{s}_k = 0$

Saisonnormale: $\{\hat{s}_1 = 186{,}25;\ \hat{s}_2 = -125{,}00;\ \hat{s}_3 = -123{,}75;\ \hat{s}_4 = 62{,}50\}$.

○

Die hier dargestellten Verfahren der **elementaren** Zeitreihenanalyse mit ihren restriktiven Modellannahmen sind zwar rechentechnisch anschaulich nachzuvollziehen, werden aber in vielen Anwendungsfällen der ökonomischen Realität nicht gerecht. Die empirische Wirtschaftsforschung setzt heute sehr aufwendige computergestützte mathematisch-statistische Verfahren ein, die allerdings nicht Gegenstand dieser Einführung sein können.

Übungsaufgaben zu Kapitel 11: 44 – 51

---

1) $\bar{d}_k = \dfrac{1}{J^*} \sum\limits_{j=1}^{J^*} d_{jk}$ mit $J^* = 3$ verfügbare Jahre.

2) $\bar{\bar{d}} = \dfrac{1}{K} \sum\limits_{k=1}^{K} \bar{d}_k$.

Literaturhinweise

BIHN, W.R. / SCHÄFFER, K.-A.: Formeln und Tabellen zur Grundausbildung in Statistik für Wirtschaftswissenschaftler, 6. Auflage, Köln: Witsch Nachf., 1992

BIHN, W.R. / SCHÄFFER, K.-A.: Übungsaufgaben zur Grundausbildung in Statistik für Wirtschaftswissenschaftler, 6. Auflage, Köln: Witsch Nachf., 1992

BIHN, W.R. / BOMSDORF, E. / GRÖHN, E. / SCHÄFFER, K.-A.: Statistik-Training für Wirtschaftswissenschaftler, 2. Auflage, Köln: Witsch Nachf., 1993

BAMBERG, G. / BAUR, F.: Statistik, 7. Auflage, München, Wien: Oldenbourg, 1991

BLEYMÜLLER, J. / GEHLERT, G. / GÜLICHER, H.: Statistik für Wirtschaftswissenschaftler, 8. Auflage, München: Vahlen, 1992

BOL, G.: Deskriptive Statistik. Einführung, 2. Auflage, München, Wien: Oldenbourg, 1993

BOMSDORF, E.: Deskriptive Statistik, 7. Auflage, Bergisch Gladbach, Köln: Eul, 1992

HANSEN, G.: Methodenlehre der Statistik, 3. Auflage, München: Vahlen, 1985

HOCHSTÄDTER, D.: Einführung in die statistische Methodenlehre, 7. Auflage, Frankfurt, Thun: Harri Deutsch, 1991

LIPPE, P. VON DER: Deskriptive Statistik, Stuttgart, Jena: Fischer, 1993

PINNEKAMP, H.-J. / SIEGMANN, F.: Deskriptive Statistik mit einer Einführung in das Programmpaket Statgraphics, 3. Auflage, München, Wien: Oldenbourg, 1993

SCHWARZE, J.: Grundlagen der Statistik I. Beschreibende Verfahren, 6. Auflage, Herne, Berlin: Neue Wirtschafts-Briefe, 1992

Stichwortverzeichnis

Absolutskala 8
Abweichung
    durchschnittliche absolute 48
    mittlere absolute 48
Additionssatz
    für arithmetische Mittelwerte 41
    für bedingte Mittelwerte 81
    für Subindizes 149
äquidistant 124
Aggregatform 136
Alternativmerkmal 7
Anteilswert 118

Basisgröße 117
Basiszeit 124
Beobachtungswerte 11
Berichtsgröße 117
Berichtszeit 124
Bestandsmasse 5
Bestimmtheitskoeffizient 113
Bewegungskomponenten 155
Bewegungsmasse 6
Beziehungszahl 117,119
Bezugsgröße 117
Box-Plot 46

Datenadäquanz 28
Datensatz 12,136
    bivariater 70
    geordnet 12
    aufsteigend 31
    zeitlich 155
Deflationierung 147
Dependenz 86
Dependenzanalyse 100
deskriptive
    Analyse 153
    Statistik 2
deskriptives
    Auswertungsverfahren 5
Determinationskoeffizient 113
Dimensionalität 142
Disparität 57

Disparitätskoeffizient
    von Gini 60
Disparitätsmaß 28
Doppelindizierung 166,168

Einheiten
    statistische 4
    Untersuchungs- 4
Entsprechungszahl 120
Ereignismasse 6
Ersatzwerteigenschaft 40

Faktorumkehrkriterium 127,142,144,146
Filter 162
Filtermethode 157
Fisher-Index 142,144

Gesamtheit
    statistische 4
Gewichtungskoeffizient 134
Gewichtungssystem 121,134,135,149
Gleichverteilung 21
Gliederungszahl 117,118
Güte der Anpassung 111

Häufigkeit
    absolute 14,21,71
    relative 14,21,72
Häufigkeitsdichte 21,72
Häufigkeitsdichtefunktion 21,72
Häufigkeitsfunktion 14,18
    bedingte 80
    gemeinsame 72
    klassierte 21
Häufigkeitspolygon 23
Häufigkeitsverteilung 13,14,18
    bedingte 80
    bivariate 71
    eindimensionale 13
    gemeinsame 72
    klassierte 21
    kumulierte 13,16,18,23
    zweidimensionale 70
Histogramm 22

Ideal-Index 144
Identitätskriterium 127,142
Index 27,134
   Eigenschaften 141
   Ideal- 144
   Konstruktion 133
   Mengen- 136
   nach Fisher 142,144
   nach Laspeyres 135,147
   nach Lowe 142,143
   nach Paasche 136
   Preis- 136
   Sub- 148
   Teil- 148
   Wert- 136,145
Indexformen 136
Indexreihe 135
   Bruch in 151,152
Indextyp 135,136,142,144,147
Indexzahlen 134
Indikator 133
Information
   statistische 1
Informationsadäquanz 28
Informationsgewinnung 1
Informationsverarbeitung 1
Interdependenz 86

Kardinalskala 8
Kennzahl 117
Kleinstquadrate-Kriterium 105
Koeffizient 27
Kollektiv 4
Kommensurabilität 142
Komponente 70,155
   glatte 155,157,168
   irreguläre 155,158,169
Komponentenmodell 153,155
   additives 156,166
   multiplikatives 156
Konjunkturkomponente 155
Kontingenzkoeffizient
   von Pearson 98
Kontingenztabelle 73
Konzentration 57
Konzentrationskoeffizient
   von Rosenbluth 66
Konzentrationskurve 65
Konzentrationsmaß 28
Konzentrationsraten 65
Korrelation 92
Korrelationskoeffizient
   Maßverhalten des 93
   von Bravais-Pearson 90
Korrelationsmaß 86,114
Korrelationstabelle 73,80
Kovarianz 89

Lage 35
Lagemaß 28,121
   für Beziehungszahlen 121
Laspeyres-Index 135,147
Lorenzkurve 58
Lowe-Index 142,143

Masse
   Bestands- 5
   Bewegungs- 6
   Ereignis- 6
   statistische 5
   Struktur einer 119
Maß 27
   Disparitäts- 28
   Konzentrations- 28
   Korrelations- 86,114
   Lage- 28,121
   Regressions- 114
   statistisches 27
   Streuungs- 28
      absolutes 44
      dimensionsloses 44
      relatives 44
   Wachstums- 129
   Zusammenhangs- 86
Median 32
Medianklasse 32
Medianwert 32
Menge 127
Mengenindex 136,139,142,143,144
Mengenmeßzahl 127
Merkmal 6
   Alternativ- 7

Stichwortverzeichnis 175

bivariates 70
  quantitatives 80
  diskretes 10,18,25
  eindimensionales 13
  extensives 38
  häufbares 11
  intensives 38
  kardinal meßbares 9
  komparatives 9,14,16,25
  Messung von 7
  metrisches 9
  nominal meßbares 9
  ordinal meßbares 9
  qualitatives 9,14
  quantitatives 9,17,37,43
  (quasi-)stetiges 11,20
  statistisches 6
  stetiges 10,25
  univariates 13
  zweidimensionales 70
Merkmalsklasse 10
  Anzahl der 20
  Breite der 20
Merkmalssumme 38,56
Merkmalsträger 7
Merkmalstypen 9
Merkmalswert 6
  als Zahlenwert 10
Meßbereich 101
Meßwert 11
  Paar von 70
Meßzahl 117,123,124,145
  konstante Bezugszeit 124
  Mengen- 127
  Preis- 127
  variable Bezugszeit 125
  Verkettung 127,128
  Wert- 127
Meßzahlensystem 133
Methode
  der gleitenden Mittelwerte 157,164
  der kleinsten Quadrate 104,157
  Filter- 157
  Regressions- 157
Metrische Skala 8
Minimum-Eigenschaft 33,40

Mittel
  arithmetisches 39,121
  geometrisches 130,144
  gleitendes 163
  harmonisches 121
Mittelwert
  arithmetischer 40,162
  bedingter 81
  geometrischer 130
  gleitender 157,163,164
  harmonischer 121
Mittelwertform 136
Modalklasse 30
Modalwert 30
Modus 30
  häufigster Wert 30

Nominalskala 8
Normalgleichungen 105

Operationalisierungsprinzip 104
Ordinalskala 8

p-Quantil 35
Paasche-Index 136
Phasendurchschnitt 169
Phasendurchschnittsverfahren 168,169
Phasentabelle 167,168
Preis 127
Preisbereinigung 147
Preisindex 136,137,138,142,143,144
Preismeßzahl 127
Proportionalitätskriterium 142
Punktwolke 87

Quantilklasse 36
Quantilwert 36
Quartilabstand 46
  relativer 46
Quartilkoeffizient 46
Quote 118

Randhäufigkeitsfunktion 76
Randhäufigkeitsverteilung 76
Randverteilung 76
Rangkorrelationskoeffizient
  von Spearman 96

Rangwert 12,31
Rangzahl
    eines Meßwertes 95
Regressand 101
Regression 100
    einfache 100
    empirische 81
    lineare 100
    multiple 100
    von Y auf X 101
Regressionsanalyse 100
    elementare 100
Regressionsfunktion 101
    lineare 106
    Spezifikation der 101
Regressionsgerade
    Eigenschaften 107
Regressionslinie
    empirische 81
Regressionsmaß 114
Regressionsmethode 157
Regressionswert 101
Regressor 101
Repräsentant 39
Restkomponente 155
Reversibilität 126,142,144

Saisonbereinigung 169
Saisonkoeffizient 167
Saisonkomponente 155,166
Saisonnormale 167,169
    konstante 167
    normierte 167
Saisonphasen 166,167
Scheinkorrelation 87
Schwankungen
    zyklische 155,163
Schwerpunkt 77,107
Schwerpunkteigenschaft 40
Skala 7
    Absolut- 8
    Kardinal- 8
    Metrische 8
    Nominal- 8
    Ordinal- 8
    Verhältnis- 8

Skalenadäquanz 28
Spannweite 45
Standardabweichung 49
    bedingte 81
    relative 51
Statistik 1
    angewandte 2
    deskriptive 2
    induktive 2
    Lehrinhalte des Faches 1
    materielle 1
    theoretische 2
    wissenschaftliche Disziplin 1
statistische
    Einheiten 4
    Gesamtheit 4
    Information 1
    Masse 5
    Unabhängigkeit 84
    Untersuchung 1
statistisches
    Maß 27
    Merkmal 6
Stichprobe 5
Streuung 52
    Minimaleigenschaft der 53
Streuungsdiagramm 87
Streuungsmaß 28
    absolutes 44
    dimensionsloses 44
    relatives 44
Streuungszerlegungssatz 112
Struktur 119
Stützparameter 163
Sturges 20
Subindizes
    Additionssatz für 149
    Aggregation von 148
Summenhäufigkeit 16
Summenhäufigkeitsfunktion 16,18
    approximierende 23

Teilindex 148
Testkriterien 141
Trend
    exponentieller 160

Stichwortverzeichnis

linearer 163
Trendbereinigung 157,160,168
Trendextrapolation 162
Trendfunktion 157
  exponentielle 160
  lineare 157
Trendkoeffizient 158,160
Trendkomponente 155,157

Umbasierung
  von Indizes 150
  von Meßzahlen 126
Umbasierungsformel
  für Indizes 151
  für Meßzahlen 126
Unabhängigkeit 92
  statistische 84
Untersuchungseinheiten 4

Variable 101
  erklärende 101
Varianz 52
  externe 53
  interne 53
  Verschiebungssatz 52
Varianzzerlegungssatz 53
  für bedingte Verteilung 81
Variationskoeffizient 51
Verhältnisskala 8
Verhältniszahl 117
Verkettung 151
  sachliche 127,142,144,146
  von Indizes 142,144,146
  von Meßzahlen 126,127
  zeitliche 126,142
Verkettungsformel
  für Indizes 152
  für Meßzahlen 128
Verteilung
  gemeinsame 71
  relative 79
Verteilungsfunktion
  empirische 16,18,23
Verursachungszahl 120
Volumen 147

Wachstumsfunktion 132

Wachstumsmaß 129
Wachstumsrate 129
  durchschnittliche 130,131
Wägungsschema 134
Wägungssystem 134
Warenkorb 133,136
  Aktualisierung 151
Wert 127
Wertebereich 6
Wertindex 136,145
Wertmeßzahl 127,145

zeitpunktbezogen 5
zeitraumbezogen 6
Zeitreihe 124,154
  äquidistante 154
  Glättung einer 162
  saisonbereinigte 169
  trendbereinigte 164,168
Zeitreihenanalyse
  elementare 153
  univariate 153
Zeitreihendiagramm 153
Zeitumkehrkriterium 126,142,144
Zentralwert 32
Zielvariable 101
Zirkularitätskriterium 126,142,143,144
Zusammenhang
  linearer 93
  strikt 91
Zusammenhangsmaß 86
Zuwachsfaktor 129
Zuwachskoeffizient 131
Zuwachsrate 129
  durchschnittliche 131
Zuwächse
  konstante 163